Sehen und darüber hinaus

Peter Walter • Frank Müller •
Anke Huckauf • Marcel Schweiker •
Werner van Haren

Sehen und darüber hinaus

Peter Walter
Klinik für Augenheilkunde
Uniklinik RWTH Aachen
Aachen, Deutschland

Anke Huckauf
Allgemeine Psychologie
Universität Ulm
Ulm, Deutschland

Werner van Haren
Köln, Deutschland

Frank Müller
Institut für Biologische Informationsprozesse,
Molekular- und Zellphysiologie
Forschungszentrum Jülich GmbH
Jülich, Deutschland

Marcel Schweiker
Institut für Arbeits-, Sozial- und
Umweltmedizin, AG Healthy Living Spaces
RWTH Aachen University
Aachen, Deutschland

ISBN 978-3-662-69249-3   ISBN 978-3-662-69250-9 (eBook)
https://doi.org/10.1007/978-3-662-69250-9

Die Deutsche Nationalbibliothek verzeichnet diese Publikation in der Deutschen Nationalbibliografie; detaillierte bibliografische Daten sind im Internet über https://portal.dnb.de abrufbar.

© Der/die Herausgeber bzw. der/die Autor(en), exklusiv lizenziert an Springer-Verlag GmbH, DE, ein Teil von Springer Nature 2025

Das Werk einschließlich aller seiner Teile ist urheberrechtlich geschützt. Jede Verwertung, die nicht ausdrücklich vom Urheberrechtsgesetz zugelassen ist, bedarf der vorherigen Zustimmung des Verlags. Das gilt insbesondere für Vervielfältigungen, Bearbeitungen, Übersetzungen, Mikroverfilmungen und die Einspeicherung und Verarbeitung in elektronischen Systemen.
Die Wiedergabe von allgemein beschreibenden Bezeichnungen, Marken, Unternehmensnamen etc. in diesem Werk bedeutet nicht, dass diese frei durch jede Person benutzt werden dürfen. Die Berechtigung zur Benutzung unterliegt, auch ohne gesonderten Hinweis hierzu, den Regeln des Markenrechts. Die Rechte des/der jeweiligen Zeicheninhaber*in sind zu beachten.
Der Verlag, die Autor*innen und die Herausgeber*innen gehen davon aus, dass die Angaben und Informationen in diesem Werk zum Zeitpunkt der Veröffentlichung vollständig und korrekt sind. Weder der Verlag noch die Autor*innen oder die Herausgeber*innen übernehmen, ausdrücklich oder implizit, Gewähr für den Inhalt des Werkes, etwaige Fehler oder Äußerungen. Der Verlag bleibt im Hinblick auf geografische Zuordnungen und Gebietsbezeichnungen in veröffentlichten Karten und Institutionsadressen neutral.

Planung/Lektorat: Stefanie Wolf
Springer ist ein Imprint der eingetragenen Gesellschaft Springer-Verlag GmbH, DE und ist ein Teil von Springer Nature.
Die Anschrift der Gesellschaft ist: Heidelberger Platz 3, 14197 Berlin, Germany

Wenn Sie dieses Produkt entsorgen, geben Sie das Papier bitte zum Recycling.

Einladung zum Lesen

Sehen ist für uns alle ein ganz automatisch ablaufender Vorgang, über den wir uns meistens keine Gedanken machen müssen. Für die meisten Menschen steht dieser Sinn immer wie selbstverständlich zur Verfügung. Der Sehsinn mit all seiner neurobiologischen Komplexität wird, wie alle anderen Lebensfunktionen auch, als natürlich und immer verfügbar begriffen. Wir nutzen ihn tagein – tagaus, und wie selbstverständlich manövrieren wir durch eine Menschenmenge, wir weichen Hindernissen aus, wir finden unser Essen auf dem Teller, wir lesen Zeitung oder nutzen den Computer. Wir sehen schwachfunkelnde Sterne in einer Neumondnacht und können im Sommer am Meer hellste Objekte scharf sehen. Wir ahnen sich bewegende Objekte in der Peripherie und wenden innerhalb kürzester Zeit den Blick dorthin, was uns beispielsweise davor schützt, durch ein fahrendes Auto verletzt zu werden, oder wir wenden den Blick einem wunderschönen Vogel zu, der an uns vorbeifliegt oder einem Menschen, der uns in der Peripherie unseres Blickfeldes zuwinkt. Gleichzeitig wird mit dem Gesehenen nicht nur der sachliche Inhalt des Objektes in der Wahrnehmung transportiert, sondern innerhalb von Bruchteilen von Sekunden werden durch das Gesehene Emotionen geweckt und komplexe Verhaltensmuster ausgelöst. Wir machen uns keine Gedanken, wie kompliziert der Sehvorgang eigentlich ist, welche gigantische Leistung das visuelle System mit seinen Strukturen, Zellverbänden und Botenstoffen ohne Pause verrichtet, und wir machen uns auch keine Gedanken darüber, welche Schönheit in diesem komplexen Vorgang steckt. Das möchten wir mit diesem Buch ändern.

„*Sehen und darüber hinaus*" behandelt das Sehen des Menschen aus verschiedenen Blickwinkeln und im Dialog verschiedener Disziplinen und Sichtweisen. Wir diskutieren in diesem Buch über die Grundlagen des Sehens und der visuellen Wahrnehmung, über die Störungen des Sehens und ihre Korrekturmöglichkeiten, welche Bedeutung unsere Augen für die zwischenmenschliche Kommunikation und das Wohlempfinden haben, wie sich Sehen und Gesehenwerden auf unsere Gefühle und unsere Positionierung in der Welt auswirken und wie das Gesehene unsere Gesundheit und unser Erleben beeinflusst.

Dieses Buch ist kein Sachbuch im üblichen Sinne. Es gibt eine ganze Reihe von hervorragenden, auch allgemein verständlichen Darstellungen des Sehens, sodass ein weiteres Buch in diesem Sinne keine neue Information darstellen würde und wir uns auch nicht mit der Aufzählung von wissenschaftlichen Daten begnügen wollten. Das Buch stellt also keine Neuauflage schon existierender Sachbücher zum vielleicht wichtigsten unserer fünf Sinne dar. Dieses Buch soll im wahrsten Sinne des Wortes den Blick auf das Sehen weiten. Anders als in herkömmlichen Sachbüchern verwenden die Autoren hier neben der notwendigen Darstellung der Fakten das Mittel der Diskussion sowie der Frage und Antwort. Auf diese Weise entsteht ein lebendiger Austausch von Wissen, der die Aufmerksamkeit des Lesers fesseln wird und der nebenbei auch die Autoren gefesselt hat und immer noch fesselt.

Das besonders Interessante ist hier, dass nicht Vertreter einer wissenschaftlichen Disziplin miteinander in den Austausch treten, sondern Wissenschaftler mit unterschiedlichem Hintergrund, unterschiedlichen Arbeitsgebieten und unterschiedlichen Arbeitsweisen. Wir sind überzeugt davon, dass gerade dieser interdisziplinäre Blick auf das Thema Sehen Zusammenhänge besonders spannend darstellen lässt, neue Fragen zum Sehen entwickelt und auch neue Lösungsansätze für bisher nicht beantwortete Fragen ermöglicht.

Wie nehmen wir die Welt über unser Sehsystem wahr und welche Auswirkungen hat das Gesehene und die Art, wie wir Sehinformationen verarbeiten auf uns als Individuen und als Gesellschaft? Wie gestalten wir Sehen und wie spiegelt sich das Gesehene in unserer Gefühlswelt und zwischenmenschlichen Beziehungen? Hat die Gestaltung der Welt und unseres Lebensraumes Einfluss darauf, wie wir sehen, was wir sehen, und macht uns das krank oder gesund? Solche und ähnliche Fragen werden von dem Autorenteam beantwortet bzw. mögliche Antworten darauf werden diskutiert.

Am Ende geht es darum, Sehen als das Wunder zu begreifen, das es ist und Aufmerksamkeit für dieses Wunder zu schaffen, denn im Alltag denkt der Normalsehende nicht darüber nach, welche großartige Leistung unser Sehen darstellt. Die Gabe des Sehens wird als selbstverständlich „mitgenommen". Niemand macht sich darüber Gedanken, bis es durch Krankheit oder Verletzung zu einer Verschlechterung des Sehens kommt und wir uns plötzlich oder allmählich damit konfrontiert sehen, unsere Welt mit einem geringeren Sehvermögen wahrzunehmen, als wir es gewohnt waren. Dieses Buch ist am Ende auch ein Plädoyer dafür, unser Sehvermögen als wertvoll zu schätzen und sich aktiv darum zu kümmern, es bis ins hohe Alter zu erhalten.

Competing Interests

Die Autor*innen haben keine für den Inhalt dieses Manuskripts relevanten Interessenskonflikte.

Inhaltsverzeichnis

1 Visuelle Signale	1
Das Sehen – einleitende Gedanken	1
Die Sichtweise des Biologen: von Nervenzellen, Merkmalsfiltern, Informationsverarbeitung und der Evolution	4
Aus der Sicht der Biologie ist das Sehen ein Produkt der Evolution	5
Die biologischen Grundlagen des Sehens	10
Die Netzhaut liebt es dual	10
Die Sprache der Nervenzellen	17
Photovoltaik der besonderen Art	19
Eine Welt – zwei Arten visueller Wahrnehmungen	21
Der Rechner im Auge: Die Informationsverarbeitung in der Retina erzeugt Merkmalsfilter	23
Wie die Retina Kontraste verstärkt und imaginäre Linien erzeugt	28
Was die Retina dem Gehirn erzählt	31
Von der Retina zur Großhirnrinde	32
Parallel geht's schneller: Zwei Informationspfade analysieren die visuelle Information	35
Weiterführende Literatur	41
2 Wenn unsere Augen krank werden	43
Welche Störungen und Erkrankungen des Sehsystems gibt es?	44
Fehlsichtigkeit: Sehschärfe oder Sehstärke?	45
Die „Kurzsichtigkeitspandemie"	50
Welche Störungen des Sehsystems sind häufig und haben besonders schwere Auswirkungen?	52

Wie wird nun aber die Sehbeeinträchtigung von Betroffenen erlebt?	59
Untersuchungsverfahren	67
Diagnosefindung und Therapie	72
Was können wir eigentlich dafür tun, ein gutes Sehvermögen bis ins hohe Alter zu erhalten?	74
Weiterführende Literatur	80

3 Augen und Kommunikation — 81

Weinen als Trostappell – „Sieh mich doch!"	88
Der verständnisvolle Blick	91
Der gesenkte Blick – Beschämung	93
Der verengte Blick – Wahrnehmungsmuster	97
Der identifizierende Blick – wie siehst du mich?	99
Der detektivische Blick – Gefühle lesen und verstehen	100
Ausblick	100
Weiterführende Literatur	101

4 Schauen und Blicken, aktives Sehen — 103

Sehen und Tasten: Blickbewegungen	105
Pupillenreaktionen	108
Naheinstellung – Akkommodation	110
Die Mechanik des Blickens	111
Blinzeln	112
Anwendungen der Blickbewegungsforschung	113
Aufmerksamkeit	116
Unbewusste Wahrnehmung	118
Reafferenzprinzip: Warum die Welt nicht wackelt, wenn die Augen sich bewegen	121
Weiterführende Literatur	123

5 Sehen und Wohlbefinden — 125

Helligkeit	127
Blendung	129
Lichttemperatur	131
Farbwiedergabe	133
Alliästhesie	136
Bilder und Emotionen	137
Farbe in Architektur und Psychologie	139
Folgen – Stress oder Stärkung	142
Weiterführende Literatur	143

6 Die neurobiologischen Grundlagen der Wahrnehmung — 145
Wir sehen nicht die Welt, die uns umgibt, sondern die Welt, die wir konstruieren — 145
Wenn ein Reiz nicht eindeutig ist, kann die Wahrnehmung beständig hin- und herwechseln — 148
Dreidimensionale Wahrnehmung wird aus zweidimensionalen Bildern auf der Netzhaut erzeugt — 150
Beim Erkennen eines Objekts gelten einfache Prinzipien — 158
Konstanzleistungen ermöglichen eine stabile Wahrnehmung in einer sich ständig ändernden Umwelt — 162
Von gewollten Fehlern in der Wahrnehmung — 165
Ungewollte Wahrnehmungsfehler — 167
Wie man Dinge sehen kann, obwohl man blind ist — 169
Fazit — 171
Erschaffen wir uns unsere eigene Realität? — 172
Weiterführende Literatur — 176

7 Einblick, Ausblick und Anblick — 177
Der Anblick des Gebäudes – die Fassade — 178
Einblicke und Ausblicke – die Gebäudeöffnungen — 182
Blickbeziehungen und Privatsphäre — 184
Ausblick: Architektur für alle Sinne — 186
Weiterführende Literatur — 186

8 Virtuelle Welten — 187
Virtual Reality (VR) in Forschung und Praxis — 187
Tiefenwahrnehmung in der virtuellen Realität — 191
Wie real ist eigentlich VR? — 193
Fazit — 194
Weiterführende Literatur — 195

9 Künstliches Sehen — 197
Technische Implantate zur Wiederherstellung von Sehvermögen — 197
Das Prinzip der elektrischen Stimulation — 198
Der Prototyp: das Cochlea-Implantat — 199
Visuelle Implantate — 201
Warum hinkt das Retina-Implantat dem Cochlea-Implantat hinterher? — 203
Genetikbasierte Therapiealternativen — 208
Weiterführende Literatur — 210

Einsichten 211

Nachwort 223

Abbildungsnachweise 225

Über die Autoren

Peter Walter Mein Arbeitsgebiet ist die Augenheilkunde, die ich als Professor an der RWTH Aachen und als Direktor der dortigen Augenklinik vertrete. Ich habe in Köln Medizin studiert und beschäftige mich seit dem Studium intensiv mit der Funktion der Netzhaut, wie man sie messen kann und welche Prozesse der Sehwahrnehmung zugrunde liegen. Nach der Facharztausbildung am Zentrum für Augenheilkunde der Universität zu Köln habe ich mich unter Anleitung von Klaus Heimann und Bernd Kirchhof auf die Diagnostik und die operative Behandlung von Netzhauterkrankungen spezialisiert. Netzhautablösungen, Komplikationen der Netzhaut bei der Zuckerkrankheit aber auch schwere Verletzungen des Auges sind dabei meine Schwerpunkte. In der Forschung beschäftige ich mich vor allem mit der technischen Überbrückung von Netzhautfunktionen, um Blinden wieder Sehvermögen zurückzugeben. Gerade dieser Forschungsansatz verlangt die Beschäftigung mit anderen Disziplinen wie der Elektrotechnik, der Neuroinformatik und der Neurobiologie. Sehen über die eigene Disziplin hinaus zu denken und interdisziplinäre Therapieansätze zu entwickeln faszinieren mich von jeher und motivieren mich zur Arbeit an diesem Buch.

Über die Autoren

Frank Müller Seit ich in der Schule ein Referat über das Auge hielt, haben mich die Leistungen unserer Sinnes- und Nervenzellen, speziell das Sehen, so sehr fasziniert, dass ich mich entschlossen habe, meinen eigenen bescheidenen Beitrag zum Verständnis dieser Vorgänge zu liefern. Ich studierte in Mainz Biologie und wechselte dann für meine Diplom- und Doktorarbeit an das Max-Planck-Institut für Hirnforschung in Frankfurt. Damals begann ich die Funktion der Netzhaut zu erforschen, jenem dünnen, lichtempfindlichen Gewebe im Auge, das uns das Sehen erlaubt. Nach Abstechern in den Bereich der Ionenkanäle, des Riechens und des Schmeckens, kehrte ich zu diesem Arbeitsgebiet zurück. Neben grundlegenden Arbeiten zur Netzhautfunktion interessiere ich mich auch für die Konsequenzen von Netzhauterkrankungen und die Möglichkeiten, z. B. durch elektronische Chips blinden Patienten das Sehvermögen zurückzugeben. Dazu benötigt es natürlich der Interaktion mit Medizinern und Ingenieuren. Meine Arbeitsgruppe ist im Forschungszentrum Jülich angesiedelt. Gleichzeitig bin ich Professor für „Molekulare Sinnes- und Neurobiologie" an der RWTH Aachen. Ich finde, es ist für einen Naturwissenschaftler ein wunderbares Gefühl, wenn ihm klar wird, dass er vermutlich der erste Mensch auf dieser Welt ist, der ein bestimmtes Phänomen beobachtet und verstanden hat. In vielen Beiträgen zu Lehrbüchern, in meinen Vorlesungen und vor allem mit dem Sachbuch „Biologie der Sinne", das ich zusammen mit meinem Kollegen Stephan Frings geschrieben habe, versuche ich Schüler, Studenten und interessierte Laien mit der Faszination anzustecken, die ich bei meiner täglichen Arbeit empfinde.

Anke Huckauf Als Professorin für Allgemeine Psychologie interessiert mich vor allem das Erleben und Verhalten der Menschen. Dem Sehen und dem Sehorgan kommt dabei eine fundamentale Bedeutung zu: Wir lesen aus dem Blick der anderen, indem wir sie betrachten. Welche Informationen genau wir aus dem Blickverhalten anderer Personen ablesen und interpretieren, ist ein wesentlicher, noch immer ungeklärter Prozess. Diese sozialen Interaktionen wirken wiederum zurück auf die Wahrnehmung: Wir können Dinge durch sprichwörtliche rosarote Brillen betrachten oder schwarzsehen. Liebe, eines der zentralen Themen des Menschseins, kann dem Sprichwort nach sogar blind machen. Die Wahrnehmung von Blicken, ihr rückbezügliches Erleben sowie dessen Konsequenzen auf die Wahrnehmung sind Themen, die die im vorliegenden Buch versammelten Sichtweisen verbinden können: Angefangen von den neurophysiologischen Grundlagen hin zu ophthalmologischen Spezifikationen bis zur therapeutischen Anwendung und zur architektonischen Gestaltung unserer Umwelt – all diese Themen benötigen den Blick auf das wahrnehmende Individuum und dessen Erleben. In meinem Werdegang habe ich diese Themen im Studium der Psychologie an den Universitäten Mainz und Aachen, während meiner Promotion an der RWTH Aachen, bei mehreren Auslandsaufenthalten, meiner Juniorprofessur für Wahrnehmungspsychologie an der Bauhaus-Universität Weimar, der Habilitation 2006 an der Universität Erlangen-Nürnberg aus verschiedenen Blickwinkeln betrachtet. Seit 2009 beschäftigen wir uns an der Universität Ulm mit Fragen zum Blicken und Sehen.

Marcel Schweiker Ich leite die Arbeitsgruppe Healthy Living Spaces am Institut für Arbeits-, Sozial- und Umweltmedizin am Universitätsklinikum Aachen und den Lehrstuhl Healthy Living Spaces an der RWTH Aachen University. Hierbei agiere ich an der Schnittstelle zahlreicher Disziplinen. Mein eigener fachlicher Hintergrund ist die Architektur mit Schwerpunkt auf der Wechselwirkung zwischen dem Menschen und seiner gebauten Umgebung. Mein Team ist zum Einen in der Arbeits- und Umweltmedizin und zum Anderen in die Architektur integriert und meine Mitarbeitenden erweitern die architektonische und medizinische Expertise um Aspekte der Psychologie, Energietechnik, Chronobiologie und Bewegungswissenschaften. Das sprichwörtliche „Sehen und Gesehenwerden" umschreibt dabei die vielfältigen Anknüpfungspunkte, die sich bei meinen Forschungs- und Lehrthemen mit dem Sehen und dem Gesehenen ergeben. Dabei fasziniert mich der in diesem Buch festgehaltene interdisziplinäre Austausch, denn im Architekturstudium werden die biologischen Grundlagen des Sehens, wie von Herrn Müller verinnerlicht, nur rudimentär betrachtet, Krankheit und Gesundheit des Auges, wie von Herrn Walter täglich erfahren, schon gar nicht, und auch die vielfältigen sozialen Aspekte, die Herr van Haren vorstellt, werden nur beiläufig behandelt. Gleichzeitig ist die Gestaltung des Gebäudes, also wie sein Äußeres und Inneres gesehen wird, für mich ein entscheidender Bestandteil guter Architektur. Vielmehr jedoch interessiert mich, wie das Gesehene und die visuellen Bedingungen auf uns Menschen im Gebäude wirken, wie wir Räume wahrnehmen, welche Emotionen Räume auslösen, fördern oder unterdrücken, und schließlich, wie der Raum das menschliche Wohlbefinden und die Gesundheit beeinflusst oder, besser noch, fördern kann.

Werner van Haren Schon als Student faszinierte mich die Sinneswahrnehmung, damals vor allem unter erkenntnistheoretischer Perspektive: (Wie) können wir die Welt erkennen? Wie verhilft unsere Wahrnehmung zur Orientierung in der Welt? Und was können einzelne Wissenschaften wie etwa die Wahrnehmungspsychologie zur Beantwortung dieser philosophischen Grundfrage beitragen? „Wahrnehmung und Erkenntnis" lautete dementsprechend das Thema meiner Diplomarbeit. Dieses Interesse ist immer lebendig geblieben. Doch im Verlauf meiner nun über 30-jährigen psychotherapeutischen Arbeit hat es sich zu der Frage spezifiziert: Wie können wir uns in menschlichen Beziehungen erkennen und begegnen? Wie führen Blicke und Blickkontakt, Sehen und Gesehenwerden zur Vertiefung von Beziehungen? Und wie kann solcherart vertiefte Beziehung im Rahmen der Psychotherapie heilsam werden?

Als niedergelassener Praktiker hat mich immer geleitet, das, was mir begegnet, tiefer zu verstehen. Jeder mir begegnende Mensch ist einzigartig und mir zunächst unbekannt, ein Rätsel. Wenn eine Therapie beginnt, begebe ich mich daher mit meinen Klientinnen und Klienten immer wieder neu auf eine gemeinsame Entdeckungsreise – die der Erforschung seiner spezifischen Gewordenheit, seiner besonderen Art zu denken, seines Körpers in Ausdruck und Bewegung, seiner ihm eigenen Psycho-Logik. Bei der Reise durch dieses unbekannte Land treffe ich mitunter auf Zusammenhänge und Einsichten, die mir wie Entdeckungen erscheinen; vielleicht hat sie schon jemand vor mir herausgefunden – gleichwohl erscheint es mir in diesen Momenten wie ein gemeinsam mit dem Klienten erarbeitetes und erlebtes Heureka. Und manchmal stoßen wir dabei auf allgemeine Zusammenhänge, die mir als Beitrag zur Theoriebildung in der Psychotherapie wertvoll erscheinen. Mein besonderes Interesse gilt dabei der Gruppentherapie und der körperorientierten Psychotherapie. In dieser hat das Fenster zur Seele einen herausgehobenen Platz.

1

Visuelle Signale

Frank Müller

Das Sehen – einleitende Gedanken

Goethe hat der eigentlichen Handlung im Faust das Vorspiel auf dem Theater vorangestellt. Hier lässt Goethe den Direktor zum Dichter sagen: „Besonders aber laßt genug geschehn! Man kommt zu schaun, man will am liebsten sehn." Recht hatte der Herr Geheimrat! Und das nicht von ungefähr, denn Goethe interessierte sich für das Sehen und die Wahrnehmung und schrieb sogar ein Buch zur Farbenlehre (auch wenn darin nicht alles korrekt war). Keiner unserer Sinne ist unwichtig, aber im Allgemeinen betrachten wir das Sehen als den wichtigsten unserer Sinne, schließlich liefern unsere Augen etwa 70 % der Information über unsere Umwelt. Wenn wir unsere Sinne aufzählen, beginnen wir in der Regel mit dem Sehen. Viele Redewendungen in unserer Sprache beruhen auf der Bedeutung, die wir dem Sehen beimessen. Wir nehmen Dinge in „Augenschein", um uns ein „Bild zu machen". „Bei Licht betrachtet" erscheint uns vieles anders als vorher. Im Zweifelsfall verlassen wir uns darauf, was wir mit „eigenen Augen" gesehen haben. Verständnis wird gleichgesetzt mit „Einsicht", und wir sind froh, wenn wir in einer komplexen Situation den „Überblick" oder den „Durchblick" bewahren und dabei gut „aussehen".

Unsere Augen sind die Fenster zur Welt mit all ihren visuellen Signalen, Formen, Farben und Texturen.

Peter Walter Gleichzeitig sind unsere Augen auch ein Fenster zu unserem Inneren. Seit mehr als 150 Jahren – seit der Erfindung des Augenspiegels durch Helmholtz (1850) – kann man mit optischen Hilfsmitteln in das Auge hineinschauen, um Krankheiten zu erkennen. Der Augenhintergrund ist der einzige Ort des menschlichen Körpers, in dem wir unsere Blutgefäße direkt sehen können, ohne den Körper aufschneiden zu müssen. Wir können hier die Auswirkungen einer länger bestehenden Zuckererkrankung (Diabetes mellitus) erkennen in Form von Gefäßaussackungen, Blutungen oder auch Gefäßneubildungen oder Veränderungen bei einem länger bestehenden hohen Blutdruck. Neben den eigentlichen Augenkrankheiten sehen wir also auch Veränderungen, die auf Krankheiten des Körpers hinweisen.

Werner van Haren Und sie sind das Fenster zur Seele. Diese Metapher von Hildegard von Bingen ist inzwischen wohl zum Allgemeingut geworden. Sie verweist auf die enge Anbindung der Augen an unseren seelischen Zustand. Denn Augen können glänzen, strahlen, verschleiert sein, sie können starr blicken oder verschreckt, freudig oder entsetzt, warm oder kalt – sie sind tief verbunden mit unserer emotionalen Verfassung, bringen sie zum Ausdruck. Gefühle wie Wut, Trauer, Ekel, oder auch Freude und sexuelles Verlangen führen zu Pupillenerweiterung oder -verengung, prägen so unseren Blick und ermöglichen unserem Gegenüber Rückschlüsse auf unseren inneren Zustand. Die Augen sind also das Fenster zur Seele, weil sie sich darin spiegelt.

Frank Müller Sie sind auch ein Fenster zum Gehirn! Denn die Netzhaut entwickelt sich im Embryo aus einer Ausstülpung des Gehirns, sie ist ein von außen sichtbarer Teil des Zentralnervensystems.

Die visuelle Welt ist nicht nur reicher als andere Sinneswelten, etwa die des Schmeckens, sie geht vor allem weit über die Grenzen der anderen Sinne hinaus. Zwar können komplexe Organismen auch in einer Welt ohne Licht (etwa in Höhlensystemen oder in der Tiefsee) existieren, in der es keine Möglichkeit gibt zu sehen. Auch wir könnten in einer lichtlosen Welt z. B. durch Riechen eine Auswahl an Nahrung finden, Objekte und Hindernisse ertasten und durch Geräusche oder Vibrationen die Annäherung eines Tieres wahrnehmen. Das sogenannte Seitenliniensystem der Fische, die Wahrnehmung des Magnetfelds der Erde durch Zugvögel oder die Echoortung mit Ultraschall bei Fledermäusen belegen, dass auch andere Sinne als das Sehen eine hervorragende Orientierung in der Umwelt erlauben. Unsere Wahrnehmung aber ist auf das Sehen ausgerichtet – wir sind Sehende, so wie Fledermäuse Hörende sind. Aber die Fähigkeit zu sehen war für die Entwicklung unseres Weltbilds und für unser Verständnis von der Welt essenziell. Wir können Sterne nicht riechen, schmecken, fühlen oder hören, wir wissen einzig durch unsere Augen von ihrer Existenz. Der Lauf der Sterne und Planeten lehrte uns die Gesetze zur Bewegung und Gravitation und legte die Grundlagen unserer Physik. Mit Hochleistungsteleskopen studieren wir den Nachthimmel mit seinen unzähligen Galaxien auf der Suche nach der Antwort auf eine der wichtigsten Fragen: wie das Universum begann und woher wir kommen. Mit Mikroskopen dringen wir immer weiter in eine dem unbewaffneten Auge unsichtbare Welt vor. Die Grundlagen der modernen Biologie und Medizin, unser Verständnis davon, wie das Leben funktioniert – wie *wir* funktionieren – beruhen auf diesen Erkenntnissen. Kurz: Unser wissenschaftliches und philosophisches Verständnis von der Welt gründet auf unserem Sehsinn. „Das Auge ist das Organ der Weltanschauung", schrieb der große deutsche Naturforscher Alexander von Humboldt (1769–1859) in seinem berühmten Werk *Kosmos*.

Marcel Schweiker Der enormen Dominanz und Relevanz, die der Sehsinn heutzutage hat, stimme ich zu. Gleichzeitig habe ich gelesen, dass das älteste und empfindlichste unserer Organe die Haut ist, über Jahrhunderte der Tastsinn als „Mutter aller Sinne" und Ursprung unserer Augen, Ohren und Nasen betrachtet wurde. Ist da etwas dran?

Frank Müller Ich denke, wir müssen hier differenzieren. Der Sehsinn scheint mir unübertroffen darin, Erkenntnisse über unsere Umgebung zu sammeln, vor allem eben auch aus der Ferne. Das Sehen hat sich aber, wie auch das Hören, in der Evolution später entwickelt als andere Sinne. Sehen und Hören erleichtern uns das Leben enorm, aber sie sind nicht essenziell. Andere Sinne sind dagegen unabdingbar für das Leben eines Organismus. Schon die ersten primitiven Einzeller mussten Nahrung finden, hatten also „chemische Sinne" und sie mussten detektieren können, ob sie auf einem festen Substrat herumkrochen, ein Hindernis den Weg versperrte oder sie von einem anderen Organismus bedroht wurden. Das entdeckten sie über taktile Reize, sie hatten also einen „Tastsinn". Der Ausdruck „Sinn" ist hier anders verwendet als bei höheren Organismen, denn all das fand natürlich in einer einzigen Zelle statt, während höher entwickelte Organismen ja spezielle Sinneszellen ausbilden. Der Tastsinn ist der erste Sinn, der sich im Embryo entwickelt und bereits im Mutterleib nutzt ihn der Embryo, um sich und seine Umwelt zu erkunden (und damit auch ein Bild von sich selbst zu formen). In der Zeit nach der Geburt ist der Tastsinn sicherlich genauso wichtig oder sogar wichtiger als der Sehsinn. Erstens ist dieser noch gar nicht voll entwickelt und Neugeborene erleben nur ein sehr unscharfes Bild der Umwelt. Vor allem aber vermitteln Tasten und Berührung dem Neugeborenen den unmittelbaren Kontakt mit Anderen und damit ein Gefühl der Geborgenheit. Fehlen diese haptischen Reize, kommt es zu massiven psychischen Fehlentwicklungen, bis hin zu einem falschen Körperbild von sich selbst. Lange Zeit wollen Kleinkinder alles anfassen und in den Mund stecken. Das zeigt, wie wichtig haptische Reize bei der Erkundung der Welt für sie sind. Diese Bedeutung spiegelt sich auch darin wider, dass der Ausdruck „begreifen" in unserer Sprache genauso für Erkenntnis steht, wie der Ausdruck „durchblicken". Es ist sicher für die geistige Entwicklung eines Kinds etwas anderes, ob es ein Tier nur auf einem Monitor sieht oder es auch anfassen, spüren, riechen kann, mit ihm interagieren kann. So hat jeder unserer Sinne seinen Sinn, und keiner ist unwichtig.

Die Sichtweise des Biologen: von Nervenzellen, Merkmalsfiltern, Informationsverarbeitung und der Evolution

In diesem Kapitel möchte ich Ihnen das Sehen aus der Sichtweise eines Biologen nahebringen. Es gäbe viel über das Sehen zu sagen, aber ich möchte mich hier auf zwei Aspekte konzentrieren. Wir werden uns mit den biologischen Grundlagen des Sehens beschäftigen, also dem Aufbau des Auges und unserer Netzhaut, der Funktion der Sinnes- und Nervenzellen, der Verarbeitung der Sehinformation im Gehirn usw. Wie wir sehen werden, ist unser Sehsystem außerordentlich komplex aufgebaut. In der Tat setzen wir einen beträchtlichen Teil des Gehirns ein, um sehen zu können. Wenn ich bei Vorträgen oder Diskussionen über das Sehen diesen enormen Aufwand an Hardware beschreibe, begegne ich zuerst oft Unverständnis: „Wozu braucht man all diese Gehirnteile? Ich brauche doch nur die Augen zu öffnen und schon sehe ich alles! Warum soll das Ganze denn noch zusätzlich im Gehirn verarbeitet werden?" Die Antwort ist einfach. Das Gehirn verarbeitet nichts *zusätzlich* zum Sehen. Vielmehr wurde alles, was wir visuell wahrnehmen, bereits vorher vom Gehirn ausgewertet und zu einem Bild zusammengefügt, sozusagen vor unserem inneren Auge! Die Verarbeitung visueller Reize im Gehirn ist die Grundlage dafür, dass wir überhaupt sehen können. Natürlich geschieht das, ohne dass wir es merken, und zwar so gut, dass man eben den Eindruck hat, das Ganze wäre mit dem Augenöffnen erledigt, ganz ohne Aufwand. Genau das ist eben der Trick unseres Sehsystems! Interessanterweise gesteht man einem Computer schon eher das Recht zu, bei der Analyse eines Bildes Information verarbeiten zu müssen. Überlegen wir doch einmal, wie ein Computer auf einem Bild ein Gesicht erkennt. Noch vor 20 Jahren war das unmöglich, heute verfügt jedes Mobiltelefon über eine Gesichtserkennung. Das Kamerabild besteht aus einer zweidimensionalen Anordnung von Bildpunkten. Die Software kann nicht wissen, welche dieser Bildpunkte zu einem Objekt gehören, aber sie ist dafür entworfen, bestimmte Merkmale eines Gesichts darin zu suchen: Augen, Mund, Nase, alles in einer bestimmten Anordnung. Die Software ist ein Merkmalsfilter, der die Information durchforstet und dann ein Gesicht meldet, wenn die gesuchten Merkmale in einer vernünftigen Anordnung vorhanden sind. Wir werden in diesem Kapitel sehen, dass auch in unserem Sehsystem Merkmalsfilter aktiv sind. Auf den ersten Ebenen des Sehsystems suchen diese Merkmalsfilter noch relativ einfache Zusammenhänge, doch je höher wir im Gehirn in der Verarbeitung der visuellen Information aufsteigen, desto komplexer wird die Information, die sie extrahieren. Ein Computer ohne diese Software, also ohne Merkmalsfilter, erkennt keine Gesichter. Genau das kann auch beim Menschen passieren, in einer Krankheit, die man Gesichtsblindheit oder Prosopagnosie nennt. Betroffene haben eine ganz normal entwickelte Sehschärfe, können die kleinsten Buchstaben lesen, aber sie erkennen keine Gesichter! Der zweite Punkt, den wir ansprechen, ist die Frage, warum wir und andere Organismen überhaupt die Fähigkeit entwickelt haben, zu sehen. Wir müssen dabei die stammesgeschichtliche Entwicklung der Organismen, die wir Evolution nennen, berücksichtigen. Lassen Sie uns diesen Punkt zuerst diskurieren, dann können wir den Rest nämlich viel besser verstehen.

Aus der Sicht der Biologie ist das Sehen ein Produkt der Evolution

Im Rahmen der Evolution entwickeln sich die Organismen von einfachen zu komplexeren Formen. Die Eigenschaften eines Organismus werden durch seine Erbinformation in Form der Gene bestimmt. Die Gene enthalten z. B. die Information darüber, wie bestimmte Zellbausteine aufgebaut werden müssen, damit sie fehlerfrei funktionieren oder wie bestimmte Vorgänge in den Zellen reguliert werden sollen. Für die Bildung von Spermien und Eizellen müssen diese Gene kopiert werden. Dabei können sich zufällige Veränderungen, sog. Mutationen, einschleichen. Viele dieser Mutationen sind bedeutungslos, aber manche beeinflussen die gerade genannten Funktionen – positiv oder negativ. Wird eine Funktion durch eine Mutation verbessert, kann das einen Vorteil für den Organismus darstellen. Vielleicht ist er gesünder, lebt länger und hat mehr Nachkommen als andere. Dadurch gibt er diese vorteilhaften Gene verstärkt an die nächste Generation weiter. Man sagt, die Mutation reichert sich im Genpool der Art an und setzt sich mehr und mehr durch. So können Organismen ihre Eigenschaften über Generationen hinweg langsam verändern und sich optimal an die Lebensbedingungen anpassen. Im Verlauf der Evolution bildeten sich auf diese Art Fähigkeiten und Mechanismen aus, die einer einzigen Aufgabe dienten: Sie sollten die Chance des Organismus erhöhen, in einer durchaus gefährlichen und feindlichen Umwelt zu überleben und sich erfolgreich fortzupflanzen. Erst die Fortpflanzung ermöglicht es, die Gene, die den optimierten Eigenschaften zugrunde liegen, an die nachfolgende Generation weiterzugeben – das eigentliche Ziel eines jeden Organismus in der Evolution. Ein komplexes Sehsystem, wie wir es bei Säugetieren – und damit bei uns – finden, ist ein solcher Mechanismus, aber seine Unterhaltung ist biologisch so kostenintensiv, dass sie aus Sicht der Evolution nur durch einen großen Nutzen für den Organismus gerechtfertigt werden kann. Aus biologischer Sicht ist der Nutzen offensichtlich. Um zu überleben und sich fortzupflanzen, muss der Organismus Nahrung entdecken, Gefahrensituationen vermeiden und einen Paarungspartner finden. Das Sehen erleichtert diese Aufgaben ungemein, und zwar oft aus großer – d. h. sicherer – Distanz. Zudem ermöglicht ein gut entwickeltes Sehsystem die visuelle Kommunikation, etwa durch Zeichen oder Mimik und natürlich allgemein die Orientierung in der Umwelt. Auch für unser Sehsystem gilt, dass seine Eigenschaften durch spontane Mutationen manchmal so verändert wurden, dass die Überlebenschancen des Organismus gesteigert wurden. Zum Beispiel erlaubten solche Mutationen die Entwicklung des Farbensehens, was die Suche nach reifen Früchten im grünen Blattwerk enorm erleichtert (Abb. 1.1).

Aber die Tatsache, dass die Funktionsweise unseres Sehsystems (und das gilt analog für jeden unserer Sinne) in der Evolution einzig und allein daran gemessen wurde, wie effizient es Überleben und Fortpflanzung ermöglichte, hat erhebliche Konsequenzen. Unsere Sinne sind ein Produkt unserer Evolution. Die Art und Weise, wie wir modernen Menschen sehen, spiegelt also wider, wie sich unser Sehsystem an die biologischen Notwendigkeiten wäh-

Abb. 1.1 Die Farbwahrnehmung erleichtert das Auffinden reifer Früchte im grünen Blattwerk und bietet somit einen Evolutionsvorteil

rend der Entwicklung des Menschen angepasst hat. Springen wir aus unserem modernen Leben, in dem wir in beheizten Büros am Computer arbeiten, die Nahrung im Supermarktregal finden und vielleicht ab und zu einen Spaziergang durch den übersichtlich angelegten Park machen, einmal zurück in das Leben unserer Vorfahren im Dschungel. Dort lauern hinter jedem Baum Gefahren in der Gestalt von Raubtieren, Giftschlangen und was sonst noch kreucht und fleucht. Die beste Chance zu überleben, besteht darin, diese Gefahren schnell zu erkennen und sofort zu reagieren. Geschwindigkeit war in der Evolution deshalb stets wichtiger als Genauigkeit. Die Organismen, deren Sehsystem zu langsam arbeitete, wurden schlicht und ergreifend von Raubtieren erlegt, bevor sie die Gefahr erkannt hatten. Sie pflanzten sich deshalb weniger erfolgreich fort. In unserer Ahnenreihe sucht man diese Organismen vergeblich. Hätte die Evolution unsere Ahnen nicht darauf trainiert, schnell zu reagieren, würden wir nicht existieren. Auch die Frage, welche Reize wir überhaupt wahrnehmen, wurde von der Evolution diktiert. Zum Beispiel suchen unsere Sinnessysteme bevorzugt nach Signalen, die sich verändern. Jedes Objekt, das sich bewegt, jede Berührung unseres Körpers, jede Lautänderung wie das Knacken eines Astes kann Gefahr bedeuten und wir müssen schnell darauf reagieren. Insbesondere das Erkennen von Bewegung wurde optimiert, denn alles, was sich bewegt, kann entweder gefährlich sein, oder kann als Nahrung dienen. Die Sehsysteme vieler Tiere reagieren deshalb vor allem oder sogar nur auf Bewegung, nehmen aber stationäre Objekte kaum wahr. Und auch bei uns modernen und zivilisierten Menschen hat ein bewegter Reiz immer noch die gleiche magnetische Wirkung wie bei unseren Vorfahren. Achten Sie einmal darauf, wie oft die Augen Ihres Gesprächspartners oder auch Ihre (!) Augen mitten im Gespräch, meist unbewusst und ganz automatisch, einer Bewegung im Blickfeld folgen.

Marcel Schweiker Gleichzeitig werden in Architektur und Kunst sehr viele Ressourcen für das Schaffen von Unbewegtem, wie statischer Kunst und Gebäuden, mit hoher Ästhetik über den eigentlichen Nutzungszweck hinaus verwendet. Wie ist dies im Kontext der Evolution einzuordnen, wenn Du sagst, dass unser Sehorgan auf das Erkennen von Bewegtem optimiert wurde? Und was weckt noch unsere Aufmerksamkeit?

Frank Müller Der gemeinsame Nenner für Reize, die unsere Aufmerksamkeit fesseln, ist die Veränderung oder das Neue. Diese Reize sind „biologisch relevant", wobei die Bewegung besonders wichtig ist. Aber auch wenn sich Farbe, Form oder Helligkeit eines Reizes ändern, können wir uns der Wirkung nur schlecht entziehen. Denken wir an eine blinkende Neonreklame oder daran, wie Menschen in einer Bar oder im Wartebereich eines Flughafens auf

Fernsehmonitore starren, obwohl dort nur ein stummes Fernsehprogramm abläuft. Diese Suche nach Veränderung ist ein angeborenes Verhalten. Es dient nicht nur der Suche und dem Erkennen von Gefahren, sondern führt auch dazu, dass schon Säuglinge und Kleinkinder ihre Umwelt erkunden. Man kann sich das bei der Untersuchung von Säuglingen zunutze machen. Es ist schwierig, ihre Sehleistung zu messen, denn sie können ja keine Buchstabenreihen vorlesen. Aber sie schauen bevorzugt ihnen unbekannte Reize oder Objekte an und ziehen Objekte mit einem höheren Informationsgehalt langweiligeren Objekten vor. Bietet man ihnen z. B. ein Bild mit weißen und schwarzen Gitterlinien und ein gleich großes, graues Feld, das im Mittel die gleiche Helligkeit aufweist wie das Gitter, so schauen sie bevorzugt auf das Gittermuster. Nun kann man die Gitterlinien immer feiner machen. Sobald das Kind das Muster nicht mehr bevorzugt, weiß man, dass seine Sehschärfe nicht mehr ausreicht, das Muster aufzulösen. Unser Sehsystem ist hoch entwickelt und deshalb auch gut für stationäre Reize geeignet.

Marcel Schweiker Das ist spannend in Hinblick auf Stressoren, wenn ich hier meine Brille der Arbeitsmedizin aufsetze. Wenn ich mir nun ein Großraumbüro ansehe, in dem sich häufig jemand bewegt, aufsteht und weggeht oder zurückgeht, muss ich also davon ausgehen, dass dies von den Personen, in deren Blickwinkel dies geschieht unbewusst wahrgenommen wird und ihre Aufmerksamkeit auf die eigentliche Sehaufgabe, z. B. am Bildschirm, reduziert?

Frank Müller Das ist ein interessanter Punkt. Ich denke, diese Gefahr besteht prinzipiell. Aber es hängt vermutlich stark davon ab, wie sehr man sich auf seine Aufgabe konzentriert bzw. konzentrieren kann. Unser Gehirn schafft es immer wieder, die Aufmerksamkeit auf eine bestimmte Aufgabe zu fokussieren und dabei alles Störende auszublenden. Beim Hören kennen wir den Cocktailparty-Effekt, der es ermöglicht, in einer Kakofonie von Gesprächen sich auf die Stimme einer bestimmten Person zu konzentrieren. Bei dem „Gorillaexperiment" mussten sich Beobachter darauf konzentrieren, in einem Video einer Basketballmannschaft zu zählen, wie oft ein Ballwechsel erfolgt. Den Mann im Gorillakostüm, der über das Spielfeld lief und sich auf die Brust trommelte, nahmen sie teilweise überhaupt nicht wahr. Die Aufmerksamkeit ist quasi der „Suchscheinwerfer" unserer Wahrnehmung. Allerdings ermüdet uns diese starke Konzentration auch schnell, und wer durch seine Umwelt so stark abgelenkt wird, dass er sich erst gar nicht konzentrieren kann, hat schlechte Karten.

Um in einem dunklen Wald einen Wolf vor einem Baum zu erkennen, entwickelte unser Sehsystem Mechanismen, die den Kontrast zwischen Wolf und Baum künstlich erhöhen. Streng betrachtet verfälschen diese kontrastverschärfenden Mechanismen unsere visuelle Wahrnehmung. Wir können das leicht anhand der vielen optischen Täuschungen überprüfen, die auf diesen Mechanismen beruhen. Wir werden später auf solche Täuschungen eingehen und auch diskutieren, inwieweit unsere Wahrnehmung überhaupt der Realität ähnelt. Aber auch hier müssen wir bedenken, dass unser Sehsystem nicht als objektives und exaktes Messsystem entwickelt wurde, sondern um das Überleben zu sichern. Optische Täuschungen entlarven also nicht etwa ein schlecht konstruiertes Sehsystem voller Fehler, das hoffnungslos überfordert ist. Viele Täuschungen zeigen ganz im Gegenteil Strategien unseres Sehsystems auf, die so erfolgreich waren, dass sie unser Überleben in den vielen Millionen Jahren unserer Evolution gesichert haben. Und noch ein letzter Aspekt, der in unserer Evolution wichtig war: Als unsere Vorfahren begannen, in Gruppen zusammen zu leben, wurde akustische, aber auch visuelle Kommunikation zu einem wichtigen Parameter in unserem Verhalten. Dabei wurden unsere Augen nicht nur die Empfänger visueller Signale, sie begannen auch selbst welche zu senden. Wir können an den Augen (und der ganzen Mimik) anderer Menschen wichtige Informationen über deren Absichten und Stimmung ablesen. Dass wir im Gesicht anderer Menschen lesen können, ist sicherlich kein Zufall. Die Fähigkeit zu visueller Kommunikation brachte einen enormen Überlebensvorteil, nicht nur für das Individuum, sondern für die ganze Gruppe.

Werner van Haren Dies war zugleich eine Zeit der Entwicklung der Sprache, die die Verständigung per einfacher Signale überschritt. Dennoch blieben Signale wichtige Momente der Verständigung. Die Gesichtsmuskeln bilden mimische Muster, die eine Zuordnung zu Emotionen zulassen und im Zusammenhang mit der Ausdruckskraft der Augen zentrale Signale für eine Verständigung senden. Die Mimik war ebenso wie Laute, Bewegungen, Gerüche, Gestik, Berührungen in die Kommunikation eingewoben. All diese Ausdrucksformen sind miteinander verschränkt, liefern auf diese Weise vielfältigste Signale und bilden zusammen den Reichtum der Körpersprache. Viele dieser körperlichen Ausdrucksformen nehmen wir in erster Linie mit den Augen wahr. Und empfangen aus den Augen bzw. der Augenpartie unseres Gegenübers sehr bedeutsame Informationen, wie z. B. über dessen Offenheit, Zu- oder Abgewandtheit, emotionale Verfassung u. v. m., die für zwischenmenschliche Begegnung und Verständigung hilfreich sind.

Peter Walter Wichtige Signale senden unsere Augen auch dann, wenn sie durch Erkrankungen verändert sind. Wir assoziieren beispielsweise Blindheit und das daraus resultierende Leiden gerne mit der weißen Pupille, wie man sie bei weit fortgeschrittenem grauem Star (Katarakt) sieht, und wir kennen den starren Blick des fortgeschrittenen „grünen Stars", aber auch die unstet suchenden Augen bei Blindheit und schwerer Sehbeeinträchtigung seit der Kindheit, oder die zitternden Augen bei Erkrankungen des Zentralnervensystems. Ein weiteres Beispiel ist das sog. „Maskengesicht" mit wenig ausgeprägten mimischen Bewegungen und sehr starrem Blick bei der Parkinson-Erkrankung.

Die biologischen Grundlagen des Sehens

Lassen Sie uns nach diesen einleitenden Gedanken auf die biologischen Grundlagen des Sehens eingehen. Wir werden mit dem Aufbau und der Funktion des Auges und der Netzhaut beginnen und mit den Verarbeitungsmechanismen im Gehirn enden. Es liegt allerdings nicht im Fokus dieses Buchs, alle biochemischen, zellulären und neuronalen Vorgänge, die der Verarbeitung von visuellen Reizen im Auge und im Gehirn ablaufen, detailliert zu beschreiben. Für diesen Zweck verweisen wir auf das Buch „Biologie der Sinne" von Frings und Müller, in dem diese Vorgänge so dargestellt sind, dass auch Laien sie gut verstehen können. Dort findet man neben den zellbiologischen Grundlagen von Sinnes- und Nervenzellen auch zwei besonders umfangreiche Kapitel zum Sehen und zur Wahrnehmung.

Die Netzhaut liebt es dual

Auf den ersten Blick lässt sich unser Auge mit einer Kamera vergleichen. Die Iris regelt wie die Kamerablende über den Durchmesser der Pupille den Lichteinfall. Die Optik, bestehend aus Hornhaut und Linse, erlaubt es, die Umwelt scharf abzubilden. So entsteht aus der dreidimensionalen Realität ein zweidimensionales, umgedrehtes Abbild – bei der Digitalkamera auf einem elektronischen Chip, beim Auge auf der lichtempfindlichen Netzhaut oder Retina (Abb. 1.2).

Auch Kamerachips durchliefen eine Evolution, in der sie von Ingenieuren auf technische Perfektion optimiert wurden. Von den ersten Digitalkameras bis zu heutigen Spitzenmodellen wurde die Zahl der Pixel z. B. kontinuierlich erhöht. Sie bestimmt die Auflösung des Chips. Größe, Empfindlichkeit und Packungsdichte der Pixel sind überall auf dem Chip gleich. Das Bildmosaik

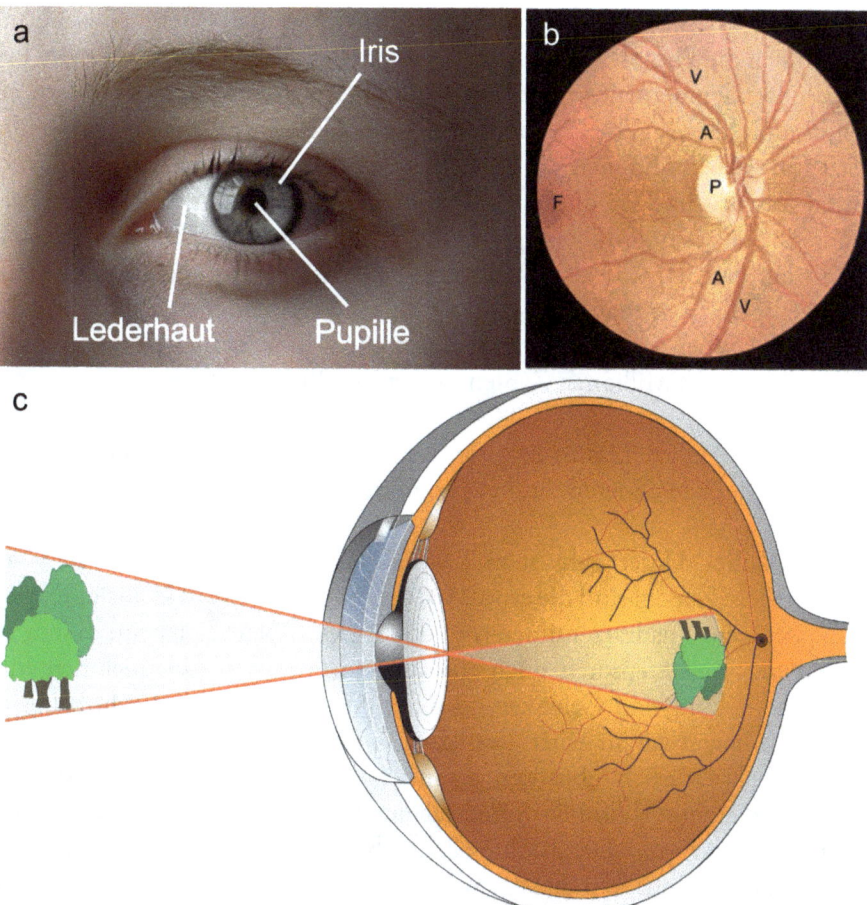

Abb. 1.2 Auge und Retina. (**a**) Blick auf das Auge. (**b**) Blick ins Auge auf den Augenhintergrund, wie ein Augenarzt ihn sehen würde. Man erkennt die Netzhaut oder Retina, die den Augenhintergrund auskleidet. P markiert die Papille des Sehnerven, wo die Nervenfasern das Auge verlassen und zum Gehirn ziehen. Hier treten auch die Gefäße ein (A, Arterie) bzw. aus (V, Vene), die die Netzhaut versorgen. Dieser Bereich ist auch als Blinder Fleck bekannt, da es hier keine Lichtsinneszellen gibt. F markiert die Fovea, den Ort des schärfsten Sehens. (**c**) Hornhaut und Linse erzeugen auf der Retina ein umgekehrtes Abbild der Umwelt

ist dementsprechend überall gleich fein. Als „Pixel" unserer Netzhaut können wir die lichtempfindlichen Sinneszellen, unsere Photorezeptoren, ansehen. Damit erschöpft sich die Ähnlichkeit mit dem Chip einer Digitalkamera bereits, denn unsere Retina leistet eine ungleich komplexere Aufgabe. Sie enthält nicht nur die Photorezeptoren, sondern bietet auch ein neuronales Netzwerk, in dem die Information bereits verarbeitet wird, bevor sie an das Gehirn geschickt wird. Sie ist quasi ein vorgeschobener Posten des Gehirns. Übrigens finden sich die Photorezeptoren dabei auf der lichtabgewandten Seite der Retina, hinter dem retinalen Netzwerk. Das Licht muss also erst durch diese Zellen hindurch, bevor die Photorezeptoren es registrieren können. Die Retina setzt für viele Funktionen auf eine „duale" Arbeitsweise. So haben wir zwei Arten von Sinneszellen, die auf ganz unterschiedliche Funktionen spezialisiert sind: die Stäbchen und die Zapfen. Die Stäbchen sind hochempfindlich und damit auf das Sehen in der Nacht und bei Dämmerung spezialisiert, wenn nur wenig Licht vorhanden ist. Die weniger empfindlichen Zapfen nutzen wir für das Sehen am Tag und das Farbensehen. In jedem unserer Augen finden wir ca. sechs Millionen Zapfen und etwa 120 Mio. Stäbchen.

Werner van Haren Das ist ja schon eine eindrucksvolle Zahl. Wie sieht das eigentlich bei den anderen Sinnen aus? Gibt es da ähnlich viele Sinneszellen?

Frank Müller Unser Sehsystem hat eine außerordentlich hohe Zahl an Sinneszellen. Zudem sind die etwa 250 Mio. Sinneszellen auf kleinster Fläche, d. h. wenigen Quadratzentimetern, konzentriert. Wenn wir beim Tasten zu den reinen Tastrezeptoren auch die Propriorezeptoren hinzunehmen, die z. B. die Stellung von Gelenken oder den Dehnungsgrad von Muskeln detektieren, liegen wir in einer ähnlichen Größenordnung (oder sogar etwas höher, aber natürlich über den gesamten Körper verteilt). Zum Riechen haben wir einige Millionen Sinneszellen, der Geschmackssinn liegt schon deutlich niedriger. Das Schlusslicht bilden der Hörsinn und der Gleichgewichtssinn. Wir haben nur ca. 3000 Hörsinneszellen. Das ist erstaunlich, wenn man bedenkt, wie wichtig das Hören für uns ist. Es erlaubt uns ja auch die akustische Kommunikation. Aber das Hören funktioniert eben ganz anders als das Sehen. Die Gehörschnecke im Innenohr muss nicht wie die Retina komplexe Bilder mit sehr vielen Bildpunkten kodieren, sondern zerlegt das Hörereignis quasi in seine Frequenzbestandteile, also die Tonhöhe. Es reichen schon ein paar tausend Sinneszellen aus, um dieses Frequenzspektrum vollständig zu repräsentieren.

Auch was die Verteilung der Photorezeptoren angeht, erkennen wir eine duale Arbeitsweise. Die menschliche Retina gliedert sich in zwei Bereiche mit unterschiedlicher Funktion. Im Zentrum unserer Netzhaut befindet sich die Macula lutea (gelber Fleck) mit der sog. Fovea centralis (Abb. 1.2b). Dort sind die Zapfen so dicht gepackt, dass etwa 140.000 davon auf 1 mm^2 Platz finden. Sie ermöglichen so ein sehr feines Bildmosaik, weshalb wir auch von der Stelle des schärfsten Sehens, also mit der höchsten optischen Auflösung sprechen. Im Rest der Netzhaut sind die Zapfen weit weniger dicht gepackt.

Das Mosaik des Bildes wird in der Peripherie des Gesichtsfeldes also wesentlich gröber und damit die Auflösung schlechter. Das Gesichtsfeld des Auges umschließt einen Sehwinkel von über 120°. Nur etwa 1°–2° davon entfallen auf die zentrale Netzhaut. Das entspricht etwa dem Anteil des Gesichtsfelds, den die Fläche des Daumennagels bei ausgestrecktem Arm einnimmt. Das scharfsehende Zentrum unseres Gesichtsfeldes ist also erstaunlich klein (Abb. 1.3). Im täglichen Leben fällt es aber meist gar nicht auf, dass unsere Retina nur im Zentrum ein scharfes Bild vermittelt, weil wir unsere Augen ständig bewegen. Das periphere Gesichtsfeld dient vor allem als Alarmsystem. Taucht ein Objekt dort auf, wird es zwar nur unscharf wahrgenommen, aber sofort an das Gehirn gemeldet. Das Gehirn löst eine Augenbewegung aus, um das Objekt auf die Stelle des schärfsten Sehens abzubilden. Deren dichtes Photorezeptormosaik dient der Feinanalyse. Alles, was wir genau erkennen wollen, müssen wir mit dieser Netzhautstelle betrachten. Die meisten

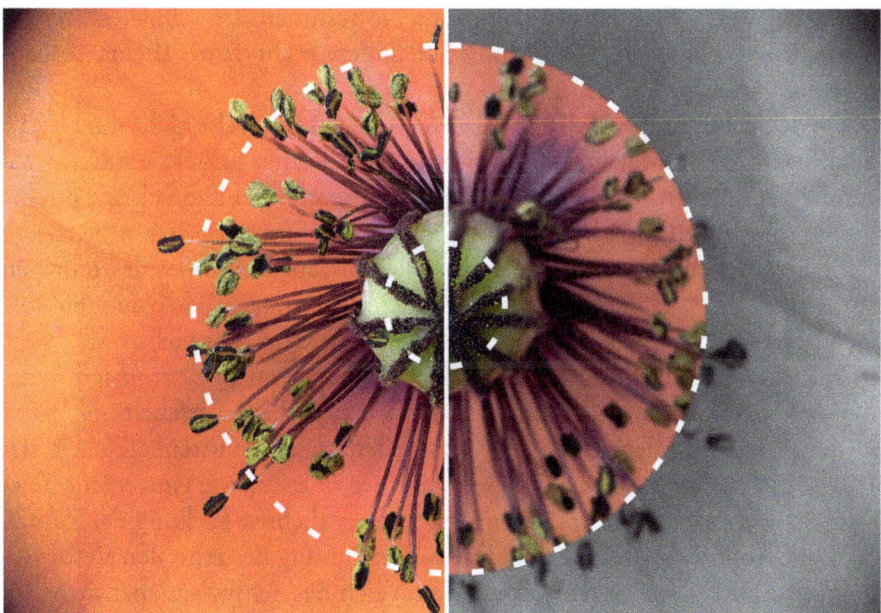

Abb. 1.3 Vergleich der Abbildungsleistung Kamera und Auge am Beispiel einer Mohnblüte. Die linke Hälfte der Abbildung ist gleichmäßig gut aufgelöst, wie bei einem Kamerachip. Die rechte Hälfte zeigt schematisch die Auflösung im Auge. Sie ist im zentralen Bildfeld, der Fovea, sehr gut (innerer Kreis). In einem mittleren Bereich des Gesichtsfeldes sehen wir wesentlich weniger scharf, können aber noch Farben erkennen. Am Rand des Gesichtsfeldes ist die Auflösung sehr schlecht und die Farbinformation geht verloren. Die Abbildung soll diese Unterschiede im Gesichtsfeld nur schematisch verdeutlichen. Natürlich sind die Übergänge fließend. Der Bereich, der von der Fovea abgedeckt wird, ist in Wirklichkeit sehr viel kleiner als hier dargestellt

Objekte in unserer Umwelt sind aber zu groß, als dass die kleine Fovea sie ganz erfassen könnte. Deshalb müssen wir diese Objekte durch Augenbewegungen regelrecht abtasten, damit jeder Teil mindestens einmal von der Fovea analysiert werden kann.

Aus diesen „Schnappschüssen" setzt das Gehirn ein Puzzle zusammen, damit in unserer Wahrnehmung ein komplettes Bild entsteht. Dabei steuert das Gehirn die Augenbewegungen, um wichtige Komponenten eines Objektes detailliert, andere dagegen nur oberflächlich zu analysieren.

Man kann den Augenbewegungen mit einer Kamera folgen („eye tracker") und so herausfinden, welche Aspekte eines Objektes für unser Gehirn besonders interessant sind. Beim Abtasten eines Gesichtes ruhen die Augen z. B. besonders oft und lange auf den Augen und dem Mund. Diese repräsentieren nicht nur die individuellen Merkmale des Gesichts, sie senden auch visuelle Signale, die der optischen Kommunikation dienen. Augenbewegungen sind also ein wichtiger Bestandteil unserer Sehroutine und eine genauere Betrachtung wert. Wussten Sie z. B., dass Sie während der schnellen Augenbewegungen praktisch blind sind? Sie finden mehr zum Thema Augenbewegung in Kap. 4.

Die schlechte Auflösung im peripheren Gesichtsfeld geht nicht nur auf die niedrige Photorezeptordichte in der peripheren Retina zurück, sondern auch auf die Verschaltung in der Retina. Die Photorezeptoren haben keine direkte Verbindung zum Gehirn, sondern speisen ihre Information in ein Netzwerk aus Nervenzellen oder Neuronen ein. Die Ausgangsneuronen des retinalen Netzwerks, die Ganglienzellen, bilden lange Fasern aus, die Axone. Sie formen den optischen Nerv, über den sie die Information ins Gehirn schicken. Analog zu einem elektrischen Schaltkreis spricht man in neuronalen Netzwerken gern von Verschaltung. Wir werden uns diese Verschaltung später noch anschauen. Hier genügt es, festzustellen, dass sie ausschließlich in der Fovea 1:1 stattfindet. Jeder Zapfen erhält hier so etwas wie eine eigene Telefonleitung zum Gehirn, was zusammen mit der dichten Packung der Zapfen die hohe Auflösung und die gute Farbwahrnehmung der zentralen Retina ermöglicht. Diesen enormen Aufwand kann sich das Sehsystem aber nicht für das ganze Gesichtsfeld leisten. Im Rest der Netzhaut werden deshalb viele Zapfen auf eine Zelle zusammengeschaltet, vor allem um die Zahl der Fasern, die von jedem Auge zum Gehirn ziehen, zu reduzieren (Abb. 1.4). Das bewirkt natürlich eine schlechtere Auflösung. Die Netzhautperipherie entspricht dem niedrigen Qualitätsniveau urtümlicher Augen. Sie hatten eine schlechte optische Leistung und eine hohe Photorezeptordichte wäre reine Verschwendung gewesen. Das ist wieder ein Beispiel für die Kosten-Nutzen-Rechnung der Evolution. Erst als sich die optische Qualität der Augen im Laufe

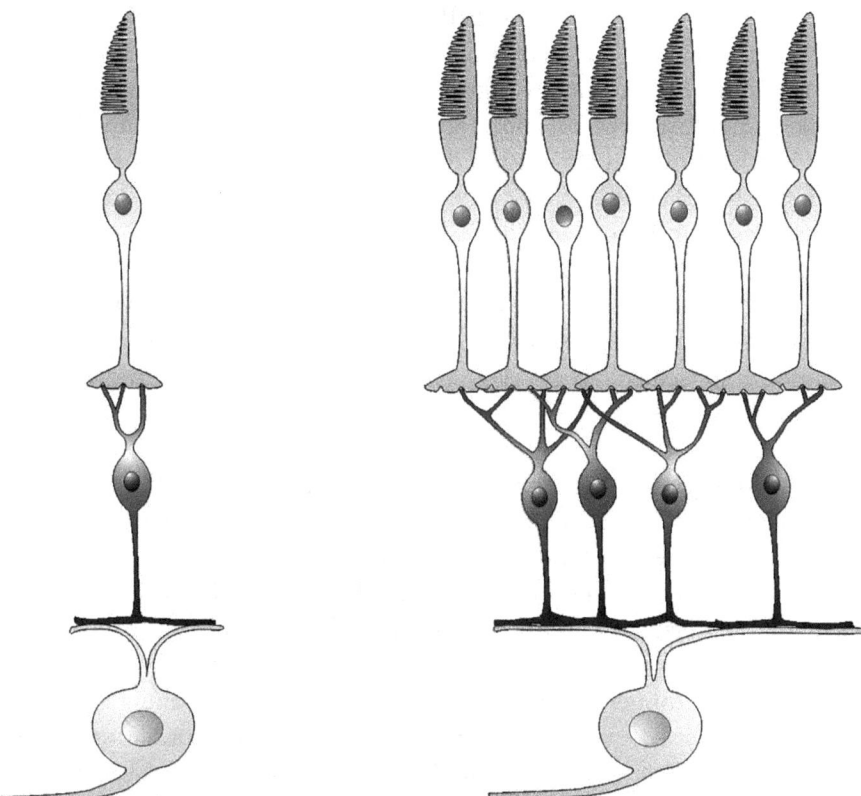

Abb. 1.4 Links: 1:1 Verschaltung in der Fovea vom Photorezeptor (oben) über eine sogenannte Bipolarzelle (Mitte) auf die Ganglienzelle (unten), die die Information ins Gehirn weiterleitet. Rechts: Verschaltung in der peripheren Retina, wo viele Photorezeptoren auf eine Ganglienzelle zusammen verschaltet werden. Die Auflösung wird dadurch verringert

der Evolution immer weiter erhöhte, lohnte es sich, im Zentrum der Retina mehr Zellen einzubauen und so die Sehschärfe zu verbessern. Die zentrale Spezialisierung unserer Retina erfolgte also erst relativ spät in der Evolution. Jedes Mal, wenn wir ein in der Retinaperipherie unscharf bemerktes Objekt durch eine Augenbewegung in das Zentrum unseres Bildfeldes führen, springt unsere Sehleistung sozusagen um ein paar Millionen Jahre in der menschlichen Evolution nach vorn.

Peter Walter Die Spezialisierung der Netzhaut in zentrale und periphere Netzhaut ist aus biologischer Sicht natürlich sinnvoll. Leider birgt sie für alte Menschen eine große Gefahr. Bei der altersbedingten Makuladegeneration

(AMD) sterben ausgerechnet die Photorezeptoren im zentralen Teil der Netzhaut ab. Wir verlieren damit die Fähigkeit zur Feinanalyse, also zu lesen oder Gesichter zu erkennen. Aufgrund ihrer Ausstattung mit weniger dicht gepackten Photorezeptoren und einer anderen Verschaltung kann die periphere Netzhaut nicht die Funktion der zentralen Netzhaut übernehmen und stattdessen scharf sehen. Was bei diesen Erkrankungen passiert, schauen wir uns gemeinsam in Kap. 2 an.

Marcel Schweiker Gibt es diese Spezialisierungen in der Retina eigentlich auch bei anderen Tieren? Man würde ja annehmen, dass sich die Augen in der Evolution unterschiedlich an die verschiedenen Lebensweisen der Tiere angepasst haben.

Frank Müller Ja, in der Tat haben sich die Augen unterschiedlich angepasst. Und auch bei der Spezialisierung der zentralen Retina können wir wieder gut die Handschrift der Evolution erkennen. In der Steppe spielen sich fast alle wichtigen visuellen Signale am Horizont ab. Bei Steppentieren ist der zentrale Bereich ihrer Netzhaut deshalb nicht klein und kreisförmig wie bei uns, sondern lang gestreckt. Die Augen werden so ausgerichtet, dass der zentrale Bereich einen Großteil des Horizonts abdeckt, ohne dass ständig die Augen bewegt werden müssen. Die meisten Augen weisen eine zentrale Retina auf, in der die Photorezeptordichte höher ist, als in der peripheren Netzhaut. Die Fovea ist eine weitergehende Spezialisierung. Die Netzhaut bildet eine Grube, d. h. die inneren Retinaschichten werden zur Seite verlagert, damit sie das Licht weniger streuen, bevor es die Photorezeptoren erreicht (Abb. 2.12). Das finden wir nur bei sehr hoch entwickelten Augen mit entsprechend guter Sehschärfe. Katzen und Hunde z. B. haben keine Fovea. Bei Raubvögeln finden wir in jedem Auge sogar zwei Foveae, also Retinaorte mit hoher Auflösung. Im Gegensatz zu uns stehen ihre Augen ja sehr stark seitlich und die Bildfelder der beiden Augen überlappen sich nur wenig. Die eine Fovea wird für die scharfe Abbildung aus großer Entfernung benutzt, also wenn der Raubvogel hoch in der Luft kreist. Wenn er sich dem Tier so stark genähert hat, dass er es schlagen kann, wird die zweite Fovea in dem Teil der Retina genutzt, der für das überlappende Bildfeld zuständig ist. Spezialisierungen wie die Fovea finden wir übrigens auch in anderen Sinnessystemen. Auf den Fingerkuppen haben wir z. B. sehr viel mehr Tastsinneszellen als auf dem Rest der Hand. Wir betasten deshalb Objekte mit den empfindlichen Fingerspitzen, nicht mit der Handfläche.

Die Sprache der Nervenzellen

Sinneszellen reagieren auf ihren spezifischen Reiz (hier also Licht) und erzeugen ein Signal, das dann von den Nervenzellen im Gehirn verarbeitet werden kann. Sie übersetzen den Sinnesreiz in die Sprache des Nervensystems. Sinneszellen müssen mit ihren „nachgeschalteten" Nervenzellen und diese wieder mit anderen Nervenzellen kommunizieren. Das tun sie an spezialisierten Kontaktpunkten, den Synapsen, die sie an ihren ausgeprägten Fortsätzen ausbilden (Abb. 1.5). Man kann zwei Klassen von Fortsätzen unterscheiden. An den Dendriten erhalten die Zellen meist ihre Information, am Axon leiten sie sie an andere Zellen weiter. Im menschlichen Gehirn gibt es ca. 80 Mrd. Nervenzellen, die vermutlich 100–1000 Billionen Synapsen ausbilden. Wie können wir uns die Sprache des Nervensystems vorstellen? Für die Weiterleitung entlang der Fortsätze einer Nervenzelle kommen elektrische Signale zum Einsatz. Jede Körperzelle ist von einem extrem dünnen Häutchen umgeben, der Zellmembran. An dieser Membran kann man eine elektrische Spannung im Bereich von einigen Millivolt messen, ähnlich wie an einer Batterie. Unter einem elektrischen Signal verstehen wir die kurzfristige Änderung dieser elektrischen Spannung. Die elektrischen Signale laufen wie in einem Kabel an den Ausläufern der Zelle entlang. Solche Signale kann man auf verschiedene Weise mit Messelektroden und elektrischen Verstärkern darstellen.

Will man die Aktivität einer einzelnen Zelle messen, muss man eine sehr feine Messelektrode in ihre Nähe bringen. Das Verfahren ist entsprechend aufwändig und setzt einen operativen Zugang zum Gehirn voraus. Beim Menschen nutzt man deshalb meist große Elektroden, die auf der Körperoberfläche aufgebracht werden. Im sog. Elektroenzephalogramm (EEG) registriert man mit Elektroden auf der Kopfoberfläche die aufsummierte Aktivität großer Gehirnabschnitte (oft „Hirnströme" genannt). Die Reaktion des Auges

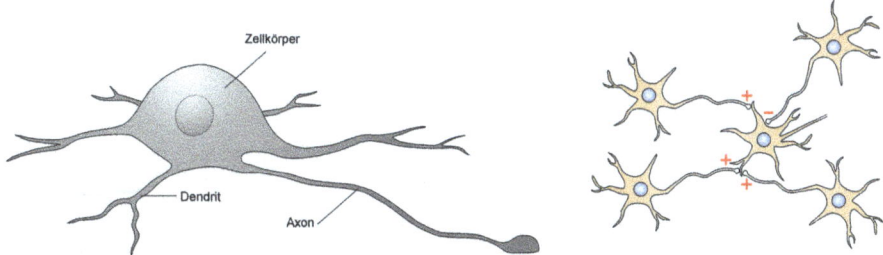

Abb. 1.5 Nervenzellen zeichnen sich durch lange Fortsätze aus, an denen sie Kontaktpunkte mit anderen Zellen ausbilden. In Netzwerk können sie die Aktivität der anderen Zellen erhöhen (+) oder erniedrigen (–)

auf Licht kann man mit dem Elektroretinogramm (ERG) darstellen. Solche Registrierungen sind natürlich viel gröber als Messungen direkt an einer Nervenzelle, aber sie können klinisch wichtige Aussagen über Fehlfunktionen des Auges oder des Gehirns geben.

Peter Walter Ich kann das hier gern einmal an den Elektroretinogrammen (ERG) verdeutlichen, die wir bei Patienten mit normalem Sehvermögen und bei Patienten, die unter einer Degeneration der Netzhaut leiden, in der Augenklinik registriert haben (Abb. 1.6). Bei dieser Untersuchung leitet man ähnlich wie bei einem EKG am Herzen mit einer Elektrode, diesmal aber nah am Auge, elektrische Signale ab, die in der Netzhaut entstehen, wenn sie mit Licht gereizt wird. Links im Bild sieht man ein normales ERG. Man erkennt ein deutliches Signal in Form einer Auslenkung nach oben auf den Lichtreiz. Rechts ist das ERG eines Patienten mit einer Retinitis pigmentosa gezeigt, einer erblichen Erkrankung, bei der die Photorezeptoren langsam absterben und die Betroffenen erblinden können. Bei einem Patienten im fortgeschrittenen Stadium bleibt die Spur praktisch flach.

Elektrische Signale werden sehr schnell an der Zellmembran weitergeleitet (vom großen Zeh zum Rückenmark dauert das z. B. etwa eine hundertstel Sekunde). An den Kontaktpunkten wechseln die Zellen die Sprache. Sie setzen kleine chemische Botenstoffe frei, die an sog. Rezeptoren auf der nächsten Nervenzelle andocken und dort meist wieder eine elektrische Reaktion auslösen. Je nach Botenstoff wird die nachgeschaltete Nervenzelle erregt, ist also aktiv und setzt ihrerseits Botenstoff frei, oder gehemmt und „schweigt". Wenn man Erregung mit Plus und Hemmung mit Minus gleichsetzt, wird schnell klar, dass ein Netzwerk aus Nervenzellen mit diesen Signalen rechnen kann. Genau das tut unser Gehirn, es ist ein gigantischer Rechner, der Information verarbeitet.

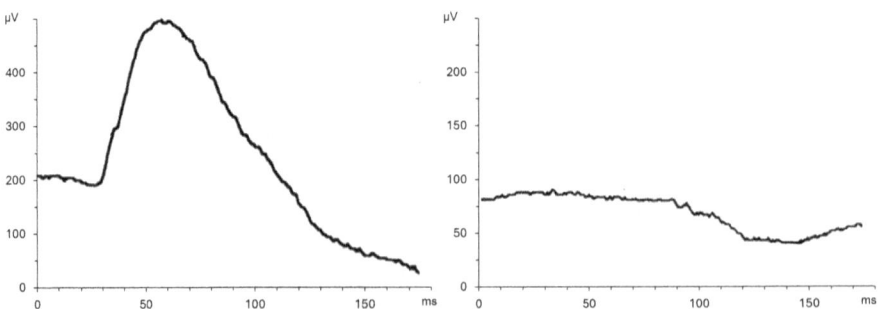

Abb. 1.6 ERG-Ableitungen nach einem Lichtreiz, links von einem normalen Patienten, rechts von einem Patienten mit Retinitis pigmentosa, einer fortschreitenden Degeneration der lichtempfindlichen Stäbchen und Zapfen in der Netzhaut

Photovoltaik der besonderen Art

Photorezeptoren sind darauf spezialisiert, Licht zu absorbieren und als Antwort ein elektrisches Signal zu erzeugen. Zu diesem Zweck haben sie eine spezielle Antenne entwickelt, das Außensegment (Abb. 1.7). Zum Einfangen (zur Absorption) von Licht setzt die Zelle einen Farbstoff ein. Es handelt sich um einen bestimmten Zellbaustein, ein Eiweißmolekül, das man Rhodopsin oder Sehpurpur nennt. Nachdem das Rhodopsin Licht absorbiert hat, löst es eine Reihe von biochemischen Reaktionen im Außensegment aus, aufgrund derer das Signal zuerst verstärkt und schließlich in ein elektrisches Signal umgewandelt wird, das bis zum Kontaktpunkt wandert. Wir werden diese „Phototransduktion" hier nicht im Detail besprechen, Sie finden sie aber in dem erwähnten Buch „Biologie der Sinne" genau erklärt.

Noch ein Wort zum Licht: Licht kann man als elektromagnetische Welle auffassen. Zur elektromagnetischen Strahlung gehören auch die Radiowellen, ultraviolette und infrarote Strahlung sowie die Gammastrahlung, die bei radioaktivem Zerfall auftritt. Unsere Augen sind aber nur für einen winzigen

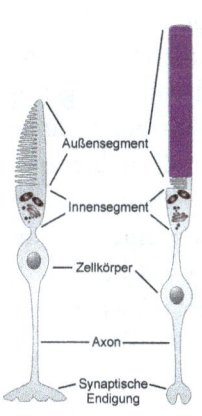
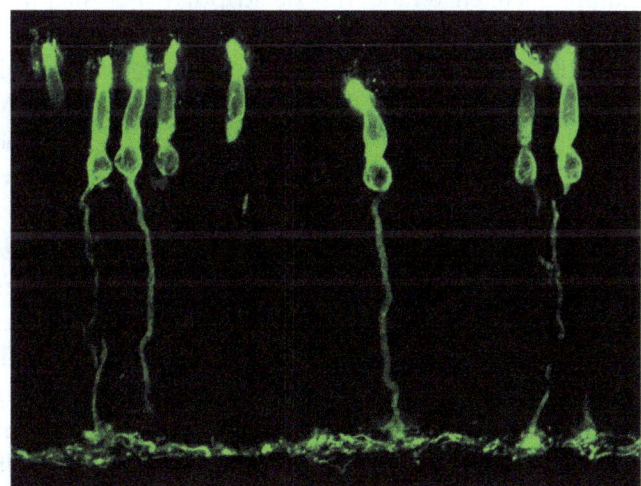

Abb. 1.7 Links: Schematische Darstellung eines Zapfens (links) und eines Stäbchens (rechts). Zellkörper, Nervenfaser (Axon) und synaptische Endigungen findet man auch bei anderen Sinnes- und Nervenzellen. Charakteristisch für Photorezeptoren ist das Außensegment, der Ort der photoelektrischen Transduktion. Rechts: Mikroskopische Aufnahme aus der Retina. Zapfen wurden mit einem Verfahren angefärbt, in dem mit leuchtenden Farbstoffen markierte Antikörper gegen zelluläre Bausteine aus Zapfen an die Zellen andocken. Der Raum zwischen den Zapfen ist natürlich nicht leer, dort befinden sich die Stäbchen, die von dem Antikörper nicht erkannt werden. Die Zapfen haben vom Außensegment bis zum Endfuß etwa eine Länge von 0,1 mm

Ausschnitt dieses elektromagnetischen Spektrums empfindlich, den wir dementsprechend „sichtbares Licht" nennen. Die verschiedenen Wellenlängen des Lichts entsprechen den Farben des Regenbogens, wobei violett der kürzesten und rot der längsten Wellenlänge entspricht. Dazwischen liegen blau, grün, gelb und orange. Die Energie des Lichts ist in winzige Pakete abgepackt, die Photonen oder Quanten. Stäbchen sind sehr effiziente Quantendetektoren. Ein Stäbchenaußensegment ist mit ca. 50 Mio. Rhodopsinmolekülen geradezu vollgestopft. Die Wahrscheinlichkeit, dass ein Lichtquant, welches das Außensegment durchquert, eines dieser vielen Rhodopsinmoleküle trifft und dabei absorbiert wird, ist also sehr hoch. Und jetzt kommt das Unglaubliche: Wenn nur ein einziges der 50 Mio. Rhodopsinmoleküle ein Lichtquant absorbiert, reagiert das Stäbchen bereits mit einer elektrischen Antwort. Stäbchen haben die Grenze des physikalisch Möglichen erreicht – denn ein Quant ist die kleinstmögliche Energieeinheit des Lichts. Empfindlicher geht es nicht!

Dabei ist der Helligkeitsumfang, in dem unser Auge funktioniert, enorm. Zwischen der Helligkeit, bei der wir gerade eben anfangen etwas zu sehen und der Helligkeit an einem strahlenden Sonnentag liegt ein Faktor von 10 Mrd. Aber die Retina kann sich an diese Helligkeiten anpassen, indem sie ihre Empfindlichkeit verändert – sie adaptiert. Bei Adaptation denkt man zuerst an die Pupille. Sie verengt sich, wenn mehr Licht ins Auge fällt. Allerdings kann die Pupille den Lichteinfall nur maximal um den Faktor 16 reduzieren. Das spielt bei dem riesigen Helligkeitsumfang von 10 Mrd. nur eine geringe Rolle. Die Adaptation erfolgt in der Retina selbst, und zwar auf mehreren Ebenen. Erstens haben wir zwei Photorezeptortypen, wobei die Stäbchen optimal an das Sehen bei wenig Licht und die Zapfen an das Sehen bei hellem Tageslicht angepasst sind. Zweitens kann jeder Photorezeptor seine Empfindlichkeit eigenständig lichtabhängig regulieren. Absorbiert er viel Licht, reduziert er den Wirkungsgrad der Phototransduktion. Außerdem wissen wir, dass eine übergeordnete Adaptation im retinalen Netzwerk stattfindet. Und schließlich kann man messen, dass es neben einer globalen Adaptation, die das gesamte Auge betrifft, auch eine lokale Adaptation gibt, die sich in kleinen Retinabereichen von ca. 1 mm^2 Größe abspielt. Deshalb kann das Auge vermutlich einen größeren Helligkeitsbereich abdecken, als es ein einzelner Photorezeptor könnte.

Peter Walter Das ist ja eine großartige Leistung unseres Sehsystems. Wir sind in der Lage, Helligkeitsunterschiede über einen enorm großen Bereich wahrzunehmen, von der Neumondnacht bis zum mittäglichen Sommertag am Meer. Das ist mit einem technischen System bisher nur mit extrem hohem Aufwand zu lösen, und ich bin immer wieder verwundert, dass es bei bestimmten Szenen und Bildern, die wir in der Natur sehen, nicht gelingt, die Faszination und den visuellen Reichtum solcher Bilder mit einer noch so teuren Kamera abzubilden. Das Betrachten der Bilder der Kamera ist dann enttäuschend. Ich denke, dass gerade die lokal in der Netzhaut regulierte Abbildung von Kontrast und Farbkontrastunterschieden dazu beiträgt. Die Netzhaut ist also nicht überall gleich empfindlich, sondern die Empfindlichkeit und die Codierung von Farbe und Kontrasten variiert je nach Bedarf oder Anforderung an das Sehsystem.

Frank Müller Ja, die Mechanismen in der Retina waren der Kameratechnik lange überlegen. Aber neuerdings versucht man auch in der Kameratechnik die angesprochenen Probleme, die bei sehr hohem Helligkeitsumfang einer Szene entstehen, zu beheben. In der sog. „High-dynamic-range"-Technologie (HDR) werden mehrere Aufnahmen mit unterschiedlicher Belichtung gemacht und dann bereits in der Kamera zu einem Gesamtbild zusammengesetzt. Ähnlich wie in der Retina werden dabei helle und dunkle Bereiche des Bilds durch die Software unterschiedlich behandelt. Dadurch werden die Helligkeits- und Farbtiefe des Bilds stark erhöht. Neuerdings bietet bereits jedes moderne Smartphone die Möglichkeit, ein Photo digital zu bearbeiten, nachzuschärfen oder die Farbtiefe oder den Kontrast zu erhöhen. So entstehen Bilder, die so überhöht sind, dass sie schon wieder künstlich erscheinen. Vom Geschmackssinn wissen wir, dass eine beständige Überzuckerung der Kost oder der in industriell hergestellter Nahrung allgegenwärtige Geschmacksverstärker besonders bei Kindern die Fähigkeit, natürlich belassene Nahrung zu genießen, reduziert. Ob uns auch irgendwann eine visuelle Übersättigung droht und wir einen Sonnenuntergang öde finden, wenn er nicht durch das Smartphone überhöht wurde?

Eine Welt – zwei Arten visueller Wahrnehmungen

Mit unseren zwei Photorezeptortypen nehmen wir die Welt recht unterschiedlich wahr. Am Tag, wenn wir mit den Zapfen sehen, ist unser Sehvermögen sehr gut. Wir können selbst kleine Objekte scharf erkennen und unsere Sehschärfe wird nur von den berühmten Adler- und Falkenaugen übertroffen. Mit den Zapfen können wir auch sehr gut Farben unterscheiden. Das Sonnenlicht erscheint zwar weiß, ist aber in Wirklichkeit eine Mischung von Licht sehr unterschiedlicher Farben. Ein Regenbogen beruht ja auf der Brechung des Sonnenlichts durch kleinste Tröpfchen in der Luft. Das ganze Spektrum des Regenbogens ist also im weißen Sonnenlicht vertreten. Licht mit kurzer Wellenlänge erscheint violett oder blau, Licht mit langer Wellenlänge rot. Grün, gelb und orange liegen dazwischen. In unserer Retina gibt es drei Zapfentypen, die sich in ihren Sehpigmenten unterscheiden. Diese reagieren auf die verschiedenfarbigen spektralen Bereiche des Lichts unterschiedlich gut. Der eine Zapfentyp reagiert am besten auf kurzwelliges, also blaues und violettes, Licht. Die beiden anderen sind für längerwelliges Licht, also im gelb-grünen oder orange-roten Bereich zuständig. Das erlaubt die Unterscheidung von Farben. Allerdings gibt es eine Reihe von Mutationen in den Genen für die Zapfenpigmente, die manchmal dazu führen, dass ein Sehpigment nicht mehr richtig funktioniert. Dann ist die Farbwahrnehmung gestört, insbesondere die Farbunterscheidung im Bereich von grün bis rot. Das Auftreten dieser Farbsehstörung, in der Alltagssprache oft fälschlich Rot-Grün-Blindheit genannt, ist geschlechterspezifisch. Man findet sie bei 6–8 % der Männer, aber nur bei 0,1 % der Frauen. Die Gene für die betroffenen Sehpigmente liegen auf dem X-Chromosom. Frauen haben zwei X-Chromosomen, deshalb können sie ein defektes Gen durch ein gesundes Gen auf dem anderen X-Chromosom ausgleichen. Männer haben nur ein X-Chromosom, das sie von der Mutter geerbt haben (und ein Y-Chromosom, das vom Vater stammt). Ein defektes Sehpigmentgen wirkt sich bei ihnen sofort aus.

Bei schwachem Licht in der Nacht oder Dämmerung reicht die Empfindlichkeit der Zapfen nicht mehr aus – jetzt müssen die Stäbchen ran. Sie brauchen zwar weniger Licht, sie erkaufen die höhere Empfindlichkeit aber mit der Reduktion der räumlichen und zeitlichen Auflösung. Zum einen werden sehr viele Stäbchen auf eine gemeinsame Zelle verschaltet, um die schwachen Signale aufzuaddieren, zum anderen brauchen Stäbchen auch Zeit, um das wenige Licht in eine ausreichend starke zelluläre Antwort umzusetzen. Auch mit dem Farbensehen ist es vorbei, denn es gibt nur einen Typ von Stäbchen mit nur einer Art von Sehpigment. In der Fovea, mit der wir am Tag unsere Umwelt analysieren, gibt es nur Zapfen, aber überhaupt keine Stäbchen. Die Fovea ist deshalb nachtblind: Alles, was wir im Dunkeln mit der Fovea fixieren, verschwindet aus unserer Wahrnehmung (es sei denn, es ist so hell, dass die Zapfen noch darauf reagieren). Deshalb fixieren Astronomen Sterne nicht, sondern schauen daran „vorbei". Der Stern wird dann nicht auf die Fovea abgebildet, sondern auf den Netzhautbereich daneben, wo es viele Stäbchen gibt, deren Funktion für das Nachtsehen optimiert ist. Fassen wir die Unterschiede zwischen Stäbchen und Zapfen zusammen: In der Nacht sind nicht nur alle Katzen grau – wir nehmen sie auch verzögert wahr und sehen sie weniger scharf als am Tage.

Peter Walter Dass wir an einem schwach leuchtenden Stern vorbeischauen müssen, um ihn überhaupt erkennen zu können, widerspricht ja eigentlich unserer täglichen Erfahrung, wonach wir Objekte besonders gut wahrnehmen können, wenn wir sie mit der Netzhautmitte, also unserer Fovea, fixieren. Patienten, bei denen krankheitsbedingt die Stelle des schärfsten Sehens zerstört ist, kennen das Phänomen aber sehr gut. Auch sie müssen „daneben" schauen, um ein Objekt überhaupt sehen zu können. Diese „exzentrische Fixation" erlaubt aber leider kein scharfes Sehen, weil die Sinneszellen an diesen Fixationsorten weniger dicht sind und auch die Verschaltung nicht auf die höchste Auflösung optimiert ist. Aber immerhin wird etwas wahrgenommen. Der Blick neben das Eigentliche lohnt sich manchmal eben sehr! Das ist ja auch ein Aspekt dieses Buchs.

Der Rechner im Auge: Die Informationsverarbeitung in der Retina erzeugt Merkmalsfilter

Schauen wir uns im Folgenden an, wie das Signal des Photorezeptors in der Retina weitergeleitet und dabei verarbeitet wird. Abb. 1.8 zeigt schematisch den Aufbau der Netzhaut. Die Netzhaut ist ca. 0,2 mm dick. Sie hat drei Schichten, in denen sich die Zellkörper der Retinazellen befinden, und dazwischen zwei Schichten, in denen die Zellen an ihren Ausläufern synaptische Kontakte ausbilden, um die Information zu übertragen. Oben im Bild – auf der lichtabgewandten Seite der Retina – sehen wir die Photorezeptoren (grau), die Stäbchen und Zapfen. Sie übermitteln ihre Information in der ersten Synapsenschicht auf die Bipolarzellen (grün), die sie in der zweiten Synapsenschicht auf die Ganglienzellen (gelb) übertragen. Die Ganglienzellen sind die Ausgangsneurone der Retina. Sie bilden lange Fortsätze, die sog. Axone aus, die sich am blinden Fleck sammeln, um den optischen Nerven zu bilden, der zu den Zielgebieten im Gehirn zieht. Wenn Nervenzellen Information über so lange Strecken weiterleiten müssen, kodieren sie ihr Signal in einer Folge von sog. Aktionspotenzialen. Das sind sehr kurze, nur ca. 1/1000 s lange Änderungen der Membranspannung, die immer gleich ablaufen. Ist die Ganglienzelle im Ruhezustand, sendet sie wenige Aktionspotenziale pro Sekunde. Je stärker die Ganglienzelle durch ihren synaptischen Eingang erregt wird, desto höher steigt diese Aktionspotenzialrate an. Wird die Zelle gehemmt, sinkt die Aktionspotenzialrate unter die Ruheaktivität ab.

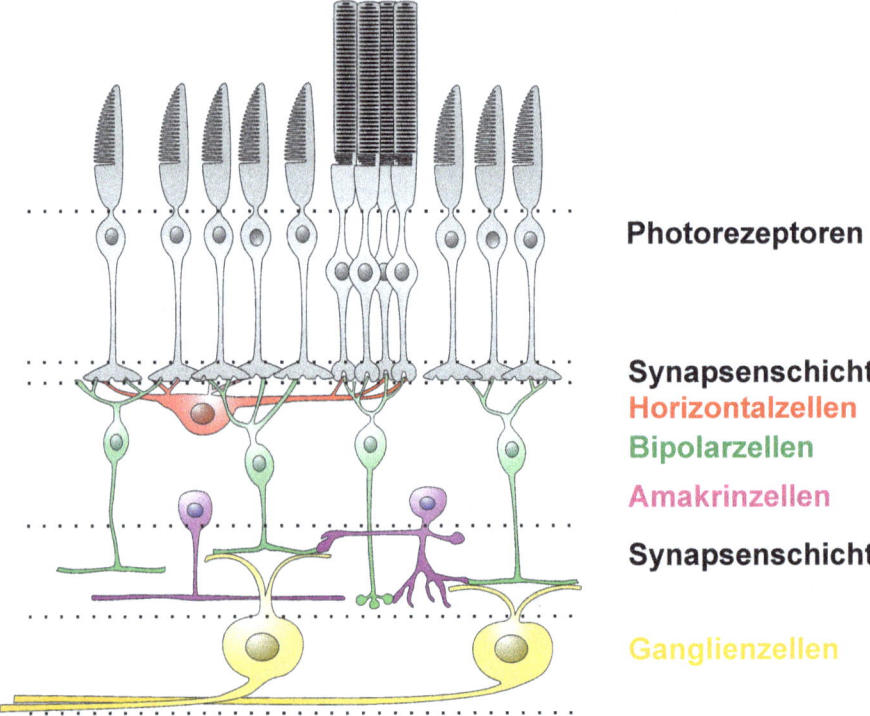

Abb. 1.8 Die Signale der Photorezeptoren werden im retinalen Netzwerk verrechnet. Man kann die Nervenzellen des retinalen Netzwerks in verschiedene Klassen einteilen. Das Schema ist stark vereinfacht. Man schätzt, dass es über 60 verschiedene Nervenzelltypen in der Netzhaut gibt

Marcel Schweiker Inwieweit beeinflusst die mögliche Frequenz der Folge an Aktionspotenzialen, was wir noch wahrnehmen können? Ich habe mal gehört, dass das Fahren mit dem Auto eigentlich schon zu schnell für unseren Sehsinn ist. Kann man dies bestimmen?

Frank Müller Wir müssen hier zwei Parameter unterscheiden. Im Prinzip können Nervenzellen maximale Raten von mehreren hundert bis zu tausend Aktionspotenzialen pro Sekunde erzeugen. Aber das machen sie meist nur in kurzen Salven. Allerdings steht nicht jedes Aktionspotenzial für einen Reiz. Die maximale zeitliche Auflösung unseres Sehsystems ist in der Tat nicht sehr hoch. Bei hellem Tageslicht können wir mehr als 50–60 Reize pro Sekunde im Prinzip nicht mehr auflösen. Deshalb verschmelzen die Einzelbilder auf dem Fernsehmonitor zu einem kontinuierlichen Film. Bei sehr schwachem Licht fällt diese sog. Flimmerfusionsfrequenz sogar auf ca. 20 Reize pro Sekunde ab. Was das Sehen bei hoher Geschwindigkeit angeht, so konnte uns die Evolution natürlich nicht auf das Autofahren vorbereiten. Ganz anders bei Tieren, die sich – bezogen auf ihre Körpergröße – sehr schnell bewegen. Schnell fliegende Insekten sind uns da z. B. haushoch überlegen, sie können bis zu 300 Reize pro Sekunde auflösen.

Es wäre wenig sinnvoll, wenn die Signalkette Photorezeptor – Bipolarzelle – Ganglienzelle ein simpler Staffellauf wäre. Vielmehr wird die Information an jeder Synapse neu verrechnet und dabei verändert. Hierbei helfen die anderen Zelltypen der Retina. Die Horizontalzellen (rot) tragen zur Signalverrechnung in der äußeren, die Amakrinzellen (violett) in der inneren Synapsenschicht bei. Beide ermöglichen durch ihre seitwärts gerichteten Ausläufer etwas, was wir Seitwärtshemmung (laterale Inhibition) nennen. Dadurch können die Signale eines Photorezeptors mit den Signalen weiter entfernter Photorezeptoren verglichen und verrechnet werden. Wir werden gleich sehen, wozu das gut ist. Jeder der Zelltypen, die wir bisher kennengelernt haben, lässt sich in Subtypen untergliedern. Alles in allem dürfte es in der Netzhaut 60–80 verschiedene Nervenzelltypen geben, jeder mit einer etwas anderen Aufgabe. Wohlgemerkt: Nur die Photorezeptoren selbst sind lichtempfindlich, die anderen Retinazellen nicht (wenn wir von einem Zelltyp absehen wollen, der aber für die Steuerung der Tag-Nacht-Rhythmik zuständig ist, für das Sehen an sich aber keine wesentliche Rolle spielt). Wenn wir von einer Antwort oder einer Reaktion einer Ganglienzelle auf einen Lichtreiz sprechen können, dann nur, weil das Signal, das ursprünglich von den Photorezeptoren stammt, über synaptische Kontakte an die Ganglienzelle weitergeleitet wurde und sie deshalb ein elektrisches Signal erzeugt. Bei einem Zahlenverhältnis von ca. 1 Mio. Ganglienzellen zu etwa 126 Mio. Photorezeptoren pro Auge, geht einiges an Auflösung verloren. Wie wir vorhin gesehen haben, betrifft dies vor allem die periphere Retina.

Das Antwortverhalten der Ganglienzellen ist komplexer als das der Photorezeptoren. Der Photorezeptor absorbiert Licht und erzeugt ein Signal, das innerhalb gewisser Grenzen die Helligkeit des Lichtreizes repräsentiert: auf einen schwachen Reiz ein kleines Signal, wodurch sich auch die Menge an freigesetztem Botenstoff nur wenig verändert, auf einen starken Reiz ein großes Signal mit einer starken Änderung der Botenstoffmenge. Die Ganglienzelle dagegen ist einer der ersten Merkmalsfilter, die wir vorher angesprochen haben. Sie sammelt vorverarbeitete Informationen von vielen Nervenzellen der Retina aus einem größeren Netzhautareal (wir erinnern uns an das Zusammenführen mehrerer Bipolarzellen in Abb. 1.4 und an die seitwärts gerichteten Ausläufer der Horizontal- und Amakrinzellen in Abb. 1.8), ihrem sog. „rezeptiven Feld". Bei den meisten Ganglienzellen lässt sich dieses Feld in ein kreisförmiges Feldzentrum und ein ringförmiges Umfeld einteilen. Zentrum und Umfeld wirken einander entgegen, sie sind antagonistisch. Das ist möglich, weil es erregende und hemmende Nervenzellen gibt. Die Bipolarzellen z. B. setzen erregende Botenstoffe frei, was die Aktivität der nachgeschalteten Zelle erhöht. Die Amakrin- und die Horizontalzellen verwenden hemmenden Botenstoffe, die die Aktivität einer Zelle unterdrücken, die vorher erwähnte Seitwärtshemmung. Abb. 1.9 zeigt die Aktivität, also das Ausgangssignal einer sog. AN-Ganglienzelle, wenn man Zentrum bzw. Umfeld mit einem kleinen Lichtpunkt reizt. Im Zentrum sind die Photorezeptoren hellblau, im Umfeld dunkelblau dargestellt. Die grauen Photorezeptoren liegen außerhalb des rezeptiven Feldes. Die Position des Lichtpunkts ist durch die grauen und blauen Pfeile angedeutet. Die kleinen Striche oben sind die bereits erwähnten Aktionspotenziale. Wir können daran gut erkennen, welches Merkmal die AN-Ganglienzelle herausfiltert. Vereinfacht ausgedrückt steigert sie ihre Aktivität (d. h. sie erhöht die Zahl der Aktionspotenziale), wenn es in ihrem Feldzentrum heller ist als im Umfeld. Das ist dann der Fall, wenn die Intensität im Zentrum steigt, z. B., weil dort ein Lichtpunkt angeht oder wenn die Helligkeit im Umfeld abfällt (grüne Pfeile). Ist es dagegen in ihrem Zentrum dunkler als im Umfeld, reduziert sie ihre Aktivität. Das wäre z. B. der Fall, wenn ein Lichtreiz im Zentrum aus- oder im Umfeld angeht (rote Pfeile).

Peter Walter Kann man sich Störungen dieses Signalflusses vorstellen, z. B. bei verschiedenen Erkrankungen?

Frank Müller Störungen des Signalflusses können auf jeder Ebene auftreten. Im Photorezeptor kann der Ausfall oder die Fehlfunktion eines der Signalmoleküle zu einem Verlust der Lichtempfindlichkeit führen. Sind dabei die Stäbchen betroffen, kann sich das z. B. in Nachtblindheit äußern. Es gibt aber auch Arten von Nachtblindheit, bei denen die Stäbchen noch einwandfrei auf Licht reagieren, aber die Übertragung auf die nachgeschaltete Zelle gestört ist. Das Signal erreicht also die Ganglienzellen nicht und wird folglich nicht ans Gehirn weitergeleitet. Wie oben beschrieben, haben wir drei Zapfentypen, die sich in ihren Sehpigmenten unterscheiden. Ist eines dieser Zapfensehpigmente ausgefallen, führt das zu charakteristischen Farbsehstörungen, die im Volksmund oft als Farbenblindheit bezeichnet werden. Die Betroffenen können bestimmte Farben nicht mehr unterscheiden. Nur selten kommt es zu einem Ausfall aller Zapfentypen in der Netzhaut, verbunden mit vollständiger Farbenblindheit. Dann bleiben nur noch die Stäbchen, die aufgrund ihrer hohen Empfindlichkeit allerdings nicht für das Sehen bei hellem Tageslicht geeignet sind. Die Betroffenen leiden am Tag

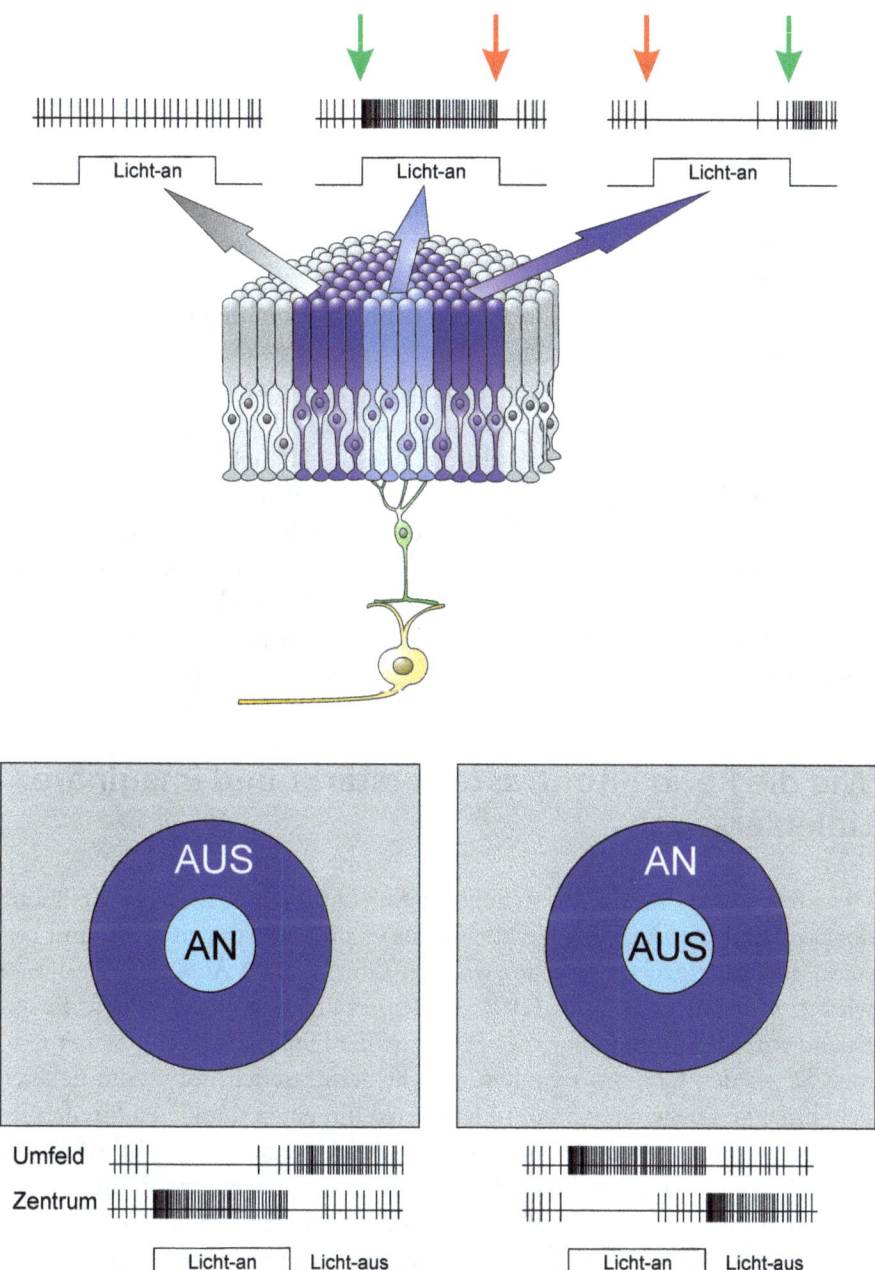

Abb. 1.9 Oben: Ganglienzellen haben meist ein konzentrisch angelegtes, antagonistisches rezeptives Feld. Die kurzen Linien sollen kurze Spannungspulse (die Aktionspotenziale) der Zellen darstellen. Je mehr dieser Aktionspotenziale eine Zelle pro Zeiteinheit „feuert", desto aktiver ist. Unten: Man unterscheidet zwischen AN-(links) und AUS-Zentrumszellen (rechts)

unter starker Blendung und zeigen ein schlechtes Sehvermögen. An der erwähnten Seitwärtshemmung sind viele Zelltypen beteiligt, die leicht unterschiedliche Signalwege verwenden. Fällt einer dieser Wege aus, kann das vermutlich durch die anderen Wege zumindest teilweise kompensiert werden. Ein genetisch bedingter vollkommener Ausfall der Hemmung ist schwer denkbar und wäre vermutlich auch tödlich, da hemmende Mechanismen ja auch im Gehirn, z. B. bei der Steuerung lebenswichtiger Prozesse (Atmung, Herzschlag etc.), notwendig sind.

Und wie reagiert die AN-Zelle, wenn es im Zentrum und im Umfeld gleich hell ist? Da die beiden Bereiche einander entgegenwirken, ändert die Zelle ihre Aktivität nur wenig oder gar nicht. Dabei ist die absolute Helligkeit relativ unwichtig, solange nur Zentrum und Umfeld gleich hell sind. Eine AN-Ganglienzelle meldet also nicht die absolute Helligkeit in ihrem rezeptiven Feld an das Gehirn weiter, sondern den Helligkeitsunterschied zwischen Zentrum und Umfeld. Je größer dieser Unterschied, desto höher ist die Aktivität der AN-Zelle. Das Merkmal, auf das ihr Filter anspricht, ist also nicht Helligkeit, sondern Kontrast. Neben den AN-Zellen gibt es übrigens auch AUS-Zellen, die allerdings genau anders herum reagieren (Abb. 1.9 unten, wieder eine duale Arbeitsleistung der Netzhaut).

Wie die Retina Kontraste verstärkt und imaginäre Linien erzeugt

Diese rezeptiven Felder sind ein genialer Kunstgriff der Retina. Die Retina reduziert damit die Datenmenge, die sie ans Gehirn übertragen muss, und verstärkt gleichzeitig Unterschiede zwischen Objekten. In Abb. 1.10 und 1.11 wird dies verdeutlicht. Abb. 1.10a zeigt unterschiedlich helle Felder, die aneinandergrenzen. Innerhalb eines Feldes ist die Helligkeit gleich. Sicher nehmen Sie an den Grenzen zwischen zwei Feldern Streifen wahr: zum helleren Feld hin einen helleren, zum dunkleren Feld hin einen dunkleren Streifen. In der Realität existieren diese Streifen nicht. Am Übergang zum nächsthelleren benachbarten Feld steigt die Helligkeit lediglich in Form einer Stufe an. Die Streifen, die wir sehen, werden durch die Verrechnung in der Netzhaut hervorgerufen und existieren nur in unserer Wahrnehmung. Man nennt sie nach ihrem Entdecker Machsche Bänder oder Machsche Streifen. Sie helfen uns in unserer Wahrnehmung, Objekte voneinander zu trennen, so ähnlich, wie man in einem überfüllten Bild ein Objekt hervorheben würde, indem man es mit einem Stift umrandet.

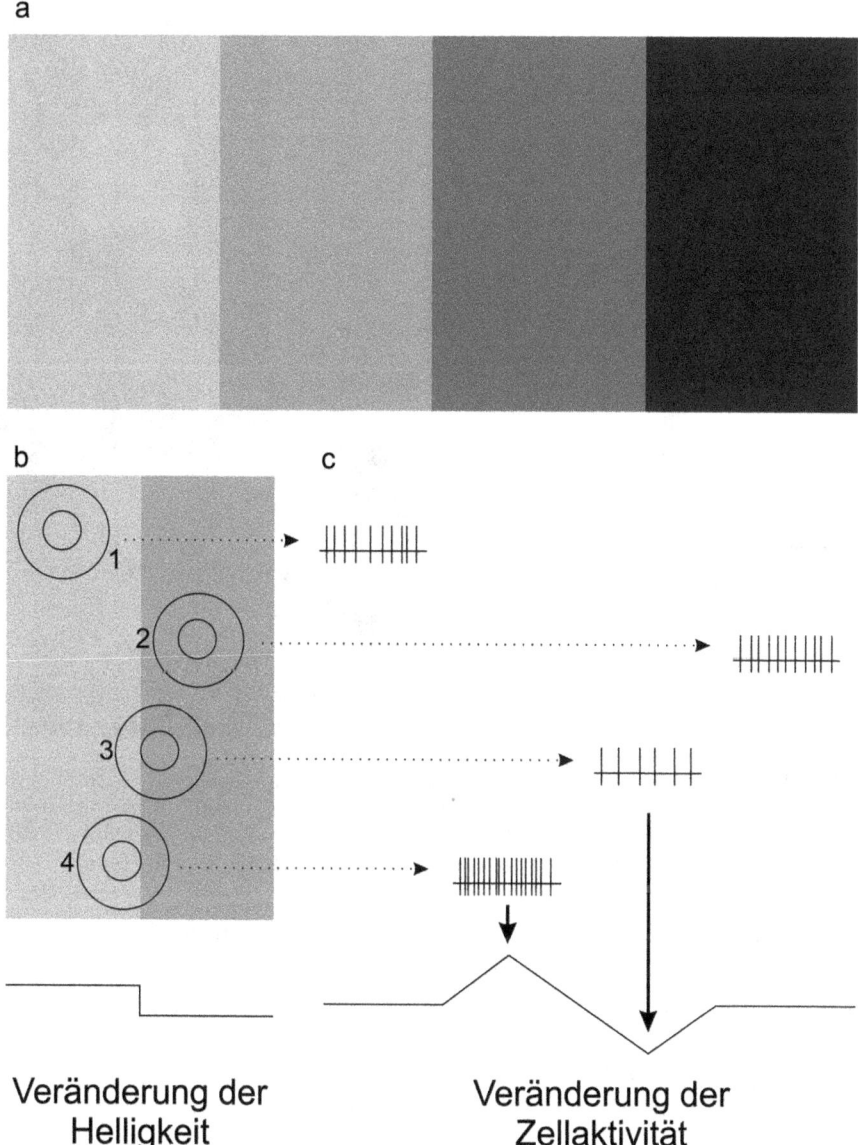

Abb. 1.10 Entstehung der Machschen Bänder. (**a**) Die 4 unterschiedlich hellen Felder scheinen durch helle und dunkle Bänder getrennt zu sein. Diese Bänder existieren in der Realität nicht. Sie werden durch die Informationsverarbeitung in der Netzhaut erzeugt. (**b**) Vier ON-Ganglienzellen mit ihren rezeptiven Feldern an einer Kante. (**c**) Aktivität dieser 4 Zellen. Die Zellaktivität ist maximal an der hellen Seite der Kante (helles Mach-Band) und minimal an der dunklen Seite (dunkles Mach-Band)

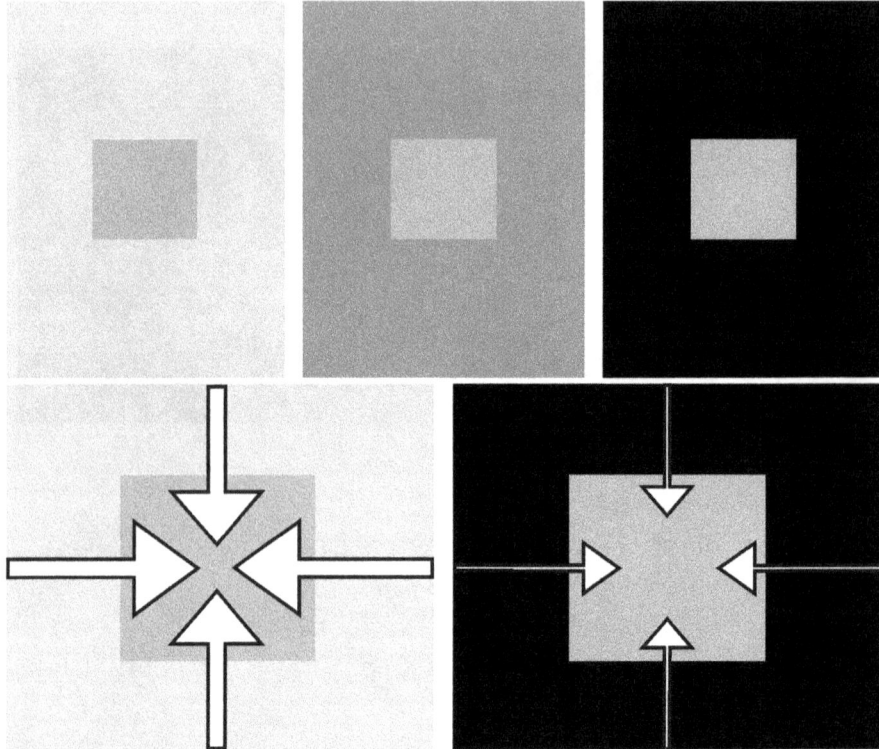

Abb. 1.11 Simultankontrast. Die kleinen Felder sind gleich hell, erscheinen aber auf den verschieden hellen Untergründen unterschiedlich. Beim hellen Hintergrund wird durch starke Hemmung (dicke Pfeile) die Helligkeitswahrnehmung des kleinen Feldes verringert, beim dunklen Hintergrund ist der Effekt schwächer (dünne Pfeile)

Können wir anhand der rezeptiven Feldeigenschaften der Ganglienzellen erklären, wie Machsche Bänder entstehen? An der Verarbeitung der Abb. 1.10a sind natürlich viele Ganglienzellen beteiligt, aber es reicht, wenn wir uns stellvertretend vier AN-Zellen anschauen, deren rezeptive Felder in Abb. 1.10b eingezeichnet sind. Zelle 1 und 2 liegen jeweils mit ihrem gesamten rezeptiven Feld innerhalb eines grauen Feldes. Die Felder sind zwar unterschiedlich hell, aber bei jeder der beiden Zellen ist es im Zentrum und Umfeld gleich hell. Die Zellen melden also kein Signal weiter, das sich von ihrer spontanen Aktivität unterscheiden würde. Die Zelle 4 liegt größtenteils im hellen Feld, aber ein Teil ihres Umfelds liegt im dunkleren Feld. Im Zentrum ist es also insgesamt heller als im Umfeld, die Zelle ist deshalb aktiver als Zelle 1 und 2. Die Zelle 3 liegt fast vollkommen im dunklen Feld, aber ein Teil des Umfelds fällt auf die helle Fläche, also ist es im Zentrum dunkler als im Umfeld. Die Zelle ist weniger aktiv als Zelle 1 und Zelle 2 und noch weniger als Zelle 4.

Tragen wir die Aktivität der vier Zellen von links nach rechts auf, erhalten wir das Aktivitätsmuster, das die Machschen Bänder erzeugt. Auf der hellen Seite der Grenze sind die AN-Zellen aktiver, auf der dunklen Seite weniger aktiv als im Rest des Gesichtsfelds. Aber was ist mit der Helligkeit innerhalb der Felder? Nach dieser Erklärung wäre die Aktivität von Zelle 1 und 2 gleich. Die Information darüber, dass ein Feld heller als das andere ist, würde also gar nicht an das Gehirn übermittelt! Warum nehmen wir dann die Felder unterschiedlich hell wahr? Die Antwort ist einfach: Wir nehmen nicht die wirkliche Helligkeit der Felder wahr, sie geht bei der Übertragung tatsächlich mehr oder minder verloren. Vielmehr berechnet unser Gehirn aus den Unterschieden an der Grenze zwischen zwei Feldern für jedes Feld seine Helligkeit neu. Diese berechnete Helligkeit nehmen wir wahr. Das hat zwei große Vorteile: Erstens muss die Retina nicht für jeden Punkt innerhalb des Feldes separat Helligkeitsinformationen übermitteln, die dann vom Gehirn wieder aufwendig ausgewertet werden müssen. Die Informationsflut zum Gehirn wird also enorm reduziert. Zweitens „übertreibt" es das Gehirn bei der Berechnung der Helligkeit etwas, und das mit voller Absicht. Diese Übertreibung erleichtert es uns, Objekte voneinander zu trennen. Das ist die Grundlage für viele optische Täuschungen, die sich mit Kontrasten beschäftigen, z. B. in Abb. 1.11. Wie wir sehen, geht es unserem Sehsystem also nicht um eine messgenaue Darstellung der Umwelt. Vielmehr werden relevante Dinge hervorgehoben, Unterschiede und Kontraste verstärkt. Das kann überlebenswichtig sein, wenn man unter schwierigen Lichtbedingungen ein Raubtier zwischen Bäumen entdecken will. Der Dschungel lässt grüßen. Wir erkennen also auch hier wieder die Handschrift der Evolution.

Was die Retina dem Gehirn erzählt

Wir können die Netzhaut als leistungsfähiges Rechennetzwerk begreifen, das aus der simplen Antwort eines Photorezeptors (viel oder wenig Licht) durch intensive Informationsverarbeitung die komplexen rezeptiven Felder der Ganglienzellen erzeugt. Bei der Beschreibung des rezeptiven Felds müssen wir zwei Aspekte beachten. Einerseits repräsentiert es einen Ort im Gesichtsfeld. Es ist aber auch gekennzeichnet durch denjenigen Reiz, der am stärksten die Aktivität der Zelle erhöht – also das Merkmal, das durch den Filter herausgesucht wird. Wie wir später sehen werden, wird der Ortsaspekt immer weniger wichtig, je höher wir in der Sehbahn voranschreiten, während die Merkmalsfilter immer komplexer werden. Das Merkmal für die AN-Ganglienzellen lautet, dass es im Zentrum heller als im Umfeld ist. Als Ausgang der

Netzhaut bilden die Ganglienzellen den Flaschenhals für den Durchgang der visuellen Information zum Gehirn. Wir haben stellvertretend nur die AN-Ganglienzellen besprochen. Nach neueren Untersuchungen müssen wir davon ausgehen, dass es um die 30 verschiedene Ganglienzelltypen in der Retina gibt. Einige sind AN-, andere AUS-Zellen. Manche haben kleine rezeptive Felder. Diese Zellen bezeichnen wir als P-System. Sie ermöglichen uns die Feinauflösung, die wir z. B. zum Lesen brauchen. Sie sind auch für Farben zuständig. Die Zellen des M-Systems haben große rezeptive Felder und dienen dazu Veränderungen gleich welcher Art zu erfassen. Manche Ganglienzellen detektieren ganz spezifisch nur Bewegungen in bestimmte Richtungen usw. Wir können uns jeden dieser Ganglienzelltypen als Merkmalsfilter vorstellen, der das retinale Netzwerk nach einer spezifischen Information durchforstet und einen Informationskanal zum Gehirn bildet. Am Ende wird also für jeden Punkt im Gesichtsfeld die visuelle Information analysiert und die unterschiedlichen Aspekte getrennt in ca. 30 parallelen Informationskanälen an das Gehirn geleitet. Die außerordentlich schwierige Aufgabe des Gehirns besteht nun darin herauszufinden, welche benachbarten Bildpunkte zu dem gleichen Objekt gehören und wo die Grenze zwischen verschiedenen Objekten verläuft. Das kann das Gehirn natürlich nicht wissen, es muss – analog zur Retina – neue Merkmalsfilter aufbauen, die die Information aus den Daten extrahieren und mit bekannten Mustern vergleichen. Dazu muss erstens die Information benachbarter Retinaorte auch im Gehirn wieder an benachbarten Stellen verarbeitet werden. Wir sprechen davon, dass die Projektion aus der Retina ins Gehirn „retinotop" erfolgt. Und zweitens müssen die rezeptiven Felder der Zellen in den visuellen Arealen des Gehirns komplexer werden, damit sie als spezialisierte Merkmalsfilter die benötigte Information extrahieren können. Die Retina hat uns gezeigt, wie das geht: durch die zunehmend komplexere Verschaltung von Synapse zu Synapse. Und Synapsen gibt es im Gehirn genug!

Von der Retina zur Großhirnrinde

Die Fasern der Ganglienzellen steuern im Wesentlichen zwei Zielgebiete im Gehirn an. Der *Colliculus superior* ist ein relativ altes Gehirnareal und dient bei vielen Wirbeltieren, z. B. den Amphibien oder Vögeln, als zentrale Auswertestation für visuelle Information. Bei Säugetieren, also auch bei uns, spielt er noch eine große Rolle bei der Bewegungsdetektion und der Kontrolle der Augenbewegungen, aber die restliche Auswertung wurde bei der Entwicklung der Säugetiere weitgehend in die Großhirnrinde (Kortex) verlagert, die bei den Säugern ja stark ausgeprägt ist. Auf dem Weg zur Großhirnrinde enden die Ganglienzellaxone in einer Zwischenstation, dem seitlichen Kniehöcker oder *Corpus geniculatum laterale* (CGL), von wo neue Zellen die Information weiter in den visuellen Kortex leiten. Bevor das alles stattfindet, müssen die Axone der Ganglienzellen aber in der Sehnervenkreuzung sortiert werden (Abb. 1.12). In unserem Nervensystem ist eine Gehirnhemisphäre immer für die gegenüberliegende Körperseite zuständig. Übertragen auf das Sehen, verarbeitet die rechte Hirnhemisphäre die Information aus der linken Gesichtsfeldhälfte. In beiden Augen wird die linke Gesichtsfeldhälfte (grün) auf die jeweils rechte Netzhauthälfte abgebildet. Die Fasern aus den rechten Netzhauthälften müssen also in die rechte Großhirnhemisphäre projizieren. Die Fasern aus der rechten Retinahälfte des rechten Auges bleiben deshalb auf ihrer Seite, während die Fasern aus der rechten Retinahälfte des linken Auges an der Sehnervenkreuzung auf die andere Seite wechseln. Entsprechendes gilt für die linken Netzhauthälften, die violett dargestellt sind. Die Projektion aus dem Kniehöcker endet im primären visuellen Areal V1, das im sog. Hinterhauptlappen des Gehirns liegt.

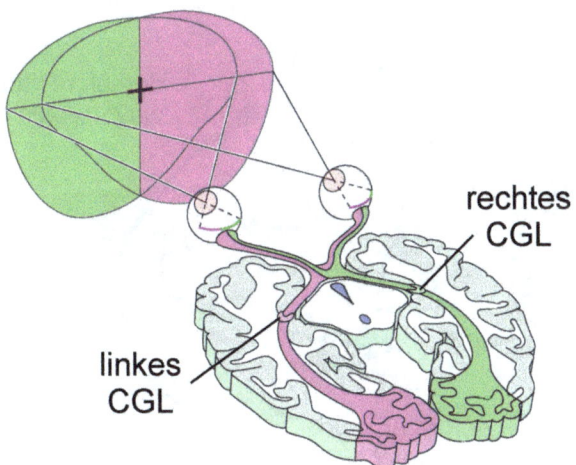

Abb. 1.12 Sehbahn. Die Ganglienzellen der Retina projizieren über die Sehnervenkreuzung zum *Corpus geniculatum laterale* (CGL). Dort übernehmen neue Zellen die Information und schicken sie an die Großhirnrinde weiter. Die visuelle Großhirnrinde V1 liegt im Hinterhauptslappen des Gehirns

V1 ist sowohl Auswerte- als auch Verteilerstation. Die Merkmalsfilter in V1 unterscheiden sich deutlich von denen der retinalen Ganglienzellen. Die meisten Zellen in V1 reagieren am besten auf Linien, z. B. die Kanten von Objekten, die auf ihr rezeptives Feld fallen oder, besser noch, sich durch das rezeptive Feld bewegen. Man kann sich vorstellen, dass in V1 (und auch in der Station V2) die Umrisse eines Objekts systematisch erfasst werden. Danach wird die Information – wen überrascht's? – an die nächsten Stationen weitergeschickt. Insgesamt sind etwa 40 Areale im Gehirn damit beschäftigt, die visuelle Information zu verarbeiten. Das entspricht 20–30 % der Großhirnrinde. Für keinen anderen unserer Sinne wird dieser Aufwand betrieben. Die Areale verarbeiten die visuelle Information parallel und beschäftigen sich dabei mit unterschiedlichen Aspekten, wie der Analyse von Objekten, Bewegung, Farben usw. Dementsprechend ändern sich die rezeptiven Felder der Nervenzellen – also die Merkmalsfilter – von Areal zu Areal. Die Verknüpfung der Areale untereinander ist außerordentlich komplex, denn natürlich müssen die unterschiedlichen Aspekte der visuellen Information ausgetauscht und zu einer ganzheitlichen Wahrnehmung zusammengefasst werden. Wir wollen im Folgenden zwei wesentliche Informationspfade in unserem Gehirn betrachten, die man aufgrund ihrer anatomischen Lage den dorsalen und den ventralen Pfad nennt (Abb. 1.13).

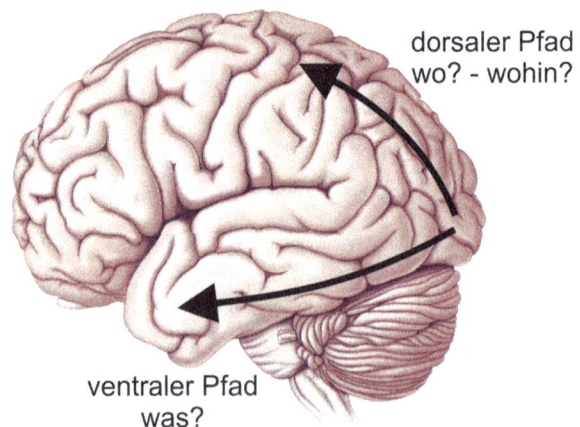

Abb. 1.13 Zwei Wege analysieren unterschiedliche Aspekte der visuellen Information. Beide gehen von V1 am hintersten Ende des Gehirns aus. Der dorsale Pfad (oberer Pfeil) analysiert Ort und Bewegung eines Objekts und wie ich zu dem Objekt gelange. Der ventrale Pfad (unterer Pfeil) identifiziert Objekte

Parallel geht's schneller: Zwei Informationspfade analysieren die visuelle Information

Der dorsale Pfad liegt an der Oberseite der Großhirnrinde (also zur Schädeldecke hin) und beschäftigt sich mit vielen wichtigen Fragen. Wo befindet sich ein Objekt und wie bewegt es sich? In welcher Lage befinden sich Objekte zueinander und zu mir, wie groß sind die Entfernungen? Wie komme ich zu einem Objekt, z. B. um es zu greifen? Das sind komplizierte Aufgaben. Dementsprechend findet man z. B. Merkmalsfilter für alle möglichen Bewegungen: langsam, schnell, geradlinig, kreisförmig, auf uns zu, von uns weg usw. Hier fällt auf, dass sich die Merkmalsfilter entlang der Sehbahn zunehmend verändern. Zum einen werden die rezeptiven Felder größer. Sie können deshalb auch größere Objekte umfassen. Zum anderen nimmt ihre Spezialisierung zu. Die Zellen in V1 können nur einfache Bewegungen analysieren. In V5 werden bereits verschiedene Richtungskomponenten zu komplexen Bewegungseindrücken kombiniert. Der dorsale Pfad analysiert auch, wie wir zu einem Objekt gelangen können, z. B. um es zu greifen oder zu fangen. Zu diesem Zweck kontaktiert der dorsale Pfad auch die Bereiche der Großhirnrinde, die unsere Bewegung steuern.

Was passiert, wenn Merkmalsfilter im dorsalen Pfad ausfallen, z. B. weil das entsprechende Areal bei einem Schlaganfall oder einem Unfall geschädigt wurde? Je nach Ort und Grad der Schädigung gibt es eine breite Palette von Symptomen. Manche sind moderat, andere führen zu bizarren Änderungen der Wahrnehmung, die sich jemand, der durch ein perfekt funktionierendes Sehsystem verwöhnt ist, oft nur schwer vorstellen kann. Die Welt kann flach wie ein Bild erscheinen, weil die Entfernung von Objekten nicht richtig erkannt wird. Manche Patienten zeigen ausgeprägte räumliche Orientierungsstörungen und finden ihren Weg selbst in der eigenen Wohnung nicht mehr ohne Hilfe. Manchen Patienten fällt es schwer, komplexere Objekte zu zeichnen. Wenn sie z. B. ein Fahrrad darstellen sollen, zeichnen sie zwar Räder, Lenker und Pedale, aber nicht an den korrekten Stellen. Einzelne Patienten berichten über große Probleme, Bewegung zu erkennen, insbesondere die Kontinuität der Bewegung. Das hat erhebliche Konsequenzen. Lassen Sie uns das an einem einfachen Beispiel betrachten: Wir wollen einen Ball fangen. Die Verarbeitung visueller Information im Gehirn kostet Zeit, deshalb hinkt unsere Wahrnehmung der Realität um mindestens 0,1–0,2 s hinterher. Wir können die Flugbahn des Balls also nicht in Echtzeit verfolgen, sondern sehen zu jedem Zeitpunkt, wo der Ball 0,2 s vorher war. Die einzige Chance, den

Ball zu fangen, besteht darin, aus der Flugbahn Vorhersagen über seine zukünftige Bewegung zu machen. Unser Gehirn ist sehr gut darin, Vorhersagen zu machen, nicht nur für Bewegungen. Die Fähigkeit des Gehirns, aus Erfahrungen Vorhersagen zu machen, erlaubt es uns, die meisten Handlungen automatisch durchzuführen. Wir brauchen nicht darüber nachzudenken und können uns hinterher auch nicht an Details erinnern. Nur wenn es Probleme mit der Vorhersage gibt, gehen wir vom „Autopiloten" in die bewusste Bearbeitung eines Problems über. Ist eine Bewegung kontinuierlich (bzw. wenn das Gehirn sie als kontinuierlich erfassen kann), gelingt es nach etwas Übung sehr gut, die Bewegung vorherzusagen, nicht aber, wenn die Bewegung sprunghaft und erratisch erfolgt. Aus diesem Grund schlägt ein Hase bei seiner Flucht Haken. Bei bestimmten Schädigungen im dorsalen Pfad können die Betroffenen keine kontinuierliche Bewegung erfassen. Vielleicht können wir uns ihre Wahrnehmung wie bei einer Beleuchtung durch Stroboskopblitze vorstellen, die unsere visuelle Wahrnehmung in Einzelbilder zerhackt. Von Bild zu Bild wechselt das Objekt seinen Ort, aber es ist nicht möglich vorherzusagen, wohin sich ein Objekt bewegen wird. Selbst das Einfüllen von Kaffee in eine Tasse fällt schwer, wenn man nicht sieht, wie der Kaffeespiegel kontinuierlich in der Tasse ansteigt. Autos im Straßenverkehr sind eine enorme Herausforderung. Zuerst erscheinen sie weit weg, dann tauchen sie urplötzlich vor dem Betroffenen auf. Betroffene fühlen sich in Gesellschaft mit anderen teilweise unwohl. Sie hören das Gegenüber zwar sprechen, aber der Mund scheint unbewegt. Andere Personen im Raum verschwinden plötzlich, um kurz darauf für den Betroffenen an einer anderen Stelle genauso plötzlich und unvorhersehbar aufzutauchen – eine gespenstische Vorstellung. Wie man sich leicht denken kann, erfahren Betroffene in einer derart bizarren Welt eine schwere Belastung.

Der ventrale Pfad dient der Verarbeitung von Form und Farbe und führt damit zum Erkennen von Objekten und ihrer bewussten Wahrnehmung. Aus der Tatsache, dass wir Gegenstände in Strichzeichnungen oder Schwarz-Weiß-Abbildungen meist problemlos erkennen, können wir schließen, dass die Form für die Objekterkennung in der Regel ausreicht, aber natürlich kann Farbe bei bestimmten Situationen sehr hilfreich sein. Die Objekterkennung ist das Ergebnis einer Serie von Analyseprozessen entlang des ventralen Pfads. Auch in diesem Pfad gibt es eine Reihe von Störungen, die stark variieren, je nachdem, wo die Kette unterbrochen wurde. Sie resultieren typischerweise in einer visuellen Agnosie, der Unfähigkeit, visuell präsentierte Objekte oder Aspekte davon (z. B. die Farbe) zu erkennen. Bei Farbagnosie klagen Patienten darüber, dass ihre Welt ausgewaschen, trist oder eben grau-in-grau erscheint. Dabei wird die Farbsehstörung nicht durch eine Fehlfunktion in der Netzhaut hervorgerufen. Vielmehr sind Areale im ventralen Pfad geschädigt, die normalerweise die Farbinformation aus der Retina verarbeiten. Erfolgt die Schädigung z. B. bei einem Schlaganfall, können Menschen schlagartig farbenblind werden. Manche Patienten mit visueller Agnosie können Objekte weder erkennen noch ihre Form beschreiben. Andere können alle Details eines Objekts, das man ihnen zeigt, gut beschreiben oder den Gegenstand sogar mit großer Genauigkeit abzeichnen. Sie haben aber nicht die geringste Ahnung, was sie zeichnen – sie fertigen ganz mechanisch ohne jegliches Verständnis eine Kopie an. Man könnte argumentieren, die Patienten hätten lediglich ein Gedächtnisproblem und könnten sich nicht an Gegenstände erinnern, aber das trifft nicht zu. Agnosien sind meist auf eine Sinnesmodalität – hier das Sehen – beschränkt. Patienten mit visueller Agnosie können Gegenstände erkennen, wenn sie typische assoziierte Geräusche hören (z. B. Motorengeräusch bei einem Auto) oder sobald sie das Objekt betasten dürfen. Es ist also spezifisch das visuelle Erkennen gestört, oder präziser ausgedrückt: Das visuell präsentierte Objekt ist von seiner semantischen Bedeutung entkoppelt. Die normalerweise enge Anbindung des ventralen Pfads an Gedächtniszentren im Schläfenlappen scheint dann gestört zu sein. In seinem unterhaltsamen und lesenswerten Buch „Der Mann, der seine Frau mit einem Hut verwechselte" beschreibt der Neurologe Oliver Sacks anhand von Patientenfällen verschiedene Agnosien und andere kognitive Störungen.

Marcel Schweiker Die Wechselwirkung zwischen den sensorischen Stimuli finde ich extrem spannend. Ein Auto nur am Geräusch zu erkennen, zeigt mir einmal mehr, wie verwoben zum Teil unsere Sinneseindrücke sind und dass wir die Welt sprichwörtlich mit allen Sinnen wahrnehmen. Haben die soeben beschriebenen Störungen auch etwas mit dem Phänomen der Synästhesie zu tun?

Frank Müller In der experimentellen Forschung versucht man immer, die Zahl der Parameter zu minimieren. Klassischerweise wurden deshalb sinnes- und neurobiologische Leistungen unter Laborbedingungen isoliert erforscht, und wir neigen immer noch dazu, sie isoliert zu betrachten und zu diskutieren. Aber im natürlichen Leben sind Reize eben nicht isoliert. Visuelle Reize können gleichzeitig farbig, kontrastreich, bewegt und auf einem störenden Hintergrund sein. Und wir verarbeiten gleichzeitig Reize aus mehreren Sinnessystemen. Wir sehen zwei Hummeln, aber nur eine brummt, weil sie fliegt, die andere ist still, weil sie auf einer Blüte sitzt. Wir sehen Kiefern und nehmen ihren harzigen Duft wahr. Diese Reizintegration wird durch eine unglaubliche Vielzahl von Querverbindungen zwischen den verschiedenen Gehirnarealen ermöglicht. Und noch ein anderer Aspekt wird gern übersehen: Im natürlichen Leben handeln wir meist, während wir Sinneseindrücke wahrnehmen. Wir bewegen uns, müssen der fliegenden Hummel ausweichen, dürfen nicht über die Wurzel eines Baumes stolpern usw. Unter diesen Bedingungen verarbeiten wir Reize anders als im Labor. Das Gehirn versucht diese Handlungen meist im vorher schon einmal erwähnten Autopilotenmodus durchzuführen, weil das schneller geht (und weniger Energie verbraucht) als bewusstes Handeln. Die Neurobiologie versucht in den letzten Jahren auch im Labor diesen natürlichen Bedingungen und der multisensoriellen Integration gerecht zu werden. Nun zur Synästhesie: Synästhesie geht über diese normale multisensorielle Integration hinaus. Hier löst z. B. ein rein akustischer Reiz neben der akustischen Empfindung auch eine Empfindung in einem anderen Sinnessystem, z. B. im visuellen System, aus. Ein Synästhetiker würde z. B. beim Hören eines Musikstücks nicht nur den Klang der Instrumente hören, sondern auch Farben sehen. Auch das wird durch Querverbindungen zwischen den Sinnessystemen erzeugt und bildgebende Verfahren zeigen, dass bei Synästhetikern diese „falschen" Areale auch tatsächlich aktiviert werden. Allerdings sind das Verbindungen, die es im Gehirn eines Nicht-Synästhetikers entweder nicht gibt oder aber unterdrückt werden. Es gibt die Idee, dass wir alle als Synästhetiker geboren werden, aber diese Verknüpfungen im Laufe der Entwicklung im Normalfall abgebaut werden.

Peter Walter Aus Schilderungen von Versuchen mit zentral wirksamen Pharmaka und anderen Stoffen werden ja auch solche Effekte beschrieben. LSD ist wohl der Klassiker, aber auch Inhaltsstoffe von bestimmten Pilzen, wie das Psilocybin, können solche Effekte hervorrufen. Die Kopplung unbeeinflusster Sinneseindrücke mit induzierten visuellen Wahrnehmungen oder Halluzinationen übt einen ungeheuren Reiz auf Menschen aus. Und die Tagespresse berichtet von entsprechenden Therapieansätzen bei Depressionen und Angststörungen. Was ist da eigentlich dran?

Frank Müller LSD ist ein Abkömmling eines Alkaloids, das man im Mutterkornpilz findet. Es ist eines der stärksten bekannten Halluzinogene, wobei der Mechanismus aber noch nicht genau verstanden ist. LSD bindet u. a. an Serotonin-Rezeptoren des 2A-Typs. Er kommt in Gehirnarealen vor, die mit vielen anderen Hirnregionen verbunden sind – u. a. auch mit Hirnregionen, die Sinnesreize verarbeiten – und deren Aktivität regulieren. Sie könnten z. B. das Gehirn vor sensorischer Überlastung schützen. Wenn LSD diese Regulation außer Kraft setzt, könnte es zu den beschriebenen starken Sinnesempfindungen kommt, wie gesteigertes Farbempfinden usw. Vielleicht werden auch die bereits genannten Querverbindungen zwischen den Sinnessystemen stärker aktiviert, was zu synästhetischen Sinneseindrücken führt.

Werner van Haren Seit dem Verbot von LSD in den USA im Jahr 1966 und nachfolgend in Europa (mit Ausnahme der Schweiz) wurde eine wissenschaftliche Erforschung zu dessen Anwendung bedauerlicherweise so gut wie unmöglich gemacht. Gleichwohl konnte dieses Verbot den Reiz seiner Nutzung nicht aufheben. Der Umgang mit psychodelischen Drogen und Pflanzen – zu denen neben LSD noch Psilocybin, Ayahuasca, Meskalin und MDMA zählen – hat immer etwas Spektakuläres. Vielleicht macht eine Mischung aus Sinnsuche und Abenteuerlust den Reiz dieser Stoffe aus. Oft ist es der Wunsch nach persönlichem Wachstum. Manchmal spielt auch die Hoffnung hinein, dass einem eine langjährige innere Arbeit in einer Psychotherapie auf wundersame Weise von einem freundlichen Stoff abgenommen oder zumindest erleichtert wird. In anderen Fällen geht es aber schlicht um den Drang nach Leistungssteigerung und zur Abwehr schwieriger Gefühle.

Diese verschiedenen Motive finden ihren Widerhall in der Existenz einer psychedelischen Szene, die von Ayahuasca-Reisen zu Schamanen ins Amazonasgebiet über LSD-Workshops in der Schweiz bis zu meditativen Seminaren mit psychedelischen Substanzen auch in Deutschland reicht. In der Öffentlichkeit sichtbar wurde dies hin und wieder durch spektakuläre Todesfälle infolge von Überdosierungen.

Es findet sich jedoch inzwischen sehr wohl wieder eine ernst zu nehmende Forschung zur psychedelischen Psychotherapie, in der seit einiger Zeit Psilocybin (bekannt geworden als „magic mushrooms") eine herausgehobene Rolle spielt, da zunächst in den USA und inzwischen auch bei uns eine Verwendung zu Forschungszwecken zugelassen wurde. Die durch die Einnahme hervorgerufenen außergewöhnlichen Bewusstseinszustände scheinen unter bestimmten Bedingungen die Wirkungen einer Psychotherapie zu vertiefen, insbesondere bei der Behandlung von Alkoholsucht und therapieresistenter Depression. Ein von der Bundesregierung gefördertes Forschungsprojekt (https://episode-study.de/) will diesen Hinweisen nachgehen.

Die australische Arzneimittelbehörde hat im Juli 2023 – keineswegs unumstritten – MDMA zur Behandlung bei posttraumatischen Belastungsstörungen zugelassen.

Auch entlang des ventralen Pfads werden die rezeptiven Felder der Nervenzellen immer größer und die Merkmalsfilter zunehmend komplexer. So fand man in einem Areal des ventralen Pfads von Affen Nervenzellen, die bevorzugt durch die Präsentation von Gesichtern aktiviert werden. Beim Menschen fand man mittels bildgebender Verfahren ein Gehirnareal, das durch die Präsentation von Gesichtern besonders stark aktiviert wird (das sog. fusiforme Gesichtsareal). Man muss mit der Aussage, die Zellen dieser Areale würden spezifisch auf Gesichter reagieren, vorsichtig sein. Aber es ist nicht verwunderlich, solche Zellen zu finden. Schließlich leben Affen genauso wie wir in sozialen Verbänden zusammen. Wir präsentieren uns anderen Menschen vor allem durch unser Gesicht. Darin stehen Geschlecht und Alter, Gefühle und teilweise auch Gedanken und Absichten geschrieben. Vor allem aber sind Gesichter das offensichtlichste, für alle zur Schau getragene, Merkmal der Individualität. Interessanterweise ist die Fähigkeit, Menschen am Gesicht zu erkennen, in der Bevölkerung sehr unterschiedlich ausgeprägt. An einem Ende des Spektrums liegen die Super-Erkenner, Menschen, die jedes Gesicht wiedererkennen können, das sie einmal gesehen haben, selbst wenn es teilweise verdeckt oder kosmetisch verändert wurde. Diese Menschen werden z. B. bei Fahndungen eingesetzt, um den Gesuchten in Videoüberwachungen oder in Menschenmengen zu finden. Am anderen Ende liegen Menschen, die man als gesichtsblind bezeichnet. Sie sind unfähig, jemanden am Gesicht zu erkennen. Das schließt die engsten Verwandten genauso ein wie das eigene Gesicht auf einem Bild oder im Spiegel. Gesichter bleiben für die Betroffenen so unpersönlich wie Masken – sie sehen alle gleich aus. Andere Objekte können meist erkannt werden. Allerdings können Menschen mit ausgeprägter Prosopagnosie auch Probleme haben, bestimmte andere Objekte zu unterscheiden. Ein Landwirt, der nach einem Unfall gesichtsblind wurde, konnte auch seine Kühe nicht mehr auseinanderhalten. Oliver Sacks, der berühmte Neurologe und Autor vieler Bücher (z. B. „Der Mann, der seine Frau mit einem Hut verwechselte"), war gesichtsblind. Er hatte aber auch Probleme, Gebäude zu unterscheiden, und lief manchmal mehrfach an seinem eigenen Haus vorbei, ohne es zu erkennen. Vermutlich fehlen gesichtsblinden Menschen die notwendigen Merkmalsfilter, um die individuellen Unterschiede zwischen Gesichtern zu erkennen. Gesichtsblindheit oder Prosopagnosie kann z. B. durch einen Schlaganfall ausgelöst werden, der genau die Hirnregion betrifft, die für die Gesichtserkennung zuständig ist. Die Folge ist ein plötzlicher und erheblicher Verlust an Lebensqualität. Freunde und Verwandte werden nicht mehr auf den ersten Blick erkannt. Mitmenschen fühlen sich gekränkt, wenn sie bei Begegnungen nicht mehr gegrüßt werden. Wenn sie nicht wissen, dass der Betroffene eine Wahrnehmungsstörung hat, halten sie ihn schlicht für unhöflich oder arrogant. Jede Party wird zu einer Herausforderung. Manche der Betroffenen rutschen deshalb in die soziale Isolation. Interessanterweise schätzt man, dass 1–2 % aller Menschen von Geburt an Probleme haben, Gesichter zu erkennen. Die Häufung innerhalb von Familien spricht für eine erbliche Disposition. Man kann Menschen aber natürlich auch unabhängig vom Gesicht erkennen. Für die von Geburt an gesichtsblinden Kinder sind Gesichter genauso bedeutungslos wie Farben für einen Farbenblinden. Deshalb lernen sie ganz automatisch, auf Charakteristika wie auffällige Brillen, Bärte oder Frisuren, typische Kleidung oder Bewegungen und natürlich die Stimme zu achten. Auch der Kontext kann hilfreich sein. Kinder erwarten ihre Mitschüler und Lehrer in der Schule, ihre Eltern und Geschwister zuhause. Auch wenn Gesichtsblindheit nach einer Schädigung auftritt, können Betroffene lernen, solche Routinen anzuwenden.

Wir wissen mittlerweile viel über die Funktion der verschiedenen Pfade und ihrer Areale beim Sehvorgang. Die Störungen, die durch Ausfälle im ventralen oder dorsalen Verarbeitungsweg hervorgerufen werden, zeigen, dass die korrekte Verarbeitung der Information unabdingbar für eine ungestörte visuelle Wahrnehmung ist. Wir werden diesen Gedanken in Kap. 6 erneut aufgreifen, wollen uns aber zunächst mit den Schäden des Sehorgans beschäftigen.

Weiterführende Literatur

Frings S, Müller F (2019) Biologie der Sinne – Vom Molekül zur Wahrnehmung. Springer, Berlin/Heidelberg
Sacks O (1990) Der Mann, der seine Frau mit einem Hut verwechselte. Rowohlt, Hamburg
Spektrum der Wissenschaft Kompakt (2020) Augen Auf! Spektrum der Wissenschaft Verlagsgesellschaft mbH, Heidelberg
Spektrum der Wissenschaft Spezial (2016) Unsere Sinne. Spektrum der Wissenschaft Verlagsgesellschaft mbH, Heidelberg
Walter P (2017) Basiswissen Augenheilkunde. Springer, Berlin/Heidelberg

2

Wenn unsere Augen krank werden

Peter Walter

In Kap. 1 hat Frank Müller gezeigt, wie unglaublich kompliziert unsere Augen und das Sehsystem funktionieren und zu welchen fantastischen Leistungen wir mit unserem Sehsystem imstande sind. Wir denken meistens nicht darüber nach, freuen uns aber am Erkennen von Gesichtern oder am Farbspiel einer Blüte im Frühjahr. Lediglich dann, wenn dieser komplexe Prozess gestört ist und wir schlechter oder anders sehen als gewohnt, beginnen wir, uns Gedanken darüber zu machen. Zunächst weniger, wie der Sehvorgang eigentlich funktioniert, sondern eher darüber, welche allgemeinen Einschränkungen man hinnehmen muss, wenn das Sehen nicht mehr wie gewohnt funktioniert.

Arbeitet man wie ich als Augenarzt, so hat man eine ziemlich verzerrte Perspektive auf das Sehen. Jeder Mensch, den ich in der Praxis sehe, hat irgendein größeres oder kleineres Problem mit dem Sehen. Die Betroffenen sind dabei ganz unterschiedlich beeinträchtigt. Es gibt Menschen, die gar nicht merken, dass ihr Sehvermögen auf einem Auge ganz schlecht geworden ist, weil sie das mit dem Seheindruck des anderen Auges kompensiert haben. Gleichzeitig gibt es Menschen, die eine messbar völlig normale Sehschärfe und -funktion haben, die aber z. B. durch herumirrende Trübungen des Glaskörpers massiv beeinträchtigt sind.

Um dieses Szenario mit ein paar Fakten zu unterfüttern, schauen wir uns einmal an, wie häufig in der Welt eigentlich Sehstörungen vorkommen und was Sehstörungen tatsächlich für unsere Wahrnehmung von Gesundheit bedeuten.

Beginnen wir mit der Zahl der Erblindeten und Sehbehinderten weltweit: Diese Daten finden sich in Berichten der Weltgesundheitsorganisation WHO wie dem 2019 erschienenen *World Report on Vision*. Nach diesem Bericht leiden 2,2 Mrd. Menschen weltweit an irgendeiner Form der Sehbeeinträchtigung, übrigens davon die Hälfte vermeidbare Formen, die nicht nötig wären, würde es überall eine ausreichende Gesundheitsversorgung und Zugang zu medizinischen Standardverfahren geben.

2017 wurde nach Auswertung der zur Verfügung stehenden Daten die Zahl der weltweit Erblindeten mit 36 Mio. Menschen angegeben. Schauen wir uns die Zahlen in Deutschland an, so finden wir im Schwerbehindertenbericht des Statistischen Bundesamtes aus dem Jahr 2021 66.245 Erblindete und 43.015 hochgradig Sehbehinderte, sowie 225.340 sonstige Sehbehinderte in Deutschland. In Deutschland gilt ein Mensch als *blind*, wenn er oder sie auf dem besseren Auge nicht mehr als 2 % Sehschärfe hat. *Hochgradig sehbehindert* ist in Deutschland ein Mensch, dessen Sehschärfe auf dem besseren Auge nicht besser ist als 5 %. Derartig schwere Sehstörungen müssen sich zwangsläufig auf unsere Wahrnehmung von gesund, glücklich und zufrieden auswirken, doch wie stark ist dieser Effekt eigentlich und was verstehen wir eigentlich unter „gesund" bzw. unter „krank"? Hier halten wir uns zunächst an die Definition der Weltgesundheitsorganisation (WHO). Danach ist Gesundheit mehr als nur die Abwesenheit von Krankheit:

Gesundheit ist ein Zustand des vollständigen körperlichen, geistigen und sozialen Wohlergehens und nicht nur das Fehlen von Krankheit und Gebrechen.

Dagegen ist die Definition von **Krankheit** wesentlich komplizierter. Die WHO definiert den Begriff der Krankheit gar nicht. In Deutschland ist Krankheit durch ein relativ altes Urteil des Bundesgerichtshofs (1958) definiert als „jede Störung der normalen Beschaffenheit oder der normalen Tätigkeit des Körpers, die geheilt, d. h. beseitigt oder gelindert werden kann" bzw. „ein regelwidriger Körper- oder Geisteszustand, der ärztlicher Behandlung bedarf oder – zugleich oder ausschließlich – Arbeitsunfähigkeit zur Folge hat". Aus Sicht der Gesetzlichen Rentenversicherung ist in Deutschland Krankheit als „jeder regelwidrige körperliche, geistige oder seelische Zustand, der eine teilweise oder volle, zeitlich begrenzte oder auf nicht absehbare Zeit anzunehmende Erwerbsminderung zur Folge hat" definiert. Hier zielt also der Krankheitsbegriff vor allem auf die Rolle des Betroffenen als Arbeitnehmer ab, was sicher eine sehr limitierte Sichtweise darstellt.

Welche Störungen und Erkrankungen des Sehsystems gibt es?

Grundsätzlich können Sehstörungen Ausdruck von Erkrankungen des Auges oder seiner Unterstützungsstrukturen sein (z. B. Lider), sie können aber auch Ausdruck von Erkrankungen der Strukturen sein, die das Signal vom Auge an das Gehirn weiterleiten oder es dort verarbeiten. Man kann also Sehstörungen bis hin zur Erblindung haben, ohne dass sich Veränderungen an den Augen zeigen. Andererseits können zum Teil schwere Augenerkrankungen durchaus gar keine Störungen des Sehens verursachen. Ein gutes Beispiel hierfür sind bösartige Neubildungen an der Regenbogenhaut, an den Lidern oder in der Aderhaut hinter der Netzhaut.

Die Erkrankungen des Sehsystems lassen sich am besten nach der anatomischen Struktur einteilen, die betroffen ist. So gibt es Erkrankungen der Lider, des Tränensystems, der Hornhaut, der Regenbogenhaut, der Linse, des Glaskörpers, der Aderhaut, der Netzhaut und des Sehnerven. Es gibt Erkrankungen der Sehbahn, wie des seitlichen Kniehöckers, der sog. Sehstrahlung und der Sehrinde (Abb. 1.12) sowie der weiteren Hirnareale, die mit der Sehrinde verknüpft sind. Neben der anatomischen Einteilung werden die Erkrankungen des Sehsystems zusätzlich nach dem zugrunde liegenden Mechanismus eingeteilt: So gibt es Fehlbildungen des Sehsystems, die angeboren sind, es gibt angeborene Entwicklungsstörungen des Auges, es gibt Neubildungen des Auges, die gut- oder bösartig sein können, es gibt die Entzündungen des Sehsystems entweder durch einen Erreger wie Bakterien oder Viren aber auch Entzündungen, die durch eine Fehlregulation des Immunsystems von innen entstehen, sog. Autoimmunerkrankungen. Außerdem gibt es altersbedingte Degenerationen wie den grauen Star oder die Makuladegeneration, und schließlich gibt es Verletzungen des Sehsystems.

Fehlsichtigkeit: Sehschärfe oder Sehstärke?

Wir müssen hier eine Begriffsklärung vornehmen, nämlich die Begriffe der **„Sehschärfe"** und der **„Sehstärke"**. In meinem Alltag als Augenarzt erlebe ich oft die Situation, dass ich nach Änderungen der Sehschärfe frage und ich erhalte beispielsweise als Antwort, „… ja, um 2 Dioptrien ist es schlechter geworden". Unter **„Sehschärfe"** verstehen wir die Leistung des Sehsystems, ein im Zentrum des Wahrnehmungsfeldes angebotenes Testzeichen zu erkennen. Je kleiner dieses Testzeichen ist, welches erkannt wird, desto besser ist die Sehschärfe. Hier geht es also um das Auflösungsvermögen des Sehsystems. Dieses gilt als normal, wenn zwei Punkte, die unter einem Sehwinkel von 1 Bogenminute, also einem Sechzigstel eines Grades, getrennt voneinander wahrgenommen werden. Das entspricht dann 1,0 oder 100 % oder 20/20, je nach verwendeter Skala. Eine Sehschärfe von 100 % ist eine hervorragende Leistung, denn es bedeutet, dass zwei Punkte, die im Abstand von 10 m vor uns liegen, dann als zwei Punkte unterschieden werden können, wenn ihr Abstand nur 3 mm beträgt. So genau können wir Menschen also sehen. Großartig, oder? Werden zwei Punkte aber erst dann als getrennte Objekte wahrgenommen, wenn sie durch einen Sehwinkel von 2 Bogenminuten getrennt sind, dann beträgt die Sehschärfe nur noch 50 % oder 0,5 oder 20/40 oder entsprechend 6 mm auf 10 m und bei 10 Bogenminuten sind es 0,1 oder 10 % oder 20/200 oder 3 cm Abstand zwischen zwei Punkten in einer Entfernung von 10 m.

Bei den Fehlsichtigkeiten unterscheiden wir die Kurzsichtigkeit (Myopie) von der Weitsichtigkeit (Hyperopie) (Abb. 2.1). Bei der Kurzsichtigkeit ist das Auge für seine Brechkraft zu lang, die Lichtbrechung durch die Linse oder die Hornhaut ist zu stark. Deshalb korrigiert man diese Fehlsichtigkeit mit einer Minuslinse, man schwächt die Brechkraft also ab. Bei einer Weitsichtigkeit ist das Auge zu kurz für die Brechkraft. Linse und Hornhaut brechen die Lichtstrahlen für die Länge des Auges zu wenig. Entsprechend gleicht man die Weitsichtigkeit mit Plusgläsern aus.

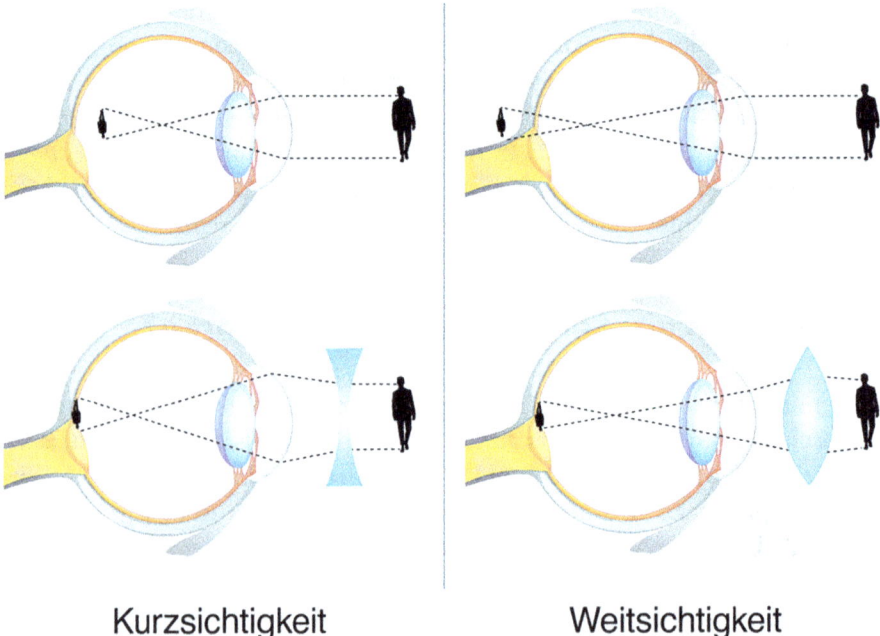

Kurzsichtigkeit · Weitsichtigkeit

Abb. 2.1 Bei Kurzsichtigkeit (Myopie) werden die Lichtstrahlen durch die Sehhilfe vor dem Auge aufgefächert. Von außen verkleinert eine myopische Brille die Augen. Sie verkleinert auch die Welt; Objekte erscheinen weiter entfernt und kleiner. Dies beeinflusst natürlich auch das Erleben; Kurzsichtige erleben die Welt, bzw. sich selbst, als weiter entfernt. Bei Weitsichtigkeit werden die Lichtstrahlen gebündelt. Dadurch werden Objekte der Außenwelt vergrößert, rücken also subjektiv näher. Durch diese Vergrößerung gibt es eine Lücke zwischen der durch die Brille vergrößerten Welt und der unkorrigierten Welt im seitlichen Gesichtsfeld, in der nichts wahrgenommen wird. Weitsichtige sind beim Fokussieren also stärker selektiv

Marcel Schweiker Hier würde ich gern unseren Biologen fragen, wie sich unser Sehvermögen eigentlich mit dem der Tiere vergleichen lässt.

Frank Müller Unsere Sehschärfe ist sehr gut und wird eigentlich nur noch von den sprichwörtlichen „Adler- und Falkenaugen" übertroffen. Raubvögel haben eine höhere Sehschärfe als wir, das liegt an einer höheren Photorezeptordichte und auch an einer höheren Brennweite des Auges, was wie ein „Fernglas" wirkt. Alle anderen Wirbeltiere haben eine geringere Sehschärfe, z. B. bei der Katze etwa 10-mal, bei der Ratte ca. 80-mal schlechter als bei uns. Ganz abgeschlagen liegt die Fledermaus, die 500-mal schlechter sieht als wir. Aber sie orientiert sich ja auch über ihr exzellentes Gehör mit Hilfe der Ultraschallortung. Auch bei Wirbellosen, wie den Insekten, ist die Sehschärfe deutlich niedriger als bei uns. Das ist durch die grundlegend andere Konstruktionsweise der Facettenaugen bedingt, die man bei ihnen findet. Um unsere Sehschärfe zu erreichen, müsste eine Fliege Augen von 1 m Durchmesser haben. Da würde ihr das Starten und Landen wohl schwerfallen. Wir sollten aber nicht vergessen, dass die Sehschärfe nicht der einzige Parameter ist, der das Sehen ausmacht. Bestimmte Tiere können Farben sehr viel besser unterscheiden als wir. Wenn solche Tiere z. B. Farbsehtests wie die bekannten Ishiharatafeln, die man vom Führerscheintest her kennt (Abb. 2.11), entwickeln würden, würden diese Tests bei uns allen eine gestörte Farbwahrnehmung diagnostizieren. Und, um bei der Fliege zu bleiben: Schnell fliegende Insekten sind uns haushoch überlegen, wenn es darum geht, sich schnell verändernde oder rasch aufeinanderfolgende Reize zu trennen. Wir wissen alle, wie schwierig es ist, eine Fliege zu fangen. Sie „sieht einfach schneller" als wir.

Dagegen meint das Wort **„Sehstärke"** umgangssprachlich den Korrekturbedarf, also die Stärke eines Brillenglases zur bestmöglichen Korrektur. Hier kommen dann die Dioptrien ins Spiel. Unsere Augen bilden ja die Umwelt durch ihren optischen Apparat bestehend aus Hornhaut und Linse mit der Iris bzw. mit der von ihr geformten Pupille als Blende auf der Netzhaut des Auges ab. Als Brillenträger kennt man das Phänomen, dass das Bild nicht immer scharf wird. Manchmal ist der optische Apparat unseres Auges nicht korrekt eingestellt, sodass wir Zusatzlinsen für die scharfe Abbildung benötigen, sei es in Form einer Brille oder einer Kontaktlinse. Erfolgt die Korrektur der „Sehstärke" richtig, so ist die „Sehschärfe" dann in der Regel wieder normal. Die Sehschärfe bestimmt der Augenarzt oder auch der Optiker immer mit der bestmöglichen Korrektur der Sehstärke. Man spricht dabei lieber vom Brechungsfehler als von der Sehstärke. Dieser Begriff beschreibt eigentlich viel besser, was viele Menschen mit „Sehstärke" meinen, hört sich aber wenig natürlich an.

Ein hoher Korrekturbedarf wird oft als nachteilig empfunden, gerade Menschen mit hoher Kurzsichtigkeit kennen das Problem, dass sie ohne Brille eigentlich nie scharf sehen, außer sie halten sich das Objekt unmittelbar vor das Auge. Sie brauchen also vom Moment des Erwachens nach der Nachtruhe als Erstes ihre Brille. Diese Gläser sind oft schwer, sie verkleinern das dahinterliegende Auge, was kosmetisch störend sein kann, und sie verkleinern auch das Bild, das auf der Netzhaut entsteht, was die Auflösung des Auges reduziert. Für die Korrektur der Kurzsichtigkeit werden Gläser mit negativem Brechwert eingesetzt, konkave Linsen also, denn bei der Kurzsichtigkeit ist das Auge meistens zu lang und der Brennpunkt des augeneigenen optischen Systems liegt vor der Netzhaut. Mit den Minuslinsen wird der Brennpunkt nach hinten verschoben und kommt dann bei richtiger Wahl der Linsenstärke genau auf der Netzhaut aus.

Anke Huckauf Was bedeutet es für die betrachtende Person, wenn das Bild verkleinert wird? Erscheint die Welt dann weiter weg, und ich fühle mich weiter entfernt, eher introvertiert? Oder gibt es weniger Welt, weil sie kleiner ist? Bedeutet dies bei Weitsichtigkeit dann eine subjektiv nähere und/oder größere Welt?

Peter Walter Patienten, die – nachdem sie im Kindesalter gelernt haben, „normal" zu sehen und dann plötzlich stark kurzsichtig werden und entsprechend mit einem starken Minusglas korrigiert werden müssen – empfinden die Objekte in der Welt als kleiner und weiter entfernt als gewohnt. Um zurechtzukommen, müssen die Hand-Auge-Koordination und die Position im Raum neu eingeübt werden. Bei langfristiger Entwicklung einer Kurzsichtigkeit gewöhnen sich die Betroffenen an das kleinere Bild und richten sich darauf ein. Irritationen entstehen, wenn eine neue Brille getragen wird, die sich deutlich von der alten unterscheidet.

Eine gute Vorstellung davon, wie stark wir bei einer Minderung der Sehschärfe eingeschränkt sind, gibt uns eine Empfehlung der wissenschaftlichen Fachgesellschaft der Augenärzte, der Deutschen Ophthalmologischen Gesellschaft (DOG). Diese Richtwerte geben an, welche Sehschärfe mit welchem Grad der Behinderung einhergeht. Diese Richtwerte sind entscheidend, möchte man bei einem Betroffenen einen Behinderungsgrad aufgrund einer Sehbehinderung festlegen. Auch die Höhe von Erwerbsminderungsrenten etwa hängt von diesen Eckwerten ab (Tab. 2.1).

Diese Tabelle wird eingesetzt, wenn es beispielsweise im Rahmen von Gutachten um die Bemessung von Renten nach Augenerkrankungen geht. Ist ein Auge beispielsweise vollständig erblindet und das andere Auge sieht normal,

Tab. 2.1 Auszug aus den Empfehlungen der augenärztlichen Fachverbände zur Bestimmung der Minderung der Erwerbsfähigkeit (MdE) bei einer bestimmten Sehschärfe. Die Spalten geben die Sehschärfe des rechten Auges, die Zeilen die Sehschärfe des linken Auges wieder. Bei einer Sehschärfe von 0 auf beiden Augen ist die MdE 100 %, also vollständig. Ist ein Auge ganz blind oder fehlt es und sieht das andere Auge normal, so ist die MdE 25 %. Sehen beide Augen 50 %, so liegt die MdE bei 10 %

Sehschärfe	1,0	0,5	0,32	0,1	0,02	0
1,0	0 %	5 %	10 %	20 %	25 %	25 %
0,5	5 %	10 %	15 %	30 %	40 %	40 %
0,32	10 %	15 %	30 %	40 %	50 %	50 %
0,1	20 %	30 %	40 %	70 %	90 %	90 %
0,02	25 %	40 %	50 %	90 %	100 %	100 %
0	25–30 %	40 %	50 %	90 %	100 %	100 %

so liegt der Behinderungsgrad bei 25 %. Einäugige Menschen können sich sehr gut orientieren, sie können lesen, haben normalen Zugang zu allen sehbasierten Informationsquellen und sind in der Regel sozial nicht isoliert, aber es fehlt ihnen das räumliche Sehen, sodass sie beispielsweise bestimmte Tätigkeiten nicht mehr ausüben können, die mit einer erhöhten Unfallgefahr einhergehen. Beispielsweise kann ein einäugiger Dachdecker nicht mehr auf dem Dachstuhl arbeiten. Auch ist das Arbeiten an rotierenden Maschinen ohne funktionierendes räumliches Sehen nicht möglich. Im Gegenteil es wäre sogar für den Arbeitnehmer gefährlich und würde mit einem erhöhten Unfallrisiko einhergehen. Bei vollem Sehvermögen auf einem Auge setzt die Bemessung eines Behinderungsgrades erst ein, wenn das Sehvermögen auf dem schlechten Auge 50 % oder weniger beträgt. Sind beide Augen betroffen, so liegt eine 100 %ige Behinderung vor, wenn das bessere Auge 5 % oder weniger sieht, also mindestens der Zustand der schweren Sehbehinderung vorliegt.

Marcel Schweiker Wie sieht es mit alltäglichen Aktivitäten, wie Autofahren aus? Besteht hier auch im alltäglichen Leben – bei schlechter Gestaltung – eine erhöhte Unfallgefahr, z. B. durch die falsche Einschätzung von Stufen/Treppen? Und inwieweit kann die Raumgestaltung/Oberflächengestaltung/Lichtplanung hier unterstützen, z. B. bei der Wahrnehmung von Entfernungen?

Peter Walter Mobilität ist ein wichtiges Thema, und Mobilität ist sehr abhängig vom Sehvermögen. Trotz aller Anstrengungen einer Verkehrswende ist für viele Menschen, die eine Augenerkrankung mit Sehminderung haben, die Frage extrem wichtig, ob sie noch Auto fahren dürfen. Auch hierfür gibt es Grenzwerte. So benötigt jemand, der bereits einen PKW-Führerschein hat, auf einem Auge eine Mindestsehschärfe von 60 % ohne wesentliche Ausfälle der peripheren Wahrnehmung. Wird diese Sehschärfe nicht erreicht, muss der Augenarzt den Betroffenen ernstlich darauf hinweisen, dass er oder sie nicht mehr fahren darf. Da gleichzeitig aber die ärztliche Schweigepflicht gilt, ist der Augenarzt nicht berechtigt, den Betroffenen bei den Behörden anzuzeigen: Das wäre ein schwerer Vertrauensbruch im Arzt-Patienten-Verhältnis.

Sehminderung führt zu erhöhter Unfallgefahr, beispielsweise weil Gegenstände im Lauf- oder Fahrweg nicht wahrgenommen werden. Wir können durch entsprechende Signale auf derartige Hindernisse aufmerksam machen, durch Lichtgestaltung im öffentlichen und privaten Raum, durch Gestaltung von Textilen (Reflektoren) und so versuchen, die Unfallgefahr für Sehbehinderte aber auch normalsichtige Menschen zu reduzieren.

Die „Kurzsichtigkeitspandemie"

Betrachtet man weltweite Statistiken zur Sehstärke, also genauer gesagt zur Brechkraftabweichung, so stellt man in den industrialisierten Ländern eine erschreckende Zunahme der Kurzsichtigkeit fest. Insbesondere in den asiatischen Ländern findet man eine enorm große Zahl an Kurzsichtigen. Betrug die Zahl der Kurzsichtigen in der Welt im Jahr 2000 noch 1,4 Mrd., so lag sie 2020 bei 2,6 Mrd., und Schätzungen gehen davon aus, dass diese Zahl in 2030 bei 3,3 Mrd. liegen wird. Betrachtet man nur diejenigen Menschen mit einer schweren Kurzsichtigkeit, also solche über 6 Dioptrien, so waren es im Jahr 2000 noch 163 Mio., in 2020 aber schon 399 Mio., und in 2030 geht man von einer halben Milliarde aus. Das ist deshalb extrem bedeutsam, weil gerade die hohe Kurzsichtigkeit mit einem höheren Risiko für einen schweren Sehverlust einhergeht. Ursachen für den Sehverlust als Folge der Kurzsichtigkeit sind Netzhautablösungen, Netzhautdegenerationen und Erkrankungen des Sehnerven. Die Zunahme der Kurzsichtigkeit ist besonders ausgeprägt in den industrialisierten Ländern Ostasiens. Hier schätzt man die Häufigkeit der Myopie auf 65 % in 2050, während etwa in Ostafrika die Häufigkeit zur selben Zeit bei 22,7 % liegen wird. Während es in früheren Jahren vor allem junge Menschen waren, die kurzsichtig waren, sorgt die demografische Entwicklung dafür, dass in den kommenden Jahren zusätzlich mehr und mehr ältere Menschen kurzsichtig sind, sodass sich dann das Risiko an altersbedingten Augenerkrankungen und an kurzsichtigkeitsbedingten Augenerkrankungen zu leiden, kombinieren wird.

Aber wie kommt eigentlich die Kurzsichtigkeit zustande? Zunächst einmal gibt es genetische Faktoren. Es gibt eine ganze Reihe von Gendefekten, die zu einer vermehrten Kurzsichtigkeit führen können. Nicht selten haben kurzsichtige Kinder auch kurzsichtige Eltern, aber nicht notwendigerweise. Es gibt sicher auch Faktoren, die umwelt- und verhaltensbedingt sind. So hat eine große australische Kurzsichtigkeitsstudie deutlich gemacht, dass viel Naharbeit und wenig Aktivität im Freien unabhängige Faktoren sind, die beide zu einem höheren Risiko für die Entwicklung der Kurzsichtigkeit führen. Die gesteigerte Nutzung von digitalen Endgeräten schon im Kindesalter scheint ebenfalls eine ungünstige Rolle zu spielen. Eine weitere Studie in Singapur hat gezeigt, dass die Häufigkeit der Kurzsichtigkeit deutlich mit der Schulbildung, mit dem sozialen Status und dem Einkommen ansteigt. Daraus sollte man jetzt natürlich nicht die Schlussfolgerung ziehen, Schulbildung sei schlecht, weil alle Schülerinnen und Schüler dann kurzsichtig würden.

Marcel Schweiker Welche Konsequenzen sollte man denn für die Gestaltung des Schulunterrichts ziehen?

Peter Walter Schulunterricht muss so gestaltet werden, dass man von ausschließlicher Naharbeit wegkommt. Daher wurden etwa in verschiedenen Schulsystemen durch Umstellung der Unterrichtssystematik mehr Aufenthalt und Unterricht im Freien ermöglicht.

Anke Huckauf Kurzsichtigkeit entsteht ja dann, wenn das Auge im Verhältnis zur Brechkraft zu lang ist, sich die Lichtstrahlen, die durch die Hornhaut und die Linse gebrochen werden, vor der Netzhaut treffen. Das Auge ist – bezogen auf die Brechkraft der Linse – zu sehr in die Länge gewachsen. Wie kommt es eigentlich zu diesem pathologischen Wachstum des Auges?

Peter Walter Man konnte zeigen, dass in solchen Augen die zentrale Netzhaut zwar hinter dem Brennpunkt dieser Strahlen liegt, die periphere Netzhaut aber davor, sie ist also im Grunde weitsichtig. Man nimmt an, dass der Wachstumsschub für das Auge durch die Weitsichtigkeit in der Peripherie ausgelöst wird. Das Auge stellt sozusagen die Fehlsichtigkeit in der Peripherie fest und versucht dies mit Wachstum zu korrigieren, allerdings wirkt das Wachstum im Sinne einer Fehlregulation vor allem im Zentrum. Daher wird heute versucht, mit speziellen Brillengläsern oder Kontaktlinsen, die den peripheren Abbildungsfehler korrigieren, das Fortschreiten der Kurzsichtigkeit zu verhindern.

Frank Müller Bei der Naheinstellung – der Akkomodation – spielt der Botenstoff Acetylcholin eine Rolle. Könnte man sich eine pharmakologische Behandlung in Form von Augentropfen vorstellen?

Peter Walter Ja, das wird in der Tat probiert. Ein geeigneter Wirkstoff ist Atropin. In der sonst üblichen höheren Dosierung führt er zur Weitstellung der Pupille und zur Unterbrechung der Naheinstellung. Hier wird er aber in einer Dosierung angewendet, in der diese Nebenwirkungen nicht auftreten.

Werner van Haren Wenn starke Kurzsichtigkeit die Entstehung von Netzhautablösungen begünstigt, wird dann in der Zukunft der Bedarf an operativen Eingriffen zunehmen?

Peter Walter Davon ist unbedingt auszugehen: Hohe Kurzsichtigkeit gilt als Risikofaktor für die Entstehung von Netzhautablösungen. Es kommt aber noch ein weiterer Faktor dazu, weil zur Behandlung der starken Kurzsichtigkeit hinsichtlich des Brechkraftfehlers auch der sog. refraktive Linsenaustausch gehört. Das heißt, dass zur Korrektur einer Minusrefraktion von vielleicht − 10 Dioptrien oder mehr, also bei Werten, bei denen die Laserverfahren an der Hornhaut nicht mehr durchgeführt werden können, die Linse abgesaugt wird. Sie wird dann durch eine relativ schwach brechende Kunstlinse so ersetzt, dass die resultierende Brechkraft auf einen Wert zwischen null und − 3 Dioptrien kommt. Studien haben gezeigt, dass nach einem solchen refraktiven Linsentausch es häufiger zu einer Netzhautablösung kommen kann.

Welche Störungen des Sehsystems sind häufig und haben besonders schwere Auswirkungen?

Kommen wir nach den eher moderaten Veränderungen der Sehschärfe zu schwereren Erkrankungen, die bis zur vollkommenen Blindheit führen können. Hierunter fallen vor allem die altersbedingten Erkrankungen. Besonders häufig zu sehr schweren Störungen des Sehens führen der graue Star (Katarakt), die altersbedingte Makuladegeneration, der grüne Star (Glaukom), die Gefäßverschlüsse der Netzhaut und die Zuckerkrankheit (Diabetes mellitus) mit ihren Augenkomplikationen. Im Folgenden erläutere ich einige wenige, aber häufig auftretende Augenkrankheiten und beginne mit der bereits oben diskutierten Kurzsichtigkeit:

> **Übersicht: Kurzsichtigkeit = Myopie**
> Man unterscheidet eine milde und moderate Kurzsichtigkeit von einer hohen Kurzsichtigkeit, die bei − 6 Dioptrien beginnt. Kurzsichtigkeit führt neben der Notwendigkeit der Korrektur der Fehlsichtigkeit darüber hinaus in einigen Fällen

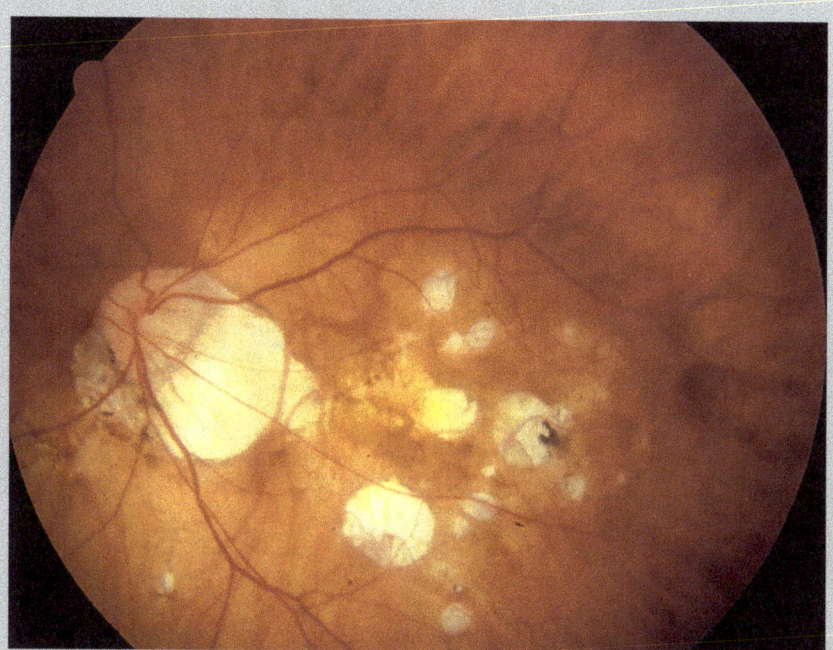

Abb. 2.2 Augenhintergrund bei einem Menschen mit hoher Kurzsichtigkeit. Links im Bild erkennt man die orange-gelbe Scheibe des Sehnerven. Rechts davon eine weißliche Sichel, die einer Ausdünnung des Pigmentepithels der Netzhaut entspricht. Im Netzhautzentrum erkennt man ebenfalls solche weißlichen Stellen als Ausdruck einer Verdünnung des Pigmentepithels, was zu einer Sehverschlechterung in diesen Netzhautbereichen führt

zu einer erheblichen und nicht mehr korrigierbaren Sehverschlechterung! Zwar kann die Korrektur der Fehlsichtigkeit sehr gut mit Brille, Kontaktlinse, Linsenoperationen oder Hornhautlasern erreicht werden, die Netzhautkomplikationen lassen sich damit aber nicht behandeln. Dazu gehören die Degeneration, Einrisse und Ablösungen der Netzhaut. Abb. 2.2 zeigt typische Veränderungen bei einer höheren Kurzsichtigkeit.

Übersicht: Katarakt = grauer Star

Hierbei handelt es sich um eine Trübung der Augenlinse. Meistens tritt eine solche Linsentrübung im Alter auf, es gibt aber auch angeborene Formen oder auch Linsentrübungen im Rahmen von Augenkomplikationen beim Diabetes mellitus, nach Verletzungen oder auch nach Augenoperationen. Das Hauptsymptom besteht in einer Verschlechterung des Sehens, weil das Bild zunehmend neblig oder trüb wird. Ein anderes Symptom, über das Betroffene häufig berichten, ist eine starke Blendempfindlichkeit, etwa beim nächtlichen Autofahren, wenn Fahr-

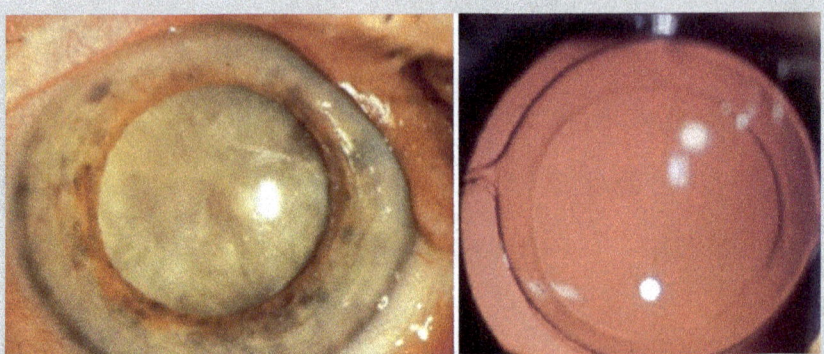

Abb. 2.3 Links: Fortgeschrittener grauer Star (Katarakt). Man erkennt die graubräunliche Masse hinter der Pupille, die der getrübten Linse entspricht. Rechts: Nach operativem Austausch der Linse sieht man hier die implantierte Kunstlinse vor dem roten Licht des Augenhintergrunds

zeuge entgegenkommen. Patienten sehen oft Ringe um Lichtquellen, sog. Halos. Neuere Zahlen des Berufsverbandes zeigen, dass ab dem 75. Lebensjahr jeder zweite Mensch Einschränkungen durch die Linsentrübung wahrnimmt. Entsprechend häufig wird die operative Entfernung der Augenlinse, die Kataraktoperation durchgeführt. Man geht davon aus, dass jährlich in Deutschland 700.000–800.000 dieser Prozeduren durchgeführt werden. Die Operation des grauen Stars ist eine der ältesten chirurgischen Prozeduren überhaupt. Glücklicherweise wird der Star heute nicht mehr so wie vor 1000 Jahren gestochen, was bedeutete, dass man die Linse durch eine Nadel in den Glaskörperraum gedrückt hat. Heute wird die getrübte Linse abgesaugt und durch eine künstliche Linse ersetzt. Diese Prozedur ist in der Regel sehr erfolgreich, Patienten sehen schon am Folgetag deutlich besser. Komplikationen sind selten, müssen aber, wenn sie auftreten, konsequent behandelt werden. Hierzu gehören Entzündungen im Auge oder auch eine Netzhautablösung. Abb. 2.3 zeigt links einen fortgeschrittenen grauen Star und rechts das Ergebnis nach Kataraktoperation.

Übersicht: Altersbedingte Makuladegeneration (AMD)

Bei Makuladegenerationen kommt es durch lokale Stoffwechselveränderungen und strukturell-anatomische Veränderungen zu einem Verlust lichtempfindlicher Zellen in der Netzhautmitte, also an dem einzigen Ort in der Netzhaut, mit dem wir scharf sehen können und mit dem wir beispielsweise lesen (vgl. Kap. 1). Die häufigste Form dieser Erkrankung ist die altersbedingte Makuladegeneration, deren Risiko mit dem Alter ansteigt. Man kann davon ausgehen, dass 30 % der Menschen über 70 Jahre Zeichen einer mindestens beginnenden Makuladegeneration haben. Die AMD ist in den industrialisierten Ländern die häufigste Erblindungsursache. Beschwerden bestehen in einer Verschlechterung des Lese-

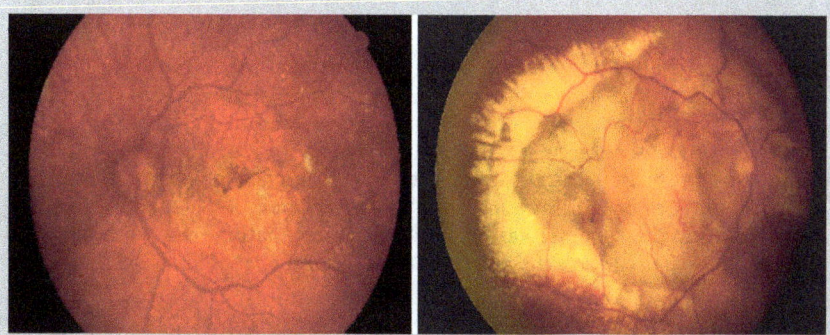

Abb. 2.4 Augenhintergrund bei Patienten mit einer Spätform einer altersbedingten Makuladegeneration (AMD). Im linken Bild erkennen wir neben der Sehnervenscheibe einen fast kreisrunden Bereich, in dem das Pigmentepithel der Netzhaut fast vollständig fehlt und die großen Blutgefäße der unter der Netzhaut liegenden Aderhaut durchscheinen. Im rechten Bild sieht man im gesamten Zentrum der Netzhaut eine weißlich-gelbliche Flüssigkeitsansammlung. Die Netzhaut ist aufgequollen, man spricht von einem Ödem. Während man links das Spätbild einer trockenen Makuladegeneration sieht, zeigt das Bild rechts das Spätbild einer feuchten AMD

vermögens, in Verzerrungen und später auch in einer deutlichen Verminderung der Sehschärfe in der Ferne. Man unterscheidet grob eine trockene Form der Makuladegeneration, bei der es zu einem Gewebsabbau kommt, von einer feuchten Form, bei der unter der Netzhaut kleine Blutgefäße wuchern, die zu einer Flüssigkeitsansammlung in der Netzhaut führen (Abb. 2.4). Man spricht dann von einer neovaskulären AMD. Für die feuchte Form der AMD gibt es seit einigen Jahren eine Therapie, die in wiederholten Injektionen eines Antikörpers gegen Gefäßwachstum in das Augeninnere besteht. Die hier eingesetzten Wirkstoffe hemmen den Wachstumsreiz dieser neu gebildeten Gefäße und reduzieren die Flüssigkeitseinlagerung in die Netzhaut.

Marcel Schweiker Weiß man eigentlich, warum bei der AMD ausgerechnet die zentrale Retina betroffen ist?

Peter Walter Diese Frage ist gar nicht so leicht zu beantworten. Man vermutet, dass es mit der besonders hohen Stoffwechselaktivität in der Makula einhergeht. Hier sind ja die Photorezeptoren besonders dicht gepackt, und die Interaktion zwischen den Zapfen und dem retinalen Pigmentepithel ist besonders intensiv und energieaufwändig. Hier besteht daher auch ein besonders großer Sauerstoffbedarf, der durch die Kapillarschicht der Aderhaut gedeckt werden muss. Daher ist diese zentrale Netzhautregion für Störungen besonders betroffen. Dabei geht es vor allem um oxidativen Stress.

Übersicht: Grüner Star = Glaukom

Beim Glaukom oder grünen Star handelt es sich um eine Erkrankung des Sehnerven, bei der es zu typischen Veränderungen am Sehnervenkopf und zu Defekten des Gesichtsfeldes kommt (Abb. 2.5). Diese Erkrankung geht sehr häufig mit einem erhöhten Augeninnendruck einher, kann aber auch bei normalem Augendruck auftreten. Die Ursache dieser Erkrankung ist unbekannt. Neben den erworbenen Formen gibt es auch angeborene Formen des Glaukoms, bei dem die Zirkulation des Kammerwassers im Auge durch anatomische Anomalien gestört ist. Das Glaukom macht bei moderaten Druckwerten keine Beschwerden,

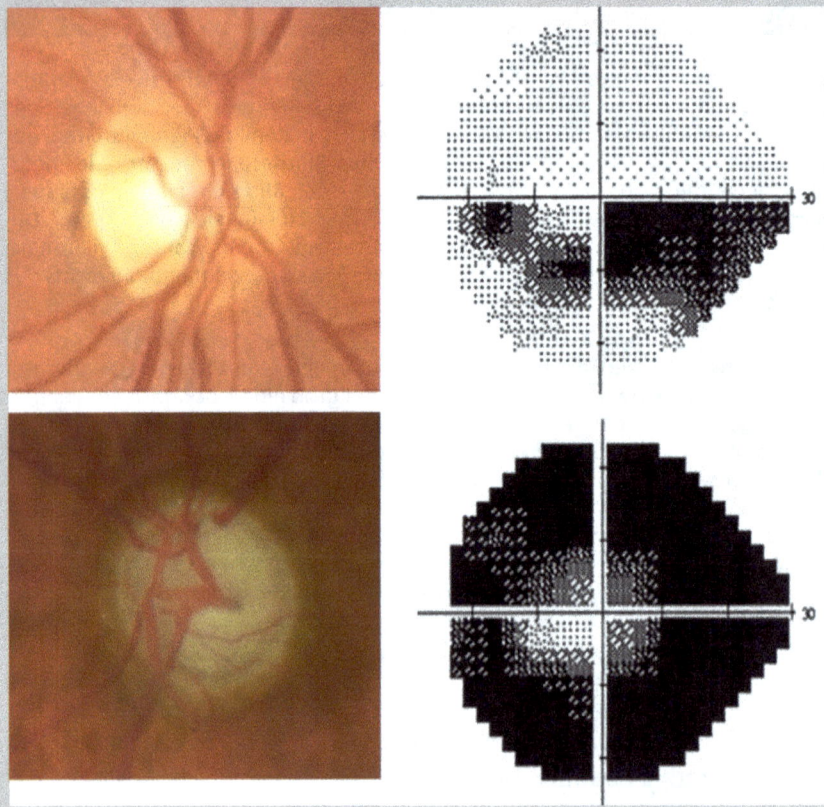

Abb. 2.5 Sehnerv und Gesichtsfeld beim grünen Star (Glaukom). Links oben: Normaler Sehnervenkopf (Papilla nervi optici). Rechts oben: Typischer bogenförmiger Gesichtsfeldausfall in einem mittleren Stadium der Erkrankung. Je dunkler die Schraffur im Gesichtsfeldbefund, desto geringer ist die Wahrnehmung an diesen Stellen. In schwarzen Feldern findet gar keine Wahrnehmung mehr statt. Links unten: Aufnahme des Sehnerven mit einem ausgedehnten Verlust von Nervenfasern bei einem weit fortgeschrittenen Glaukom. Rechts unten: Gesichtsfeldbefund bei einem fortgeschrittenen Glaukom mit nur noch im Sehzentrum erhaltener Wahrnehmung

beim Anfallsglaukom kann es zu sehr starken Augen- oder Kopfschmerzen kommen. Bei stark erhöhtem Augendruck ist das Sehen verschleiert und das Auge gerötet, bei moderatem Augendruck merkt man nichts von alledem. Oft kommen die Betroffenen in einem späten Stadium der Erkrankung, bei dem schon größere Anteile der Nervenfasern des Sehnerven abgestorben sind, und es bestehen dann erhebliche Ausfälle des Gesichtsfeldes. Die Therapie besteht in einer Drucksenkung, die entweder mit Augentropfen erreicht werden kann, oder operativ. Einmal ausgefallene Nervenfasern können nicht wieder belebt werden. Das heißt, man kann mit der Behandlung nur eine weitere Verschlechterung verhindern. Eine regelmäßige Druckmessung ist bei Glaukompatienten notwendig, ein Screeningprogramm, um etwa Betroffene in der Bevölkerung zu identifizieren, gibt es in Deutschland nicht.

Werner van Haren Soweit ich weiß, schließen innere Spannungsveränderungen parallele Spannungsveränderungen in den Augen mit ein. Die Augen sind ja eingebunden in unser vegetatives System und damit mitbeteiligt an allem, was dieses System in Wallung bringt. Was ist von den Hinweisen auf einen Zusammenhang von Bluthochdruck und Augeninnendruck zu halten? Ist dies nicht evtl. ein Hinweis auf stressbedingte, also psychisch bedingte Gründe von Augenerkrankungen?

Peter Walter Tatsächlich werden Zusammenhänge zwischen Blutdruck und Augendruck intensiv diskutiert und es gibt belastbare Daten, die zeigen, dass ein erhöhter Blutdruck mit einem erhöhten Augendruck einhergehen kann. Der Zusammenhang ist wahrscheinlich nicht ganz so direkt. Viele vermuten, dass beim Glaukom die Autoregulation des Augeninnendrucks gestört ist, also die Fähigkeit des Auges, den Augendruck unabhängig von systemischen Parametern des Blutflusses und der Zirkulation zu regulieren. Bei einer gestörten Autoregulation führt der erhöhte Blutdruck dann auch zu einem Anstieg des Augeninnendrucks. Bei besonders hohen Blutdruckwerten kommt es zusätzlich durch die Schädigung der Gefäßwand zu einer schlechteren Sauerstoffversorgung des Gewebes und hier des Sehnerven, wodurch es zu einem Verlust der Funktion der Ganglienzellen kommt und damit zum Gesichtsfeldausfall. Es gibt auch umgekehrte Effekte, die besonders dann auftreten, wenn nachts der Blutdruck zu stark absinkt. Auch dann kann eine Störung der Sauerstoffversorgung des Sehnerven auftreten. Da der Blutfluss und andere Effekte auf die systemische Zirkulation starken äußeren Einflüssen unterliegen, besteht hier auch ein Zusammenhang zwischen der Erkrankung und wie sensibel wir auf äußere Einflüsse – Stress im weitesten Sinne – reagieren.

Übersicht: Gefäßverschlüsse

Sowohl am Sehnerven als auch in der Netzhaut ist die Funktion der Nervenzellen an eine ausreichende Versorgung mit Sauerstoff gekoppelt. Kommt es zu einem Verschluss einer Arterie in diesem Bereich, resultiert ein akuter Funktionsausfall mit plötzlicher Erblindung oder einem erheblichen Gesichtsfeldausfall, je nach Versorgungsgebiet der betroffenen Arterie. Kommt es zu einem venösen Verschluss, erfolgt die Sehverschlechterung in der Regel langsamer, kann aber insgesamt auch sehr ausgedehnt sein. Bei arteriellen Verschlüssen der Netzhaut kann eventuell mit einer medikamentösen Auflösung des Gefäßverschlusses, ähnlich wie bei einem Schlaganfall, eine Besserung erreicht werden, wenn die Behandlung innerhalb von 4–6 h nach dem Ereignis auftritt. Bei den venösen Verschlüssen kann man lediglich die Folgen des Venenverschlusses in Form einer Flüssigkeitsansammlung an der Stelle des schärfsten Sehens (Makulaödem) behandeln. Hierzu werden ähnlich wie bei der feuchten Makuladegeneration Hemmstoffe des Gefäßwachstums, sog. VEGF[1]-Blocker, eingesetzt. Bei den Gefäßverschlüssen muss man zwischen den entzündlich und nichtentzündlich bedingten Formen unterscheiden. Die nichtentzündlichen Formen können entstehen bei einer Arteriosklerose, bei hohem Blutdruck, bei Rhythmusstörungen des Herzens oder bei Plaquebildungen in der Hirnschlagader. Bei den entzündlichen Erkrankungen ist oftmals nur eine Kortisontherapie möglich und sinnvoll. Abb. 2.6 zeigt links den Augenhintergrund bei einem Zentralarterienverschluss und rechts das Bild eines Venenverschlusses der Netzhaut.

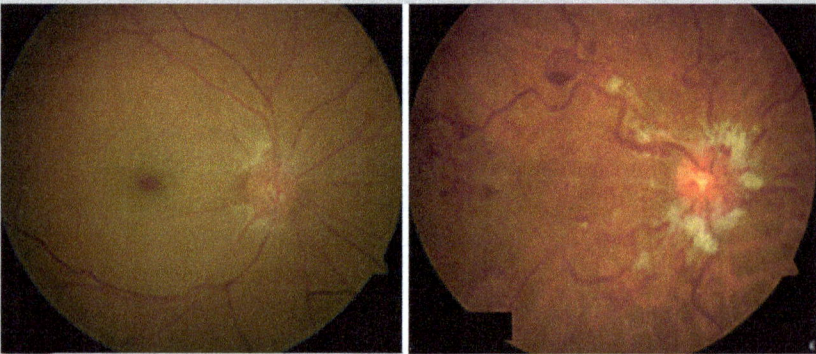

Abb. 2.6 Links: Augenhintergrund bei einem Verschluss der Zentralarterie. Man erkennt hier den blassen Farbton der nichtdurchbluteten Netzhaut mit dem manchmal rötlich erscheinenden Fleck in der Mitte, der die Fovea anzeigt. Rechts: Verschluss der Zentralvene. Auffällig hier sind die Blutungen in der Netzhaut, die geschlängelten und gestauten Gefäße sowie die weißlichen Verfärbungen in der Netzhaut, die Infarkten der Nervenfaserschicht entsprechen

---

[1] VEGF = Vascular Endothelial Growth Factor.

Übersicht: Diabetes mellitus

Der Diabetes mellitus oder die Zuckerkrankheit ist eine besonders häufige Erkrankung in den Industrieländern, die auch immer noch weiter zunimmt. Diese Erkrankung kann besonders dann, wenn die Stoffwechseleinstellung nicht gut ist, zu verschiedenen Komplikationen am Auge führen. Häufig ist eine Linsentrübung, es kann aber auch zu Veränderungen an der Netzhaut und ihren Blutgefäßen kommen. Die Folgen sind Blutungen ins Auge, Ödeme und Netzhautablösungen (Abb. 2.7). Das führt oftmals zu erheblichen Einschränkungen des Sehvermögens. Derartige Veränderungen am Auge findet man meistens bei Diabetikern mit schlecht eingestellten Blutzuckerspiegeln. Die Therapie hängt vom Stadium der diabetischen Netzhauterkrankung ab. In einigen Fällen reicht eine Lasertherapie der Netzhaut, in anderen Fällen muss man wie bei den venösen Gefäßverschlüssen Anti-VEGF-Wirkstoffe in das Auge spritzen, und in wieder anderen Fällen müssen Operationen durchgeführt werden, wenn das Auge eingeblutet ist oder wenn es zu einer Netzhautablösung gekommen ist. Oft ist die Prognose bei diesen Fällen nicht besonders gut, weil im Rahmen des Diabetes auch die Sauerstoffversorgung der Netzhaut reduziert ist.

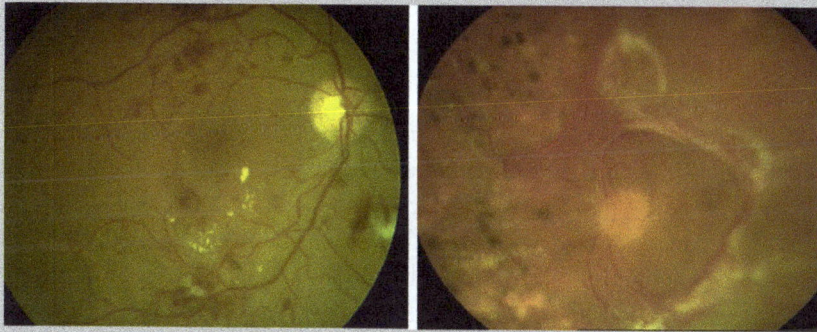

Abb. 2.7 Links: Diabetische Netzhauterkrankung mit Blutungen und Fetteinlagerungen in die Netzhaut. Rechts: Fortgeschrittene diabetische Netzhauterkrankung mit Gefäßneubildungen und Netzhautablösung. Die dunkel pigmentierten Flecken am linken Bildrand sind alte Lasernarben

Wie wird nun aber die Sehbeeinträchtigung von Betroffenen erlebt?

Zum besseren Verständnis verschiedener Sehstörungen habe ich in Abb. 2.8 einige Sehstörungen beim Blick durch eine Einkaufsstraße veranschaulicht. Links oben sieht man das Originalbild. Oben rechts sehen Sie dann den zentralen Ausfall bei der Makuladegeneration, weil die Lichtsinneszellen dort abgestorben sind. Unten links zeigt den übrig gebliebenen Teil des Gesichts-

Abb. 2.8 Simulation der Wahrnehmung bei bestimmten Augenerkrankungen. Links oben: Normalbefund. Rechts oben: Makuladegeneration. Links unten: grüner Star. Rechts unten: Schlaganfall

feldes bei einem fortgeschrittenen grünen Star (Glaukom). Hier kommt es ja im späten Stadium zu einem erheblichen Verlust der retinalen Ganglienzellen, also der Zellen, die das Signal aus der Netzhaut an das Gehirn weiterleiten. Übrig bleibt am Ende nur noch eine kleine zentrale Lücke. Aus allen anderen Regionen des Sehfeldes fehlt dem Gehirn die Information. Rechts unten ist der halbseitige Ausfall nach einem Schlaganfall dargestellt. Die Information aus beiden Augen wird sowohl von der rechten als auch von der linken Hirnhälfte verarbeitet. Frank Müller hat in seinem Kapitel die Sehbahn erläutert (Abb. 1.12). Da ist zu sehen, dass die Nervenfasern des Sehnerven sich im sog. Chiasma nervi optici treffen und hier zur Hälfte auf die gleiche Seite des Gehirns ziehen, zur Hälfte aber auf die Gegenseite. Die Kreuzung ist so organisiert, dass die Fasern, die aus der äußeren Netzhauthälfte kommen, auf der gleichen Seite des Gehirns weiterlaufen, während die Fasern aus der nasenwärtigen, also der inneren Netzhauthälfte, auf die Gegenseite ziehen. Das bedeutet, dass in der rechten Hirnhälfte die Information aus der rechten äußeren oder schläfenwärtigen Netzhaut und der linken inneren oder nasenwärtigen Netzhaut ankommen. Da durch die Optik des Auges eine Bildumkehr auftritt, sind in der rechten Hirnhälfte Sehinformationen aus dem linken Sehbereich lokalisiert und umgekehrt in der linken Hirnhälfte Informationen aus dem rechten Sehbereich. Fällt nun beim Schlaganfall die Verarbeitung in einer Hirnhälfte aus, so fehlt der Seheindruck aus der jeweils anderen Seite des Gesichtskreises. Beim Blick auf diese einfache Simulation wird sofort deutlich, welche Einschränkungen der Verlust spezieller Anteile des Gesichtskreises für uns zur Folge haben kann.

Wir sollten uns darüber klar sein, dass diese Bilder die tatsächliche Situation verzerren. Wie im ersten Kapitel bereits angesprochen, ist unser Sehvermögen nur im Fixierpunkt, also nur im zentralen Gesichtsfeld, sehr gut. Je weiter wir die Information aus der seitlichen Netzhaut, also aus dem peripheren Gesichtsfeld bekommen, desto ungenauer ist sie. Abb. 1.3 von Frank Müller im ersten Kapitel macht das deutlich. Das liegt vor allem daran, dass die Dichte der Photorezeptoren vom Zentrum zur Peripherie der Netzhaut hin stark abnimmt. Daher können wir nur im Fixierpunkt scharf sehen, seitlich davon aber nicht. Wir müssen also hinsehen.

Welche Auswirkungen Sehbeeinträchtigungen auf die gefühlte Lebensqualität haben, kann man mit verschiedenen Instrumenten testen. Ein gut eingeführtes System ist die Nutzung eines Fragebogens, der die sehbezogene Lebensqualität anhand von 39 Fragen in 12 Kategorien erfasst. Dieser als VFQ (*Visual Function Questionnaire*) bekannte Fragebogen wurde ursprünglich am National Eye Institute (NEI, Bethesda, USA) entwickelt. Dabei werden Kategorien abgefragt wie der allgemeine Gesundheitszustand, die allgemeine Sehkraft, Augenschmerzen, die Nahsicht, das Sehen für Mobilität, das periphere Sehen und auch die soziale Funktionsfähigkeit sowie das psychische Empfinden. Mit einem solchen Instrument kann man zwar nicht so gut die absolute Lebensqualität messen, sehr gut aber Änderungen der Lebensqualität durch eine Intervention oder eine Behandlung. Nach einer Operation am grauen Star beispielsweise steigt die allgemeine Sehqualität an und die soziale Abhängigkeit sinkt. Menschen werden unabhängiger von Unterstützern oder anderen Hilfen. Das allgemeine Gefühl von Gesundheit wird zunächst auch besser, sinkt in der Folge aber leicht ab, weil altersbedingte andere Krankheitszustände die Einschätzung überlagern.

Neben der Feststellung der Änderung der Lebensqualität durch eine Maßnahme wie eine Operation lässt sich aber auch die Beeinträchtigung durch eine Gesundheitsstörung durch andere Instrumente messen. Hierzu gehört beispielsweise das System der sog. *preferences*. Diesem Konzept liegt zugrunde, dass man eine Einschätzung macht, wie hoch seine Lebensqualität im Ganzen einzuordnen ist. Dabei bedeutet der Wert 0 den Tod und der Wert 1 perfekte Gesundheit.

Befragt man jetzt Patienten, die kein Licht mehr wahrnehmen – so zeigt eine Studie von Chaudry und Mitarbeitern – würden diese ihre Lebensqualität im Durchschnitt bei 0,26 verorten, Patienten mit einer Sehschärfe von unter 0,1 mit 0,62 und Patienten mit einer Sehschärfe von 0,4–0,5 mit 0,79.

Da eine absolute Einschätzung für viele Patienten sehr abstrakt ist, konkretisiert man das oft mit folgendem Vorgehen. Der Betroffene wird gefragt, wie viele Jahre seines Lebens er oder sie hergeben würde, um in perfekter Gesundheit bzw. hier mit perfektem Sehen zu leben, wenn er oder sie noch 10 Jahre zu leben hätte. Ist die Antwort 5 Jahre, wäre der Präferenzwert 0,5, ist die Antwort 8 Jahre, wäre der Präferenzwert 0,2.

In der Regel schätzen wir solche Erkrankungen mit einem sehr niedrigen Präferenzwert als äußerst belastend für den Betroffenen ein. So liegt ein Nierenversagen mit Dialysenotwendigkeit bei 0,54 und ein schwerer Schlaganfall bei 0,3. Wir sehen also, dass Blindheit und schwere Sehbeeinträchtigung mit Präferenzwerten zwischen 0,26–0,62 zu den Beeinträchtigungen gehören, die vergleichbar sind mit schweren Allgemeinerkrankungen und die damit verbunden auch zu einer äußerst schlechten Lebensqualität führen. Natürlich spielen hier auch andere Begleitumstände eine wichtige Rolle. So werden Menschen, die von Geburt an blind sind, ihre Erblindung als weniger beeinträchtigend erleben als Menschen, die ihr Sehvermögen später verlieren. Je plötzlicher die Erblindung eintritt, desto ausgeprägter wird die Einschränkung der Lebensqualität empfunden.

Marcel Schweiker Lebensqualität, Wohlbefinden und Faktoren, die sie einschränken, sind auch im Bereich der Behaglichkeitsforschung, in der ich aktiv bin, ein großes Thema – wenn auch in ganz anderen Maßstäben, auf die ich im späteren Kapitel noch eingehe. Da ist es ungemein interessant zu sehen, wie sich bei Erkrankungen des Auges die Maßstäbe verschieben und man fast von Glück sprechen kann, wenn man sich, wie gesunde Personen an Arbeitsplätzen über zu dunkle, zu helle oder blendende Bedingungen beschweren kann. Gibt es weitere Aspekte, außer der Minderung der Sehleistung und Informationsbeschaffung, die bei Ihren Patienten die Lebensqualität reduzieren?

Peter Walter Neben dem Verlust von sachlichen Informationen leiden die Betroffenen vor allem auch unter dem Verlust sozialer Kontakte, unter der fehlenden Mobilität. Im Folgenden gehe ich darauf ein:
Erblindung und Sehbehinderung wirken sich also nicht nur im Sinne der Minderung der Informationsbeschaffung aus, sondern sie haben auch erhebliche Effekte auf unsere Gesamtverfassung, auf unser Seelenleben und wie wir mit anderen Menschen in Kontakt treten oder in Kontakt treten können. Betroffene schränken sich in ihrer Lebensaktivität ein, lesen z. B. nicht mehr, obwohl sie es eigentlich könnten, gehen nicht mehr raus, weil sie Sorge haben, sie erkennen den Nachbarn nicht mehr, der sie dann als unfreundlich ansieht, weil er nicht mehr gegrüßt wird, sie gehen in die Kontaktvermeidung und bleiben zuhause, weil sie Unfälle vermeiden wollen, denn zuhause kennen sie sich aus.

Werner van Haren Das entspricht auch meinen Erfahrungen: Wenn es schwer wird, Gesichter zu lesen, sich zu orientieren und Eindrücke zu ordnen, besteht die Gefahr zunehmender Unsicherheit, was sich letztlich auf das Selbstwertgefühl auswirkt. Draußen bewegt man sich zunehmend unsicher und bleibt so lieber nah an der vertrauten „Höhle". Sehbeeinträchtigung und psychische Verfassung sind eng miteinander verbunden.

Anke Huckauf Selbst bei leichteren Augenerkrankungen finden sich immer wieder Hinweise auf Zusammenhänge zu psychischen Belastungen und Krankheiten. Beispielsweise haben schielende Kinder Schwierigkeiten, ihre Motorik auf die Umwelt abzustimmen. Damit fällt es ihnen auch schwerer, beim Toben und anderen körperlichen Unternehmungen mit anderen mitzuhalten. Sie finden schwerer Freunde, und sie entwickeln häufiger Angststörungen, Depressionen; in seltenen Fällen sogar Schizophrenie. Ein anderes Beispiel finden wir bei Frauen mit leichter und mittelschwerer Sehschwäche, die zu 68 % häufiger über depressive Gefühle berichten als Frauen ohne Sehschwäche. Frauen mit stärkeren Sehstörungen waren sogar mehr als doppelt so häufig betroffen wie Sehgesunde.

Auch eine korrigierte Sehschwäche spielt bereits eine nicht zu vernachlässigende Rolle: Die ersten Sehhilfen wirken bei kleinen Kindern oft bedauernswert, was in den Reaktionen ihrer Umwelt auch für sie spürbar wird. Selbst wenn die Sehhilfen als Entlastung erlebt werden, bleibt für die Betroffenen eine Einschränkung vorhanden: Kontaktlinsen wie auch Brillen werden so angepasst, dass das zentrale Sehen, also das Sehen am Ort des schärfsten Sehens, optimal korrigiert wird. Das seitliche Gesichtsfeld wird dabei nicht weiter beachtet. Mit einer Brille finden sich im seitlichen Gesichtsfeld zudem Einschränkungen durch die Ränder und Bügel der Brillenfassung, sodass Brillentragende viel häufiger Kopfbewegungen machen müssen. Kontaktlinsen können ein wenig auf dem Auge verrutschen, was ebenfalls besonders das Sehen in der Peripherie beeinflusst.

Inwieweit Augenanomalien bestehende psychische Besonderheiten verstärken oder diese gar hervorrufen, inwieweit dies umgekehrt der Fall sein mag, oder ob beides Ausdruck und Symptom von etwas Drittem ist, muss so lange unklar bleiben, wie das gesamte System physischer und psychischer Prozesse und ihres Ineinanderwirkens nicht verstanden sind. Klar ist, dass unsere Sensorik unser Tor zur Welt ist und dadurch einen großen Teil unseres Umgangs mit der Welt, unseres Selbst und unseres Selbstbewusstseins ausmacht. Selbst in korrigiertem Zustand beeinflusst unsere Wahrnehmung die Ausbildung von Interessen und Neigungen und damit auch von Fertigkeiten und Fähigkeiten.

Peter Walter An dieser Stelle passt es vielleicht ganz gut, wenn wir Menschen zuhören, deren Sehsystem nahezu zerstört ist und die mit einem minimalen Sehrest in unserer Welt zurechtkommen müssen, die dadurch gekennzeichnet ist, dass nahezu alle Informationen visuell vermittelt werden. Ich habe drei von schwerer Sehbehinderung und Erblindung Betroffene gebeten, mir für unser Buch auf ein paar Fragen zu antworten. Alle drei sind in der ehrenamtlichen Selbsthilfe aktiv und beraten ihrerseits auch Betroffene: Kerstin S. leidet unter einer wiederkehrenden Aderhautentzündung in Kombination mit einem schweren Glaukom und hat ein Auge schon verloren, das andere Auge sieht nur noch ganz wenig. Ute T. ist zu früh geboren worden und hat aus diesem Grund eine Netzhautkomplikation erlitten sowie später noch eine Sehnerventzündung. Uta W. leidet unter einer Retinitis pigmentosa, einer genetisch bedingten Degeneration der lichtempfindlichen Zellen in der Netzhaut, die zur Erblindung führt.

Interview mit Betroffenen

Hallo und Danke, dass Sie sich bereit erklärt haben, für das Sehbuchprojekt ein paar auch persönliche Fragen zu beantworten.

PW (an Frau S.): Wie würden Sie Ihr Sehvermögen jetzt beschreiben?

KS: Na ja, es hängt auch auf der letzten Rille. Also wenn ich morgens aufstehe, bin ich froh, wenn ich überhaupt schon mal Licht erkennen kann.

PW: Und das andere Auge ist ganz blind?

KS: Genau, das ist sogar aufgrund der massiven Entzündung entfernt worden. Vorher hat es irgendwann das Schrumpfen angefangen. Das übrig gebliebene Auge sieht wie durch eine zerdrückte Klopapierrolle, eben mit einem ganz starken Gesichtsfeldausfall. Ich sehe nur noch ganz wenig in der Mitte und das auch nur wie durch Milchglas.

PW: Wie orientieren Sie sich denn mit dem ganz stark eingeschränkten Gesichtsfeld? Zuhause wissen Sie wahrscheinlich, wo alles ist, aber wie machen sie es, wenn Sie woanders sind? Also z. B. das erste Mal hier im Klinikum oder anderswo?

KS: Da tue ich mich sehr schwer. Dann klammere ich mich an meine Begleitperson, die ich zwar nicht immer dabei habe, aber gerade wenn ich in unbekannte Umgebungen komme, hilft mir eine Führperson sehr. Oder ich frage jemanden, ob er mir beim Frühstück im Hotel behilflich ist. Da wo ich schon mal irgendwann war, da finde ich mich auch zurecht und da würde ich auch alleine hinfahren.

PW (an Frau T.): Jetzt würde mich interessieren, was Ihnen durch das schlechte oder fehlende Sehen tatsächlich fehlt, Frau T. Was können Sie im praktischen Leben heute nicht machen, was Sie sich vorstellen, dass Leute, die ein normales Sehvermögen haben, machen? Also Sie können z. B. kein Autofahren, Sie kriegen nie den Führerschein.

2 Wenn unsere Augen krank werden

UT: Durch den Besuch der Förderschule war ich von zuhause, von den Freunden und Nachbarn weg. Ich konnte nicht in Vereine gehen, weil die Schule nachmittags bis 3 Uhr war. Ich hatte zwar Schulfreunde, aber die wohnten sehr weit weg. So schlecht zu sehen, ist für mich schmerzlich. Ich warte auf selbstfahrende Autos. Fahrpläne kann ich nicht lesen. Alles ist schwierig. Alles, was nicht eine Größe hat von … (sie zeigt eine Größe mit Händen und Armen an), das konnte ich gerade entziffern – aber alles andere ist weg.

PW: Es geht ja alles über geschriebene Information, Texte, die Sie lesen müssten. Was machen Sie dann?

UT: Raten. Entweder raten, weil ich ja weiß, wie die Buchstaben aussehen, das ist natürlich blöd, wenn da Rot und nicht Rad steht, aber man rät halt viel. Wie Kerstin es eben sagte, wenn ich weiß, wo ich war, Wiedererkennungswert, da hinten stand ein Pferd, dann muss das ja auch wieder da stehen oder da rechts steht ein Stuhl. Ja gut, wenn er dann weg ist, Pech. Aber wenn es eine Konstante ist, da erinnert sich man halt dran. Oder ich weiß, ich fahre mit der Buslinie 11, ich weiß, eine 11 sieht aus wie eine 11, dann finde ich diesen Bus auch wieder. Wenn ich es aber nicht weiß, muss man halt dumm fragen.

PW: Frau S., Sie sind ja mit dem Restsehvermögen, was Sie haben, tatsächlich sehr stark beeinträchtigt. Sie benutzen in unbekannter Umgebung den weißen Stock, wenn Sie beispielsweise zu mir kommen, und sind aber sonst auch froh, wenn eine Begleitperson da ist. Welche Vorstellungen entwickeln Sie von dem Raum, in dem Sie sind? Welche Vorstellung haben Sie von mir oder einem anderen Gegenüber? Sie hören mich, Sie sehen vielleicht ungefähr ein schemenartiges Bild von mir, aber Sie können schlecht erkennen, ob ich jetzt lächle oder irgendwie die Mundwinkel herunterhängen. Mimik können Sie wahrscheinlich nicht erkennen mit dem Sehvermögen. Wie kommen Sie zu dem Bild, also Sie haben ja ein Bild von mir oder von Ihrem anderen Gegenüber? Wie entsteht das?

KS: Ja, also auch durch die Sprache und durch die Haltung, durch die Gestik, aber oftmals passt das nicht zu dem, was meine Frau mir beispielsweise sagt. Also ich kann jetzt tatsächlich nicht erkennen, ob Sie einen Schnauzer oder einen Bart haben. Das kann ich nicht erkennen. Was ich erkennen kann, dass sie eine Brille mit einem dunklen Rahmen tragen. Aber Alter einschätzen und sowas kann ich nur durch das Hören der Stimme. Aber bei sowas vertut man sich ja ganz schnell.

PW: Das kennen Sie alle, dieses Problem, dass da eine Unsicherheit ist – was ist der andere da für ein Typ?

UT: Manchmal weiß man auch nicht, ob es Männlein oder Weiblein ist. Je nach Stimme kann man nicht entscheiden, was es im Endeffekt ist.

KS: Da hatten Sie ja jetzt gerade die Kollegin gefragt, was einem verwehrt ist, z. B. das hätte ich auch geantwortet. In einen Raum kommen, den man nicht kennt, ist eine Sache, aber wenn in dem Raum zusätzlich Bewegung ist, ist das ein großes Problem, weil ich dann hilflos bin. Also dann brauche ich den Arm oder eben die Überwindung, mir den Weg quasi mit dem Stock freizuschlagen, weil ich weder weiß, ob es Tische sind oder hohe Stehtische oder eben Sitzplätze. Das ist z. B. das, wo ich absolut gehandicapt bin.

PW: Ist das bei Ihnen, Frau W., auch so, dass Zurechtfinden schwierig ist, wenn viele Menschen da sind und die nicht so gut einordnen zu können?

UW: Erstens nicht wissen, wo sie sind, selbst wenn ich es weiß, bleibt es schwierig. Zum Beispiel, mein Sohn ist in der Küche in einem Abstand von 2 m und er hatte ein dunkles T-Shirt an und ich hatte ihn neben mir eingeordnet und laufe trotzdem gegen ihn. Er sagte dann „Hör mal Mama, kannst du mal die Augen aufmachen, du hast mich doch angeguckt". Ich habe dich vielleicht angeguckt, aber ich habe dich nicht gesehen, du warst nicht da. Und das passiert mir ganz oft, gerade wenn viele Menschen da sind. Ich will nicht sagen, dass es eine Panik auslöst, aber ein ganz großes Unwohlsein, weil ich nicht einschätzen kann, wo sind die Menschen. Ja, ich brauche dann im Prinzip auch eine ganz konkrete Ansage, wenn ich jemanden an der Hand habe.

PW: Wie empfinden Sie Ihre Einschränkung/Erblindung? Fühlen Sie das als Behinderung?

UT: Ja natürlich. Es fängt ja schon damit an, dass ich in einem kleinen Ort wohne. Seit mehr als 10 Jahren gehe ich mit dem Stock durch die Gegend. Es kommen immer noch Bemerkungen an meinen Vater: „Was ist denn mit Deiner Tochter los?" Oder: „Die grüßt mich nicht, ich bin da dran vorbeigegangen." Aber ich kann doch gar nichts dafür.

PW: Frau S., wie ist das bei Ihnen? Behinderung?

KS: Ja, aber ich entwickle mich immer weiter oder versuche, so selbstständig wie möglich zu sein. Die Umwelt behindert mich eher. Also ich bin lösungsorientiert und die Lösungswege, die ich mir oftmals erarbeitet habe, sind dann durch Neuerungen aufgehoben, und das macht mich dann zur behinderten Person.

UT: Auch die Ignoranz der Menschen um einen herum, wie manchmal beim Busfahren, ist echt kein Spaß mehr. Wenn Busse beispielsweise nicht dort halten, wo sie es eigentlich sollen. Wir können die Beschriftung ja nicht lesen, und nicht immer sind die Sehenden freundlich und helfen einem. Oft geht es ihnen nur um sich selbst.

PW: Wünschen Sie sich, wieder normal zu sehen?

UT: Ja. Also auch wenn ich für mich gesagt habe, ich würde niemals in eine Studie reingehen oder in ein eventuelles Hoffen, es könnte ja mal was geben, da würde ich niemals reingehen, aber wenn jetzt morgen anstelle der Blindheit wieder das gute Sehen da wäre, doch.

KS: Nein. Also, was ich mir inständig wünsche über alles, dass es nicht noch schlechter wird, aber ich habe mich auch damit arrangiert und bin dadurch zu dem Menschen geworden, der ich bin.

PW: Also es ist auch eine Art Ganzheitsgefühl? Das minimale oder fehlende Sehvermögen gehört zu Ihnen und ist Teil Ihrer Persönlichkeit?

KS: Ja, also natürlich würde ich das auch nicht ablehnen, aber ich würde auch nichts, was mir wichtig ist, einsetzen wollen als Gegenleistung, um wieder besser sehen zu wollen.

PW: Ich danke Ihnen sehr, dass Sie uns Ihre persönlichen Geschichten und Ihre Erfahrungen als Blinde und Sehbehinderte nahegebracht haben. Wir konnten, glaube ich, etwas eintauchen in die Art und Weise, wie Sie die Welt mit Ihrem geringen Sehvermögen wahrnehmen. Danke, dass Sie uns das ermöglicht haben. Wir kommen an anderer Stelle in diesem Buch nochmal auf Ihre Antworten zurück.

Auf zwei oftmals vergessene Aspekte der Augenerkrankungen möchte ich noch eingehen: Zum einen sollten wir unseren Blick über die Betroffenen hinaus auch auf die Angehörigen richten. Blinde und schwer Sehbehinderte verlieren oft neben dem Sehen auch ihre Unabhängigkeit und sie geraten in eine soziale Isolierung, da sie über den Verlust des visuellen Kontaktes mit den Mitmenschen auch den sonstigen Kontakt verlieren. Insbesondere dann, wenn Nachbarn, Arbeitskollegen und Freunde nicht über die Beeinträchtigung informiert sind, interpretieren sie es als unfreundlichen Akt, wenn sie durch den Betroffenen nicht gegrüßt oder scheinbar übersehen werden und ziehen sich zurück. Betroffene benötigen Unterstützung bei der Bewältigung lebenspraktischer Aufgaben, von A nach B zu kommen, Rechnungen und Briefe zu lesen etc. Dazu werden oft Angehörige und Freunde eingespannt, für die sich ihre Lebensqualität durch den Betreuungsaufwand ebenfalls reduzieren kann, und es kann darüber hinaus auch zu Kosten bei den Betreuern kommen, die nicht unbedingt durch das Gesundheitssystem abgedeckt sind. Neben der Unterstützung durch Familienmitglieder und Freunde oder professionelle Hilfspersonen werden oft auch technische Hilfsmittel eingesetzt, beginnend bei vergrößernden Sehhilfen (Lupen, Lesestein, Leselineal, elektronische Leselupe, Monokularfernrohre) über Orientierungssysteme (weißer Stock, Ultraschallstock, sprechende Navigationssysteme) bis hin zu bilderkennenden Kamerasystemen (z. B. ORCAM myeye®).

Ein zweiter, oftmals vergessener Aspekt ist die erhöhte Unfallgefahr von Menschen mit Sehbeeinträchtigungen. So haben schwer sehbehinderte Menschen ein 7,4-fach erhöhtes Risiko, durch einen Unfall zu sterben, im Vergleich zu normalsichtigen Menschen.

Untersuchungsverfahren

Um Beschwerden und Symptome von Betroffenen einordnen zu können, benötigt man Messsysteme, mit denen man die verschiedenen Sehfunktionen standardisiert und vergleichbar bestimmen kann und mit denen man die anatomischen Veränderungen sichtbar machen kann. Am besten versteht man das anhand eines typischen Ablaufs in der Sprechstunde. Begleiten wir also – sagen wir – Frau Schmitz einmal auf ihrem Besuch beim Augenarzt. Zunächst muss der Grund des Besuchs erfragt werden. Handelt es sich um eine Untersuchung im Sinne einer vorbeugenden Untersuchung, ohne dass Krankheitszeichen oder Beschwerden vorliegen, oder bestehen Einschränkungen des Sehvermögens, Schmerzen oder sonstige Auffälligkeiten? Frau Schmitz klagt über eine nachlassende Sehschärfe in der Ferne und zunehmende Blendung bei hellem Licht und Sonnenschein. Frau Schmitz ist 83 Jahre alt und ansonsten rüstig und gesund, hat keine Allergien und nimmt keine Medikamente ein. Man bestimmt zunächst die Fehlsichtigkeit und den Korrekturbedarf, also die Dioptrienwerte, die notwendig sind, damit ein Bild überhaupt scharf auf der Netzhaut abgebildet wird. Das wird objektiv durch Messsysteme durchgeführt; man kann Frau Schmitz aber auch fragen, welche Effekte ein vor das Auge gehaltenes Brillenglas hat („So besser oder so besser?"). Durch eine geschickte Abfolge von Fragen kann so der genaue Korrekturbedarf ermittelt werden. Hat man die Fehlsichtigkeit bestimmt, wird jetzt geprüft, wie die Sehleistung in der Ferne mit dieser besten Korrektur ist. Dazu werden Testzeichen projiziert, die immer kleiner werden, und es wird ermittelt, bei welcher Testzeichengröße Frau Schmitz noch angeben kann, welches Testzeichen gezeigt wird. Diesen Wert halten wir als Visus oder Sehschärfe fest. Die Testzeichen werden für die Bestimmung der Sehschärfe in der Ferne in einer Distanz von 5–6 m gezeigt. Die Messung der Sehschärfe gibt schließlich Auskunft über das Auflösungsvermögen des Sehsystems, also wie eng benachbarte Punkte beisammenliegen dürfen, damit wir sie noch als getrennte Punkte wahrnehmen (Abb. 2.9).

Eine andere wichtige Funktion des Sehvermögens ist die Wahrnehmung außerhalb des Fixierpunktes, also in der Peripherie unseres Sehfeldes. Dies wird als das Gesichtsfeld bezeichnet. Bei der Untersuchung muss Frau Schmitz immer einen Punkt in der Mitte des Gesichtsfeldes fixieren und gleichzeitig werden ihr Lichtpunkte in der Peripherie angeboten. Frau Schmitz drückt immer dann einen Knopf, wenn sie diesen zweiten Punkt gesehen hat. So wird erfasst, wie weit das Gesichtsfeld ist und ob es innerhalb des Gesichtsfeldes Areale gibt, in denen sie mehr Licht als Gesunde benötigt, um einen Punkt zu entdecken. Die Gesichtsfelduntersuchung ist beispielsweise sehr wichtig bei Erkrankungen des Sehnerven wie beim Glaukom (s. oben).

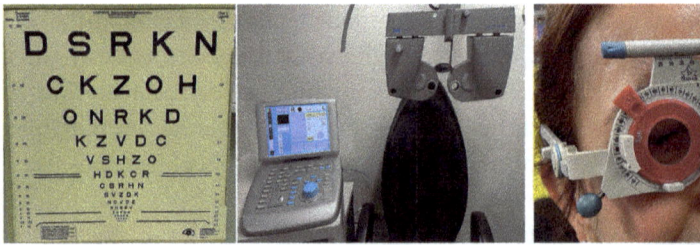

Abb. 2.9 Bestimmung von Sehschärfe und Sehstärke. Links: Typische Sehzeichentafel, mit der das kleinste noch lesbare Sehzeichen und damit die Sehschärfe bestimmt werden kann. Mitte: Automatischer Phoropter, mit dem der Korrekturbedarf für die beste Sehschärfe bestimmt werden kann. Rechts: Alternativ zum Phoropter kann auch eine Messbrille eingesetzt werden

Ein anderer Test kann überprüfen, ob Frau Schmitz verzerrt sieht. Hierzu zeigt man ihr ein rechteckig angeordnetes Karomuster (typisches Rechenpapier). Es wird gefragt, ob die Linien alle rechtwinklig aufeinanderstoßen und ob die Linien gerade verlaufen. Falls Frau Schmitz verzerrt sieht, kann sie hier das Areal der Verzerrungen markieren. Dieser Test wird als *Amsler-Test* bezeichnet und ist benannt nach dem 1968 verstorbenen ehemaligen Direktor der Züricher Augenklinik Marc Amsler (Abb. 2.10 links). Bei Prüfungen des Farbensehens werden oft die Tafeln nach *Ishihara* eingesetzt. Auf diesen Karten sind Zahlen zu erkennen, die aus einer Reihe von Farbpunkten entstehen. Vor allem bei Störungen im Rot-Grün-System zeigen diese Tafeln an, dass etwas nicht in Ordnung ist (Abb. 2.10 rechts).

Neben den Untersuchungen, mit denen wir die Funktion des Sehsystems beschreiben können, benötigen wir für eine korrekte Einordnung der Beschwerden von Frau Schmitz eine Vorstellung von der anatomischen Beschaffenheit des Sehsystems. Das Auge und seine Anhangsorgane werden mit der Spaltlampe untersucht, dem typischen Instrument des Augenarztes. Diese Spaltlampe besteht aus einem binokularen Mikroskop und einer fokalen spaltartigen Beleuchtung, die in einem variablen Winkel zum Beobachtungsstrahlengang eingestellt werden kann. Auch die Netzhaut, die tief am hinteren Ende des Auges geschützt liegt, kann mit dieser Spaltlampe unter Zuhilfenahme einer Lupe untersucht werden. Im Fall von Frau Schmitz würden wir mit der Spaltlampe eine Linsentrübung erkennen und an der Netzhaut Frühveränderungen im Sinne der Makuladegeneration (Abb. 2.11). Die Diagno-

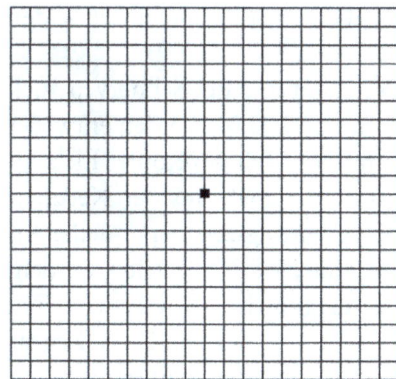
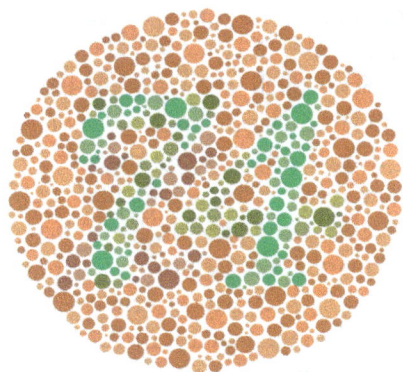

Abb. 2.10 Links: Amsler-Test. Mit diesem Test werden Verzerrungen im zentralen Gesichtsfeld aufgespürt. Man fixiert den Mittelpunkt und gibt an, ob die Linien alle senkrecht zueinander stehen oder ob sie verzogen sind. Rechts: Typische Tafel der Ishihara-Farbprüfungstafeln. Bei Störungen des Rot-Grün-Sehens kann die Prüfziffer nicht mehr korrekt wahrgenommen werden

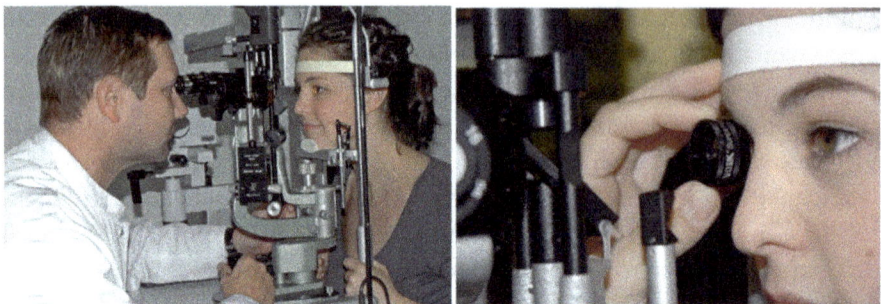

Abb. 2.11 Untersuchung der anatomischen Verhältnisse am und im Auge mit der Spaltlampe. Links: Untersuchung des vorderen Augenabschnitts. Rechts: Untersuchung des Augenhintergrundes mit einer vorgehaltenen Funduskopierlinse

sen bei Frau Schmitz wären also Katarakt und Frühform der altersbedingten Makuladegeneration. Hieran schließt sich jetzt die Beratung von Frau Schmitz hinsichtlich der Diagnosen und der Therapiemöglichkeiten an.

In der Augenheilkunde wird eine Vielzahl von gerätebasierten Spezialuntersuchungen eingesetzt, wenn man mit den bisher genannten klassischen Basisuntersuchungen nicht weiterkommt. Zu diesen Zusatzuntersuchungen gehören die Angiographie, bei der die Blutgefäße im Auge dargestellt werden, eine Ultraschalluntersuchung, die insbesondere dann wichtig ist, wenn wir nicht in das Auge hineinschauen können, z. B. bei einer Blutung im Auge. In letzter Zeit setzt man sehr häufig die optische Kohärenztomographie (OCT) ein, die dem Untersucher ein Schnittbild von der Netzhaut bzw. vom vorderen Augenabschnitt liefern kann, ähnlich wie bei mikroskopischen Untersuchungen, nur dass man dafür das Auge glücklicherweise nicht aufschneiden muss (Abb. 2.12).

Schließlich lassen sich die Funktion der Netzhaut und des Sehnerven auch mit Ableitungen ähnlich wie bei einem EKG messen. Dazu werden entweder auf der Hornhaut des Auges oder über dem hinteren Teil des Kopfes Elektroden aufgebracht, mit denen schwache elektrische Signale aus der Netzhaut (Elektroretinogramm, ERG) bzw. aus den Verarbeitungszentren visueller Information des Gehirns (visuell evozierte Potenziale, VEP) abgeleitet werden. Frank Müller hat im ersten Kapitel auf diese diagnostischen Möglichkeiten und die ihnen zugrunde liegenden Prozesse schon hingewiesen. Diese Registrierungen dienen dazu, objektiv die Funktion verschiedener Abschnitte des Sehsystems zu messen. Gerade bei Entzündungen des Sehnerven oder bei degenerativen Erkrankungen der Netzhaut werden solche elektrophysiologischen Verfahren eingesetzt.

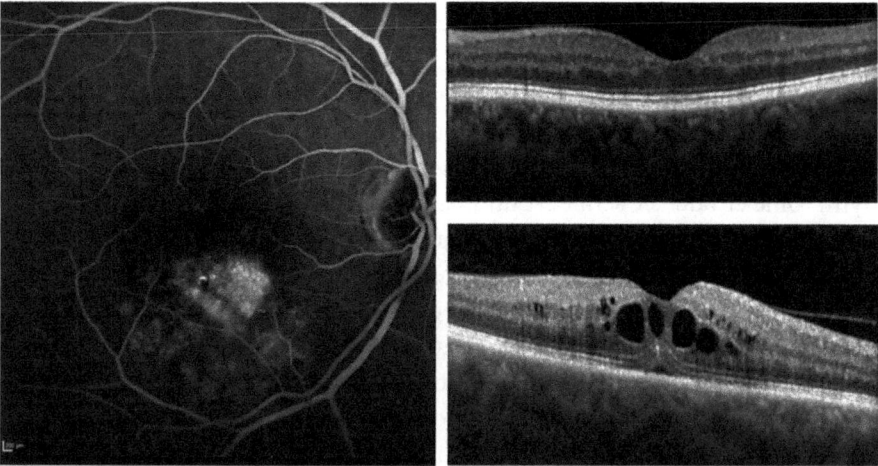

Abb. 2.12 Links: Gefäßdarstellung (Angiogramm) des Augenhintergrundes. Unterhalb des Zentrums erkennt man eine Ansammlung des Farbstoffs infolge eines Verschlusses einer Vene in der Netzhaut. Rechts oben: Optische Kohärenztomographie (OCT) des Augenhintergrundes. Darstellung der „Sehgrube" (Fovea centralis – Stelle des schärfsten Sehens). Man erkennt die einzelnen Schichten der Netzhaut, die sich auch lichtmikroskopisch erkennen lassen würden. Rechts unten: Nachweis eines Ödems in der Makula mittels OCT. Man erkennt die flüssigkeitsgefüllten Räume in der Netzhaut und die Schwellung der Netzhaut

Marcel Schweiker Für Arbeitnehmerinnen und Arbeitnehmer an Bildschirmarbeitsplätzen gibt es das Angebot regelmäßiger Vorsorgeuntersuchungen, bei denen auch ein Sehtest durchgeführt wird. Wie wichtig sind aus Deiner Perspektive diese Untersuchungen und wie schnell können sich die von Dir beschriebenen Erkrankungen entwickeln?

Peter Walter Diese Vorsorgeuntersuchungen sind sehr wichtig. Es ist bekannt, dass Bildschirmarbeit zu Problemen am Auge führen kann, insbesondere denke ich an das trockene Auge. Durch die konzentrierte Arbeit am Computerbildschirm reduziert sich die Häufigkeit des Lidschlags. Der ist aber wichtig für die Verteilung und Erneuerung des Tränenfilms auf der empfindlichen Hornhaut. Auch die korrekte Brillenkorrektur ist wichtig. Eine falsche Korrektur für die Entfernung des Computerbildschirms kann die Beschwerden des trockenen Auges verstärken und es kann zu chronischen Kopfschmerzen kommen. Die hier gezeigten Erkrankungen können sich sehr unterschiedlich schnell entwickeln. Während sich beispielsweise die altersbezogene Makuladegeneration über viele Jahre entwickelt, kommt ein Gefäßverschluss sehr plötzlich.

Diagnosefindung und Therapie

Bevor irgendeine Therapie von Erkrankungen des Sehsystems eingeleitet wird, muss zunächst eine richtige Diagnose gestellt werden. Hierzu dient die ausführliche Anamnese, bei der man dem Patienten genau zuhört, welche Symptome er oder sie schildert und dann gezielt Fragen stellt. Parallel zur Befragung beobachtet man den Patienten hinsichtlich seiner Mobilität und Orientierung, hinsichtlich anderer körperlicher Gebrechen oder Auffälligkeiten, man beobachtet das Gesicht, die spontanen Augenbewegungen und schließt dann die spezifische augenärztliche Diagnostik an. Diese besteht aus verschiedenen Messungen des anatomischen und funktionellen Zustandes des Sehsystems. Manchmal müssen weitergehende und auch über die Augenheilkunde hinausgehende Untersuchungen veranlasst werden, wie beispielsweise eine bildgebende Diagnostik des Gehirns und der Zentren, die das Sehsignal vom Auge weiterverarbeiten. Das Ausmaß der Diagnostik hängt von der Eindeutigkeit der zugrunde liegenden Störung ab. So wird man bei einem Patienten, der typische Beschwerden einer Netzhautablösung hat, keine Magnetresonanztomographie des Kopfes veranlassen.

Zur Behandlung stehen uns Sehhilfen, Medikamente und Operationen zur Verfügung. Jedoch gibt es auch einige Situationen, in denen eine Beruhigung des Patienten alleine ausreichend und richtig ist, oder die Beobachtung einer Veränderung ohne einzugreifen (*watchful waiting*). Allen therapeutischen Entscheidungen muss eine sorgfältige Abwägung zugrunde liegen, die den Nutzen einer Behandlung mit dem gewünschten Effekt und dem Risiko der Behandlung in Beziehung setzt, aber auch den Spontanverlauf der vorliegenden Erkrankung und die Allgemeinsituation des Betroffenen sowie die Fähigkeiten und Ressourcen des Therapeuten berücksichtigt. Hierbei handelt es sich um komplexe Entscheidungsprozesse, in die der Patient von Anfang an einbezogen werden muss (*shared decision-making*). Hier unterscheidet sich die Augenheilkunde nicht von allen anderen medizinischen Disziplinen, und genau in dieser komplexen Abwägung liegt die tatsächliche Kunst des Arztseins.

Um die Beratung des Betroffenen möglichst gut durchzuführen, ist es wichtig zu erkennen, ob eine behandlungsbedürftige Situation vorliegt. Beschwerden sind immer sehr individuell zu sehen. Ein gutes Beispiel hierfür sind Glaskörpertrübungen. Bei nahezu allen Menschen kommt es in zunehmendem Alter zu einer Formveränderung des Glaskörpers. Er verändert sich aus einem formstabilen, völlig glasklaren Gel in der Kindheit zu einer Flüssigkeit mit darin herumschwimmenden Trübungsflocken. Viele Menschen kennen diese Veränderungen. Meist sieht man sie vor einem hellen Hintergrund. Sie bewegen sich träge mit den Augenbewegungen. Diese Veränderungen sind in der Regel völlig harmlos, können manche Menschen aber sehr stören, insbesondere dann, wenn sie sich sehr genau selbst beobachten und ggf. auch sehr auf ihr Sehvermögen fokussiert sind. Nach einer Untersuchung, die typischerweise keine sonstigen krankhaften Befunde ergibt, kann man den Betroffenen beruhigen und ihm oder ihr erklären, dass diese Veränderungen altersgemäß sind und keinen Krankheitswert besitzen. Eine Entfernung solcher Trübungen ist technisch möglich, aber mit einem gewissen Risiko behaftet, daher empfehlen die meisten seriösen Netzhaut- und Glaskörperexperten, in einer solchen Situation nichts zu machen und die Sache von Zeit zu Zeit zu kontrollieren. Ein solches Szenario gilt sicher für die allermeisten Betroffenen. Es gibt aber Menschen, die sehr unter diesen auch als *„floater"* oder „fliegende Mücken" bekannten Glaskörpertrübungen leiden. Mit diesen Patienten gilt es sehr genau zu besprechen, ob eine Entfernung der Glaskörpertrübungen gerechtfertigt ist oder nicht. Das Risiko einer Behandlung muss gegen den möglichen Nutzen und die Erwartungen des Betroffenen abgeglichen werden.

Eine ebenso herausfordernde Situation liegt bei einer merkwürdigen Erkrankung vor, bei der es vor allem bei jüngeren Männern zu einem Flüssigkeitsaustritt an der Stelle des schärfsten Sehens kommt. Die Patienten berichten über Verzerrungen, über unscharfes Sehen und darüber, dass sie Objekte mit dem betroffenen Auge kleiner sehen als mit dem anderen Auge. Die Untersuchung ergibt eine relativ unauffällige Netzhaut, lediglich in der Angiographie und der optischen Kohärenztomographie erkennt man den Flüssigkeitsaustritt. Hier liegt das Krankheitsbild der serösen zentralen Chorioretinopathie vor. Dieses Krankheitsbild hat eine sehr gute spontane Heilungsrate, sodass man nach der Diagnosefindung und der Aufklärung des Patienten zunächst mal gar nichts macht und abwartet. Ob dieses Krankheitsbild mit vermehrtem Stress einhergeht und möglicherweise dadurch auch ausgelöst wird, ist unklar. Bei den meisten Betroffenen findet man bei Nachfragen eine seelische Belastungssituation, allerdings gibt es bei den Betroffenen auch klare anatomische Veränderungen in Form einer verdickten Aderhaut, einer Blutgefäßschicht hinter der Netzhaut.

Andere Situationen können in der Beratung von Betroffenen auch kompliziert sein, insbesondere dann, wenn gar keine Beschwerden bestehen und mehr oder weniger zufällig eine lebensbedrohliche Erkrankung bei dem Patienten festgestellt wird, wie bei einem Aderhautmelanom, einem bösartigen Tumor der Aderhaut. Dann sind weitergehende Eingriffe und Behandlungen notwendig, die möglicherweise eine Verschlechterung oder den Verlust des Sehens oder gar des Auges zur Folge haben, aber die den Tumor bekämpfen und damit möglicherweise dem Betroffenen das Leben retten.

Die medikamentöse Behandlung von Augenerkrankungen kann in der Gabe von Augentropfen oder Salben bestehen. Das gilt für die Benetzungsstörungen, die mit künstlichen Tränen behandelt werden, für die erregerbedingten Entzündungen des Auges, bei denen antibiotikahaltige Tropfen und Salben eingesetzt werden und nicht erregerbedingte Entzündungen, die mit Kortison oder nicht kortisonhaltigen entzündungshemmenden Tropfen oder Salben behandelt werden. Bei besonders schweren Erkrankungen müssen diese Medikamente auch als Tabletten oder Infusionen eingesetzt werden. Die operative Therapie der Augenerkrankungen beinhaltet verhältnismäßig einfache Eingriffe wie die Eingabe von Medikamenten in den Glaskörperraum (intravitreale Injektion) über die elegante moderne Kataraktoperation, bei der eine getrübte Linse aus dem Auge abgesaugt wird und durch eine künstliche Linse ersetzt wird, bis hin zu komplexeren Eingriffen, wie die Wiederanlegung einer abgelösten Netzhaut oder die Entfernung von Tumoren aus der Augenhöhle oder aus dem Auge selbst. Von den medikamentösen und operativen Behandlungen und von der Versorgung mit korrekten Sehhilfen können noch übende Verfahren abgegrenzt werden. Dazu gehört insbesondere das zeitlich begrenzte Abkleben des besseren Auges bei Kindern mit einer Sehschwäche eines Auges. Das ist relevant bei schielbedingter Sehschwäche oder bei einer Sehschwäche durch einen zu spät korrigierten Brechkraftfehler.

Was können wir eigentlich dafür tun, ein gutes Sehvermögen bis ins hohe Alter zu erhalten?

Marcel Schweiker Wir hatten ja eingangs auch davon gesprochen, wie wichtig es ist, die Sehfähigkeit bis ins hohe Alter zu pflegen. Gibt es aus Deiner medizinischen Perspektive Aspekte, die ich als Laie mit meinem Verhalten beeinflussen kann oder die ich bei der Planung von Gebäuden berücksichtigen könnte?

Peter Walter Gegen bestimmte Altersveränderungen können wir wenig tun. Aber wir müssen es uns auch nicht schwerer machen. So ist beispielsweise eine gute Ausleuchtung unfallgefährdeter Bereiche wie Treppen für ältere Menschen wichtig, aber auch die blendfreie Beleuchtung von Zonen, in denen wir uns zum Lesen aufhalten. In jedem Fall sollte man unserem Sehsystem Aufgaben geben und Monotonie vermeiden. Das betrifft zum Beispiel die Möglichkeit, auch innerhalb von Räumen den Blick in die Ferne richten zu können, durch eine entsprechende Fenstergestaltung. Im Abschnitt zur Kurzsichtigkeit habe ich ja darauf hingewiesen, dass ausschließliches Fokussieren auf die Nähe die Entwicklung der Kurzsichtigkeit befördert. Eine interessante Fassadengestaltung an Gebäuden lädt aus meiner Sicht dazu ein, sich umzuschauen und die Umwelt wahrzunehmen.

Werner van Haren Bei unterschiedlichen Augenerkrankungen spielen doch vermutlich auch die genetische Disposition, das Alter oder Risikofaktoren unterschiedliche Rollen, oder?

Peter Walter Viele Augenerkrankungen haben ihre Ursache in einer genetisch bedingten Veranlagung, manchmal kombiniert mit dem zunehmenden Alter als Risikofaktor. Weder an der Genetik noch am Alter lässt sich etwas verändern. Aber bei vielen Erkrankungen kommen zusätzliche Risikofaktoren hinzu, die den Verlauf einer Erkrankung verschlechtern können oder sogar diese überhaupt erst auslösen können. Einer der wichtigsten Risikofaktoren ist das Rauchen. Rauchen kann Erkrankungen des Sehnerven auslösen oder verschlechtern und auch bei der altersbedingten Makuladegeneration zu einem ungünstigen Verlauf führen. Übermäßiger Genuss von Alkohol kann vor allem Erkrankungen des Sehnerven verschlechtern oder sogar auslösen. Eine gesunde Lebensweise mit regelmäßiger sportlicher Betätigung im Freien und eine vitaminreiche ausgewogene Ernährung sind wichtige allgemeine Voraussetzungen für ein gesundes Leben bis ins hohe Alter. Man wird immer wieder gefragt, ob man bei bestimmten Erkrankungen Nahrungsergänzungsmittel mit hoch dosierten Vitaminen oder Omega-III-Fettsäuren einnehmen soll. Die Antwort darauf ist nicht ganz so einfach. Eine bestimmte Vitaminzusammensetzung hat sich bei Studien als hilfreich herausgestellt, wenn auf einem Auge bereits eine feuchte Form der Makuladegeneration vorliegt. Dann war mit diesen Präparaten das Risiko für die Entwicklung einer feuchten AMD in dem bis dahin noch nicht betroffenen Auge geringer. Andere protektive Wirkungen sind aber nicht mit ausreichender Beweiskraft in Studien nachgewiesen worden.

Frank Müller Viele Augenerkrankungen wie Glaukom oder Retinitis pigmentosa entwickeln sich ja schleichend über viele Jahre hinweg. Vielleicht sollten wir kurz über Erkrankungen reden, die zu einem sehr schnellen oder sogar plötzlichen Sehverlust führen können. Ich denke da z. B. an eine Netzhautablösung. Wenn die nicht binnen kürzester Zeit behandelt wird, kann der abgelöste Retinateil erblinden und sich die Ablösung außerdem weiter ausbreiten. Welches Zeitfenster ist aus der Sicht des Augenarztes kritisch?

Peter Walter Es ist immer wichtig, bei Zeichen einer Augenerkrankung (schlechtes Sehen, Schmerzen, Rötung u. a.) den Rat des Augenarztes einzuholen. Bei manchen Erkrankungen ist eine zeitnahe Behandlung entscheidend für ein gutes Ergebnis. Am zeitkritischsten ist sicher der Verschluss der Zentralarterie der Netzhaut, die schlagartig zur praktischen und schmerzlosen Erblindung des betroffenen Auges führt. In diesen Fällen kommt es darauf an, möglichst schnell eine Klinik zu erreichen, die in der Lage ist, den ursächlichen Thrombus mittels Medikamentengabe aufzulösen. Das ist aber nur in den ersten 6, besser 4 h nach dem Ereignis möglich. Die Erfolgsaussichten dieser Therapie werden gerade in einer großen klinischen Studie überprüft. Netzhautablösungen sind ein weiteres gutes Beispiel, wie wichtig eine zeitnahe Diagnose und Behandlung ist. Bei der Netzhautablösung kommt es durch einen Einriss in der Netzhaut zu einem Flüssigkeitseintritt zwischen die Schicht der lichtempfindlichen Stäbchen und Zapfen und des retinalen Pigmentepithels. Letzteres ist für den Stoffwechsel der Photorezeptoren unerlässlich. Da Photorezeptoren sich nicht teilen können, kommt es bei zu lange bestehender Trennung vom Pigmentepithel zu einem nichtreparablen Schaden. Wichtige Zeichen sind die Wahrnehmung von Lichtblitzen, großen Mengen schwarzer Punkte oder die Wahrnehmung eines dunklen Schattens im Gesichtsfeld. Ist das zentrale Sehen und damit das Lesevermögen beeinträchtigt, liegt meist schon eine fortgeschrittene Form der Netzhautablösung vor. Je nach Situation muss die Behandlung am gleichen Tag oder in den kommenden Tagen erfolgen. Die Behandlung der Netzhautablösung zielt darauf ab, die Sinneszellen wieder mit dem Pigmentepithel zu verbinden. Schließlich muss noch das Anfallsglaukom erwähnt werden, bei dem es zu einem starken Anstieg des Augeninnendrucks kommt, der mit Sehverschlechterung, Kopfschmerzen und manchmal auch mit Übelkeit und Erbrechen einhergehen kann. Hier sind ebenfalls Sofortmaßnahmen notwendig, um den Augendruck zu senken. Besteht der erhöhte Augendruck zu lange, kann es zum Absterben der Ganglienzellen in der Retina kommen. Auch diese Ausfälle sind nicht mehr reparabel, da auch die Ganglienzellen nicht mehr ersetzt werden können. Es droht also eine Erblindung.

Ab dem 40. Lebensjahr steigt das Risiko für bestimmte Augenerkrankungen wie Glaukom, Netzhautablösung, Makuladegeneration und Katarakt an. Daher ist es ab diesem Alter sinnvoll, Basisuntersuchungen beim Augenarzt machen zu lassen. Ein Problem, was uns alle ereilt, ist die Altersweitsichtigkeit. Sie ist begründet durch einen Verlust der Elastizität der Fasern, die die Augenlinse halten. In diesen Fällen werden dann die Arme zu kurz, um die Zeitung in einem Abstand zu halten, in dem man noch scharf sehen kann. Man spricht von Presbyopie oder dem Verlust der Akkomodationskraft. Wenn es so weit ist, hilft eine Lesebrille. Sie werden immer wieder Lesebrillen sehen, die im Supermarkt oder in Tankstellen zum Verkauf angeboten werden. Diese Brillen haben in der Regel eine seitengleiche Korrektur, die nur den sphärischen Anteil der Fehlsichtigkeit korrigiert. Der Kauf solcher Brillen ohne fachgerechte Beratung beim Optiker, Optometristen oder Augenarzt kann dazu führen, dass man zwar sehr schön klar in der Nähe sieht, aber dennoch Beschwerden auftreten, weil das Glas den individuellen Fehler des Auges nicht richtig korrigiert. Es bleibt also ein Restfehler, der zu Beschwerden wie Kopfschmerzen, trockenem Auge oder häufigen Entzündungen der Lider oder der Bindehaut führen kann. Eine fachgerechte Bestimmung des Refraktionsfehlers und die individuelle Anpassung der Sehhilfe kann solche Probleme verhindern.

Marcel Schweiker Eine weitere Empfehlung, die man immer wieder hört, betrifft das Tragen von Brillen mit besonderen Blaulichtfiltern zur Verhinderung von Makuladegeneration. Auf den möglichen Effekt von unterschiedlichen Wellenlängen im Tagesverlauf auf den zirkadianen Rhythmus gehen wir ja später noch ein, aber haben diese Brillen eine nachweisbare Schutzfunktion?

Peter Walter Solche Brillen filtern kurzwelliges Licht heraus und erscheinen deshalb mehr oder weniger gelblich. Es gibt auch entsprechende gelblich getönte Intraokularlinsen, die man bei der Operation des grauen Stars einsetzt, um die Makula zu schützen. Im Alltag kommt an der Netzhaut sehr wenig natürliches UV-Licht an, weil der größte Teil durch die brechenden Medien (Hornhaut und Linse) reflektiert oder absorbiert wird. Blaulichtfilter reduzieren den Anteil des blauen Lichts aus dem sichtbaren Spektrum. Bisher gibt es keine Untersuchung, die einen Schutzeffekt durch das Tragen solcher Gläser oder Linsen überzeugend nachgewiesen hat. Da blaues Licht aber besonders stark gestreut wird, können Blaulichtfilter unter Umständen trotzdem sinnvoll sein, weil sie das Streulicht reduzieren und so den Sehkomfort, z. B. die Kontraste verstärken können. Patienten mit Netzhautdegenerationen berichten regelmäßig über geringere Blendung und verbessertes Kontrastsehen. Für eine Schutzfunktion fehlen aber überzeugende Studienergebnisse.

Werner van Haren Bei einer Reihe von Augenerkrankungen hat man doch auch gute Erfahrungen mit übenden Verfahren und Augentrainings gemacht. Was sagt die Augenheilkunde dazu?

Peter Walter Übende Verfahren haben immer schon eine Rolle in der Augenheilkunde gespielt. Die bekannteste Form der übenden Behandlung von

Augenerkrankungen ist das Abkleben eines guten Auges im Kindesalter bei einer sog. Amblyopie, also einer Schwachsichtigkeit. Diese kann bedingt sein durch eine organische Augenerkrankung wie eine angeborene Linsentrübung oder durch eine Schielstellung oder eine zu spät korrigierte Fehlsichtigkeit. Es wird dann abhängig von der Schwere der Amblyopie und abhängig vom Lebensalter des Kindes das gute Auge mit einem Pflaster über mehrere Stunden am Tag abgeklebt, das schlechte Auge wird zum Sehen „gezwungen". Diese Amblyopiebehandlung ist recht erfolgreich, wenn sie früh genug eingeleitet wird und auch konsequent durchgehalten wird. Eine weitere Form der Behandlung bestand in der sog. Pleoptik. Hierbei wurde mit apparativen Methoden versucht, Seheindrücke von beiden Augen so zu fusionieren, dass ein beidäugiges Sehen gelingt. Heute werden diese Verfahren nicht mehr so häufig eingesetzt. Ein weiteres wichtiges Feld aktuell sind die übenden Behandlungen bei Gesichtsfeldausfällen z. B. nach einem Schlaganfall. Das Prinzip dieser Behandlungen besteht darin, Betroffene darin anzuleiten, gezielte Augenbewegungen in den erblindeten Bereich durchzuführen und somit den ausgefallenen Bereich wieder im Alltag nutzbar zu machen. Dabei geht es nicht darum, abgestorbene Nervenzellen zu reaktivieren, sondern um eine Kompensationsstrategie, die es Betroffenen ermöglicht, mit dem verbliebenen Sehvermögen besser zurechtzukommen: Nach erfolgreichem Training können sie Objekte im Sehraum identifizieren, die bei normaler Blickrichtung im blinden Bereich liegen würden. In verschiedenen gut durchgeführten Studien konnte die Wirksamkeit dieses Konzeptes nachgewiesen werden.

Frank Müller Ich bin kurzsichtig. Das hat den Vorteil, dass ich ohne Brille im Nahbereich meist noch ganz gut arbeiten kann. Nur wenn etwas sehr nah oder klein ist, brauche ich eine Lesebrille. Manche Menschen glauben, man sollte mit der Lesebrille so lange wie möglich warten, um den Nahfokus möglichst lange zu erhalten. Wie steht die Augenheilkunde dazu?

Peter Walter Diese Frage wird immer wieder gestellt. Ziel all unserer Bemühungen ist es, ein anstrengungsloses und entspanntes Sehvermögen in allen Abständen in jedem Alter zu gewährleisten. Das ist das beste Konzept, um sehbezogene Spannungskopfscherzen und trockene Augen zu verhindern und um die Freude am Sehakt zu erhalten, und die entscheidende Frage wie bei allen Konsultationen ist die nach den Beschwerden. Wenn jemand keine Probleme damit hat, den Zeitungstext oder ein Buch weit genug von sich wegzuhalten, um scharf zu sehen, ist das in Ordnung. Hier ist eine Lesebrillenverordnung unsinnig, auch wenn die Akkommodation schon gestört ist. Manche Menschen fühlen sich aber bereits gestört, wenn sie den Text eines Buches in einem normalen Leseabstand von 40 cm nicht mehr superscharf sehen können. Dann sollte man die nachlassende Naheinstellungskraft mit einer Lesebrille oder einem Nahzusatz in der Fernbrille korrigieren. Diese Korrektur sollte idealerweise langsam aufgebaut werden und sich an dem tatsächlichen Verlust an Akkommodationskraft orientieren. Tatsächlich geht es darum, entspannt in der Nähe sehen zu können. Vom Training des Ziliarmuskels durch permanente Unterkorrektur halte ich wenig, da die Ursache des Verlustes der Naheinstellungskraft nicht in einer wegtrainierbaren Muskelschwäche liegt, sondern in einem Elastizitätsverlust der Aufhängefasern der Linse. Neben der korrekten Nahglasunterstützung kann man sich aber auch Licht zunutze machen. Helles, nichtblendendes Licht führt zu einer Engstellung der Pupille, was ähnlich wie bei einem Fotoapparat die engere Blende zu einer Zunahme der Tiefenschärfe führt. Diesen Effekt kann man sich unterstützend zu Hilfe holen, um den Bedarf an Nahkorrektur etwas abzumildern.

Anke Huckauf Früher gab es in den Augenkliniken Sehschulen, die eine spezielle Sehgymnastik angeboten haben. So wurde dort bspw. bei schielenden Kindern das Fixieren besonders mit dem schielenden Auge trainiert, mit dem Ziel, dieses Auge zu stärken. Offenbar kam es bei diesem aktiven Fixiertraining in seltenen Fällen dazu, dass das zunächst schwache Auge so gestärkt wurde, dass sich beide Augen in einen Wettstreit begeben haben und die Patientinnen und Patienten dann Doppelbilder gesehen haben. Heutzutage besteht die Therapie üblicherweise darin, das bessere Auge abzukleben. Dies hat ebenfalls zum Ziel, das schwächere schielende Auge zu stärken. Beide Maßnahmen scheinen mir gut geeignet, um das schwache Auge zu stärken, wirken aber wenig darauf hin, die Koordination zwischen den Augen zu befördern. Deshalb ist das Schielen nach der Therapie von außen nicht mehr sichtbar; die Betroffenen behalten allerdings auch nach erfolgreicher Therapie ein Defizit in der binokularen Koordination und im Stereosehen.

Peter Walter „Sehschulen" gibt es immer noch. Allerdings ist die Rolle der aktiven schulenden Übungstherapie im Vergleich zu den Abklebeverfahren und dem Operieren deutlich geringer geworden. Der personelle, räumliche und zeitliche Aufwand zur Durchführung der aktiv übenden Verfahren (z. B. Pleoptik) ist unter den Bedingungen einer ökonomisch getriebenen Medizin und gleichzeitig bestehendem Mangel an gut ausgebildeten Fachkräften heute kaum noch durchzusetzen oder darstellbar. Tatsächlich sind die Sehschulen heute Abteilungen oder Sektionen für Orthoptik, Neuroophthalmologie und Schielbehandlung und kaum noch selbstständige Einrichtungen. Der Name hat sich aber traditionell irgendwie erhalten. Die Entwicklung der Sehschulen, die wir hier nur oberflächlich angedeutet haben, ist ein gutes aber wenig bekanntes und vielleicht auch erschreckendes Beispiel dafür, wie externe Einflüsse, ökonomische Rahmenbedingungen und die aus ihnen abgeleiteten Anreizsysteme sowie gesellschaftliche Veränderungen die Medizin strukturell verändern, während doch eigentlich der medizinische Fortschritt der Treiber für Entwicklung sein sollte. Ob derartige Entwicklungen dann immer zum Nutzen der Patientinnen und Patienten sind, darf bezweifelt werden.

Im folgenden Kapitel wird der Psychotherapeut Werner van Haren auf Aspekte des Sehens und Gesehenwerdens, der Blicke und der Augen eingehen, die für seine tägliche Arbeit besonders wichtig sind und die uns jetzt zum ersten Mal erlauben, die gewohnten Pfade der Neurobiologie und Medizin zu verlassen und Sehen aus einem ganz anderen Winkel zu betrachten.

Weiterführende Literatur

Bennett MR, Hacker PMS (2015) Die philosophischen Grundlagen der Neurowissenschaften. Wissenschaftliche Buchgesellschaft WBG, Darmstadt

Flaxman S et al (2017) Global causes of blindness and distance vision impairment 1990–2020: a systematic review and meta-analysis. Lancet Global Health 5(12):e1221–e1234

https://www.destatis.de/DE/Themen/Gesellschaft-Umwelt/Gesundheit/Behinderte-Menschen/Publikationen/Downloads-Behinderte-Menschen/schwerbehinderte-2130510219005.xlsx?__blob=publicationFile&v=3. Zugegriffen am 08.05.2025.

Krieglstein GK, Jonescu-Cuypers C, Severin M (1999) Atlas der Augenheilkunde. Springer, Berlin/Heidelberg

Rose KA et al (2008) Outdoor activity reduces the prevalence of myopias in children. Ophthalmology 115:1279–1285

Walter P, Plange N (2017) Basiswissen Augenheilkunde. Springer, Berlin/Heidelberg

Wong TY et al (2000) Prevalence and risk factors for refractive errors in adult chinese in Singapore. IOVS 41:2486–2494

3

Augen und Kommunikation

Werner van Haren

> *„Das Auge vernimmt und spricht. In ihm spiegelt sich*
> *von außen die Welt, von innen der Mensch."*
>
> *(Goethe)*

Es zählt sicher zu den meistverbreiteten Vorstellungen oder Stereotypen über Psychotherapeutinnen und -therapeuten, dass sie ihre Mitmenschen „durchschauen" könnten. Sie könnten also im Gegenüber auch das sehen, was jene vielleicht lieber verbergen möchten. Diese Besorgnis ist grundlegend überzogen, weil sie verkennt, dass Psychotherapie auf der Selbstöffnung der Menschen beruht, die Hilfe und Unterstützung suchen. Gleichwohl hat dieses Vorurteil einen realen Kern. Denn es gibt eine Sprache jenseits und sogar vor jeder sprachlichen Entwicklung: die Körpersprache. Jeder Mensch liest und versteht diese Signale der Körperkommunikation. Doch erfahrene Psychotherapeutinnen und -therapeuten sind vielleicht eher darin geschult und darauf fokussiert, solche Signale aufzunehmen und zu deuten.

Was hat es mit dieser Körpersprache auf sich? Mit der Entwicklung der Menschheit zu Gruppen und sozialen Systemen entwickelte sich die Verständigung und Orientierung von einer einfachen Signalgebung und -verarbeitung zu komplexeren Verständigungssystemen, hin zur Sprache. Menschliche Kommunikation überwand die Gebundenheit an eine elementare Signalgebung, löste sich also von der Unmittelbarkeit der Sinneswahrnehmung und Signalverarbeitung. Jetzt wurden Worte zu „Signalen" und die Sprache wurde zum entscheidenden Kommunikationsmittel. Gleichwohl blieben die biologischen Momente der Orientierung und Verständigung – also Laute, Bewegungen, Gerüche, Gestik, Berührungen – in die Kommunikation eingewoben, entwickelten sich zu einer Körpersprache. Es scheint so zu sein, dass Gestik, Mimik und selbst autonome Körperprozesse eng mit Sprache verwoben sind. Mit jedem Wort, das wir verwenden, werden zugleich sensorische und motorische Erinnerungen mit wachgerufen, die dabei wesentlich waren, als wir uns dieses Wort aneigneten oder die sich später noch hinzufügten.

Frank Müller Bei bestimmten Schlüsselwörtern kann ich mir das vorstellen. Aber kann man das wirklich so generell sagen? Viele der Worte, die wir verwenden, haben wir in früher Kindheit gelernt, also auch in den ersten drei Jahren, von denen wir in der Regel keine Erinnerungen haben. Und Fremdsprachen lernen wir meist in der Schule.

Werner van Haren Nun, vielleicht gilt das nicht für jede Vokabel. Aber gerade die Worte der frühen Kindheit – Mama, Schnuller, Milch u. a. – sind doch sogar hoch besetzt. Hirnuntersuchungen zeigten, dass der motorische Cortex aktiv wird, wenn eine Person nur das Wort Hammer hört. Und auch später gilt, dass mit unseren Erfahrungen immer auch sensorische, motorische und introspektive Zustände mit abgespeichert sind, die – auch durch Worte – wieder wachgerufen werden können. Es ist im Übrigen keineswegs so, dass wir keine Erinnerungen haben, weil wir bewusst nichts aus den frühen Lebensjahren erinnern. Es finden sich verschiedene Gedächtnisformen wie das episodische, prozedurale und emotionale Gedächtnis, die nicht alle sprachlich-bildhaft gespeichert sind.

Diese Körpersprache ist weder zeit- noch geschichtslos, sondern gesellschaftlich überformt. Vielleicht haben Sie schon einmal die verstörende Wirkung davon kennengelernt, wenn Sie auf einer Urlaubsreise auf einen Menschen treffen, der „Nein" sagt und dabei mit dem Kopf nickt, wie wir das in unserem Kulturkreis bei einem „Ja" gewohnt sind. Die Körpersprache ist in der sozialen Gemeinschaft entstanden und trotz kulturübergreifender Gemeinsamkeiten gesellschaftlich überformt, also zum Teil von Gesellschaft zu Gesellschaft so verschieden wie die Landessprache.

Jenseits der Worte verständigen wir uns also mittels einer – zumeist unbewussten – Körpersprache. Diese besteht aus vielfältigsten Ausdruckformen wie Bewegung, Haltung, Gestik, Mimik, Geruch und Stimmqualität, über die diese Kommunikation stattfindet. Informationen gewinnen wir ebenso durch das Verhalten im Raum wie z. B. über Nähe und Distanz (Proxemik), oder über autonome Körperreaktionen wie Atmung, Muskeltonus, Erröten oder Pupillenveränderungen. Auch über die Physiognomie als verfestigte Form der vorgenannten eher flüssigen Signale gewinnen wir Informationen.

All diese Ausdrucksformen sind miteinander verschränkt, liefern auf diese Weise vielfältigste Signale und bilden zusammen den Reichtum der Körpersprache.

Deren Wahrnehmung wiederum geschieht im Zusammenspiel all der Sinne, die berührt werden. Wir riechen, spüren, hören – und wir sehen. Viele dieser körperlichen Ausdrucksformen nehmen wir in erster Linie mit den Augen wahr. Und zugleich empfangen wir aus den Augen bzw. der Augenpartie unseres Gegenübers sehr bedeutsame Informationen, wie z. B. das Maß der Offenheit, der Zu- oder Abgewandtheit, der emotionalen Verfassung u. v. m., was für zwischenmenschliche Begegnung und Verständigung hilfreich ist.

In diesem Kapitel gilt nun der Fokus dem Element der Körpersprache, das sich über Augen, Mimik und Blickkontakt vollzieht. Frings und Müller stellen in einer schönen Grafik dar (Abb. 3.1), wofür genau wir uns im Gesicht unseres Gegenübers interessieren. Zeichnet man mit einer Kamera die Augenbewegungen beim Betrachten eines Gesichts auf, wird deutlich, welchen Gesichtsbestandteilen sich Menschen besonders zuwenden.

Im Zentrum stehen dabei offensichtlich die Augen bzw. die gesamte Augenpartie. Wir suchen gerade hier nach Orientierung, sammeln Eindrücke, die uns helfen, unser Gegenüber zu erkennen und es einzuschätzen.

Abb. 3.1 Da wir nur mit der zentralen Netzhaut scharf sehen können, müssen unsere Augen größere Objekte durch Augenbewegungen regelrecht abtasten. In der rechten Abbildung sind die Augenbewegungen simuliert, wenn man ein Gesicht ansieht

Wieso steht diese Partie so sehr im Zentrum unserer Aufmerksamkeit? Weil im Gesicht des Anderen und darin ganz besonders in den Augen und der Augenpartie Wichtiges zum Ausdruck kommt. Als Teil der Körpersprache finden die Augen immer besonderes Interesse, weil sie tief in psychische und emotionale Prozesse eingebunden sind, von denen sie einen Eindruck nach außen vermitteln. Dies geschieht etwa über die Pupillen, die Tränendrüsen, die Augenlider und Wimpern. Zwar stehen diese biologischen Bausteine der Augen selbstverständlich im Dienst der Sinneswahrnehmung. Bei ihnen ist jedoch schon auf der Erscheinungsebene leicht zu erkennen, dass sie nicht nur Teil eines Sinnes-, sondern zugleich eines Seelenorgans sind. Denn die Tränendrüsen etwa dienen nicht nur der Befeuchtung der Hornhaut, um unser Auge gesund und funktionsbereit zu halten. Sie reagieren ebenso auf Freude, Rührung oder Trauer und bringen so unseren inneren Zustand zum Ausdruck. Augen können glänzen, strahlen, verschleiert sein, sie können aufmerksam blicken oder verschreckt, freudig oder entsetzt, warm oder kalt – sie sind tief verbunden mit unserem emotionalen Zustand, den sie zum **Ausdruck** bringen.

Auch die Pupillen sind nicht nur eingebunden in den Prozess der Informationsverarbeitung. Sie reagieren nicht allein auf äußere Reize wie die Intensität und Beschaffenheit des einfallenden Lichtes. Gefühle wie Wut, Trauer, Ekel, oder auch Freude und sexuelles Verlangen führen ebenfalls zu Pupillenerweiterung oder -verengung, wie wir in Kap. 4 noch gesondert sehen werden.

Innere Spannungsveränderungen schließen Spannungsveränderungen in den Augen mit ein. Die Augen sind eingebunden in unser vegetatives Nervensystem und damit beteiligt an allem, was dieses System in Wallung bringt. So gibt es Hinweise auf einen Zusammenhang von Bluthochdruck und Augeninnendruck. Die Augen sind stressanfällig wie alles in unserem Körper, was bis hin zu psychisch bedingten Erkrankungen des Auges führen kann. Die Psychosomatik des Auges versucht solche Zusammenhänge zu erschließen.

Peter Walter Obwohl diese Zusammenhänge relativ deutlich sind, spielt die Psychosomatik in der praktischen Augenheilkunde in Deutschland keine große Rolle, weder in der täglich angewandten Praxis, noch in den Institutionen. Stattdessen liegt der Schwerpunkt eindeutig auf der somatischen, also körperorientierten Medizin, die ja auch bei sehr vielen Fragestellungen und Fällen von Sehminderung und Augenerkrankungen erfolgreich ist. Patienten, bei denen aber keine somatisch eindeutig identifizierbare Ursache der Sehstörung vorliegt und möglicherweise die Ursache in der Verknüpfung von Psyche und Sinneswahrnehmung liegt, finden wenig Gehör.

Werner van Haren Ja, das deckt sich mit meinem Eindruck. Beispielsweise findet in Thure von Uexkülls Klassiker der psychosomatischen Medizin die Augenheilkunde in der neuesten, 5. Auflage keine Erwähnung mehr.

Und auch umgekehrt, gewissermaßen von außen nach innen, scheint es Wirkungen zu geben wie beim Herz-Auge-Reflex: Ein äußerer Druck aufs Auge führt zu einer Verlangsamung des Herzschlags, möglicherweise bis hin zum Herzstillstand. Oder: Schnelle Augenbewegungen im Schlaf (REM-Phasen) stehen in Verbindung mit – noch nicht genauer entschlüsselten – Lern- und Verarbeitungsprozessen. Und im EMDR als einer Methode der Traumabehandlung wird angenommen, dass rhythmische Augenbewegungen heilende Veränderungen in der Traumaverarbeitung bahnen. EMDR steht für Eye Movement Desensitization and Reprocessing, übersetzt etwa Desensibilisierung und Aufarbeitung durch Augenbewegungen. Im Laufe des Behandlungsprozesses wird der Patient dabei während der Konfrontation mit traumatischen Erinnerungen angeleitet, mit den Augen Handbewegungen des Therapeuten zu folgen.

Anke Huckauf Wie wichtig ist es für den Therapieerfolg, dass sich die Augen und nicht andere Körperteile rhythmisch bewegen? Mit anderen Worten: Haben die Augen hier eine spezielle Funktion, oder liegt es daran, sich auf eine Körperbewegung zu konzentrieren und damit den Fokus von dem Trauma abzuwenden?

Werner van Haren Die genaue Wirkungsweise ist nach meiner Kenntnis unklar. Beim EMDR wird Menschen, die bei der visuellen Fokussierung nicht so „ansprechen" auch eine taktile Form angeboten. Bei dieser Variante der bilateralen Stimulation halten sie in jeder Hand einen Gegenstand, der rhythmisch abwechselnd vibriert. Bei Säuglingen wird ein leichtes Klapsen angewendet. Beides deutet darauf hin, dass es nicht unbedingt die Augenbewegungen sind, die eine Traumaverarbeitung unterstützen.

Peter Walter Der Herz-Auge-Reflex ist tatsächlich auch für mich als Augenchirurg sehr wichtig. Wir kontrollieren bei allen Patienten, die am Auge operiert werden, den Puls, also die Herzfrequenz. Dabei beobachten wir tatsächlich sehr häufig, dass es zu einer Minderung der Herzfrequenz kommt, wenn wir Druck auf das Auge ausüben. Das kann so weit gehen, dass das Herz sehr langsam wird und wir den jeweiligen Operationsschritt kurz unterbrechen müssen. Erfreulicherweise entstehen dank der engmaschigen Kontrolle bei den Operationen durch diesen Reflex, der über den 10. Hirnnerv, den Nervus vagus, vermittelt wird, keine negativen Folgen für den Patienten. Aber man muss das Phänomen kennen.

Zu den Augen gehören schließlich die Augenlider. Sie sind nicht allein reflexhaft eingebunden in autonom gesteuerte Verbindungen zum Schutz des Auges oder zur Optimierung der visuellen Wahrnehmung. Auch im Schreckreflex werden sie geschlossen oder in Panik weit aufgerissen. Vor allem aber können wir mit den Lidern als Teil bewusster oder unbewusster Hinwendung oder Abwendung die Augen öffnen und schließen, den Blick heben oder niederschlagen. Hierin zeigt sich ganz offenkundig eine Verbindung zum Psychischen. Die Bewegung der Augenlider ist das Ergebnis von Entscheidungsprozessen: Wir schließen die Augen, weil wir etwas nicht sehen oder wahrhaben wollen, um etwas nicht zu nahe an uns herankommen zu lassen. Und wir halten sie offen, um etwas zu fokussieren oder ganz besonders genau zu erfassen. Wir schließen die Lider oder wenden den Kopf zur Seite, um nicht gesehen oder erkannt zu werden. Oder wir blicken frei heraus. Der offene Blick enthält im stärksten Fall die Absicht, sich mit allem, was wir sind, vor den Augen eines Gegenübers zu zeigen. Folglich kann das Öffnen der Augen und die Ausrichtung des Blicks Erscheinungsform und Ausdruck tiefer emotionaler Muster der Lebensgestaltung sein. Sie sind Teil bewusster und unbewusster **Aspekte der Lebensbewältigung**.

Unsere Augen sind eingewoben in die **Gestaltung von Beziehung**, in Momente des Hinwendens und Abwendens, des sich Öffnens oder Verschließens, der Suche oder des Rückzugs. Sie können strafen oder in Freudezirkeln zwischen Eltern und Kind die Erfahrung verankern, ein freudeerzeugendes, geliebtes Wesen zu sein. Mit Blicken können wir uns einfühlen, aber auch Grenzen überschreiten und eindringen. Man spricht vom Augen- oder Blickkontakt. Der Austausch von Blicken ist tief eingebunden in zwischenmenschliche Kommunikation. Einander anzusehen ist Teil unserer Körperkommunikation jenseits der rein sprachlichen Verständigung und auch längst vor jeder sprachlichen Verständigung.

Frank Müller Man könnte vermuten, dass Blickkontakte zwischen Eltern und Kind besonders häufig in der frühen kindlichen Entwicklung bestehen, wenn Kinder noch nicht fähig sind, verbal zu kommunizieren. Kannst Du dazu etwas sagen?

Werner van Haren Der modernen Säuglingsforschung verdanken wir die Entdeckung, dass in den ersten sechs Monaten in gut verlaufenden Bezugspersonen-Kind-Interaktionen solche Freudezirkel bis zu 30.000-mal zu beobachten sind. Sie bilden vermutlich eine Grundlage von dem, was wir Urvertrauen nennen.

Anke Huckauf Besonders interessant wird dieser Befund, wenn man auch Daten aus der Evolutionsbiologie mitdenkt, die zeigen, dass männliche Säuglinge kulturübergreifend deutlich häufiger angeschaut werden als weibliche.

Marcel Schweiker Gleichzeitig habe ich in einer Arbeit von Nomkin und Gordon, die 2021 erschienen ist, gelesen, dass die Ablenkungen von Eltern durch Mobiltelefone diese Interaktionen reduzieren und stören. Und auch wenn ich mich teils in Restaurants oder Parks umsehe, nimmt die Anzahl an Gruppen zu, die nebeneinandersitzend nicht miteinander, sondern individuell mit Smartphones interagieren. Ist dies bereits ein Thema in Euren Arbeiten und wie schätzt Ihr dies ein?

Werner van Haren Mir ist dazu noch nichts bekannt, aber es ist auf Basis der hier berichteten Ergebnisse der Säuglingsforschung durchaus zu befürchten, dass solche Kontaktunterbrechungen durch Smartphone-Nutzung oder gar Smartphone-Sucht relevante Auswirkungen auf die emotionale Verfassung des Säuglings und sein Bindungsverhalten haben. Es soll hier nicht um eine „Verteufelung" der Smartphones gehen, denn es gibt natürlich andere Formen bzw. Quellen der Kontaktunterbrechung, sei es der laufende Fernseher, die Tageszeitung oder ein ablenkendes Gespräch. Problematisch scheint mir eher, eine jede Pore des Alltags durchdringende Nutzung dieser faszinierenden Technik.

Frank Müller Vor der Geburt und in der Zeit danach wird sowohl beim Kind als auch bei der Mutter der Botenstoff Oxytocin freigesetzt. Oxytocin wird manchmal auch als „Kuschelhormon" bezeichnet. Es ist für alle Arten von zwischenmenschlicher Bindung wichtig. Hier spielt es sicherlich eine Rolle dabei, den Blickkontakt zu fördern. Wenn die Mutter unter einer Depression leidet, kann das vermutlich auch den Blickkontakt zwischen Mutter und Kind reduzieren. Ist darüber etwas bekannt?

Werner van Haren Es ist genau so: Die Unterbrechung des Blickkontakts durch eine depressiv abwesende Bezugsperson ist für den Säugling verstörend und verunsichernd. Ein dabei wenig beachteter Aspekt ist, dass der Blickkontakt oft in einen Körperkontakt eingebunden ist. So findet gewissermaßen eine doppelte Verstörung statt, die den Blick- und Körperkontakt einschließt und entsprechende hormonelle und emotionale Prozesse auslöst.

Das Gesicht – und darin besonders die Augenpartie – ist integraler Teil menschlichen Ausdrucksverhaltens, dessen Erfassung und Analyse als Zugang zu Persönlichkeitsstruktur und Emotion in der (Ausdrucks-)Psychologie eine lange Tradition hat.

Die Qualität des Blicks vermittelt die Beziehung zwischen zwei Menschen vermutlich mehr als alles andere. Die Augen bringen einen inneren Zustand nach außen und sie nehmen jenen des Gegenübers auf – sie liefern Eindrücke und nehmen Eindrücke auf. Sie senden und empfangen also zugleich, sind Ausdruck und Eindruck. Sie sind in doppeltem Sinne das Fenster zum Inneren, denn sie lassen den Blick nach innen zu und nehmen das Äußere nach innen auf. Im Fensterbild gesprochen: Sie erlauben es, die Art meines Wohnens, meiner Einrichtung, meines Seins wahrzunehmen – und sie lassen Licht, Wärme und Schatten in mein Zimmer.

Auch wenn es häufig einen Leitsinn zum Verständnis gibt: Erst im Zusammenspiel der verschiedenen Wahrnehmungskanäle werden diese Informationen zur „verständlichen" Sprache. Diese Sprache ist zwar entschlüsselbar, daher kommunikativ wirksam; sie ist jedoch keineswegs eindeutig. Sie ist relational, also auch beziehungsgeprägt.

Diese Entschlüsselung darf man sich jedoch nicht als einen ausschließlich bewussten Such- und Verstehensprozess vorstellen. Vieles verläuft gleichsam hinter unserem Bewusstsein. Es finden sich Ansteckungseffekte auf Haltung und Atmung; es finden sich empathische Spiegelungen mit körperlichen Resonanzen. All dies geschieht, ohne dass wir es immer bewusst registrieren. Wir können uns allerdings darin trainieren, solche Resonanzen bewusster zu beachten. Und wir können uns ebenso darin üben, die emotionalen Zustände, die in Augen und Mimik zum Ausdruck kommen, besser zu erkennen und zu identifizieren. Paul Ekman ist bekannt geworden durch seine Klassifikation emotionaler Gesichtsausdrücke, auf deren Basis er andere darin trainiert hat, Menschen besser zu verstehen, Lügen zu identifizieren und den Ausdruck der eigenen Emotionen besser zu kontrollieren. Die Serie „Lie to me" inszeniert einen so geschulten „psychologischen Lügendetektor".

Eine derart objektivierende und instrumentelle Verwendung des Augenausdrucks liegt mir fern. Vielmehr erscheint es mir wichtig, dass Sehen und Gesehenwerden, den Blickkontakt, die wechselseitige Berührung und Rührung für eine tiefere Verständigung zu nutzen. Mein Feld und Erfahrungshintergrund ist hier die Psychotherapie.

Schauen wir uns einige elementare Prozesse genauer an, wie sie mir speziell in der Psychotherapie begegnen:

Weinen als Trostappell – „Sieh mich doch!"

In der Therapie wird oft geweint; die Taschentücher liegen immer griffbereit. Wofür ist die Tränendrüse denn nun da? Die Zusammensetzung der Tränenflüssigkeit ist neuronal gesteuert und unterscheidet sich nach Art des Anlasses:

Emotional bedingte Tränen sind andere als die zur Befeuchtung eines trockenen Auges. Die Ausdruckspsychologie hat sich hinsichtlich der Bedeutung des Weinens bisher noch nicht festgelegt, scheint allerdings in erster Linie geneigt, den Tränen einen appellativen Sinn zuzuschreiben. Weinen als Ausdruck von Trauer oder Schmerz wird in dieser Betrachtung als biologisch angelegter Appell nach Trost und Halt verstanden. In den physiologischen Ausdruck des Gefühls wäre somit zugleich ein Beziehungsaspekt eingeschrieben.

Frank Müller Beim Weinen denkt man zuerst an Tränen und man mag sich fragen, ob es biologische oder medizinische Gründe gibt, weshalb unser Körper ausgerechnet die verstärkte Tränensekretion dazu nutzt, Trauer und Schmerz nach außen zu kommunizieren. Die Tränen sind ja aber Teil eines Gesamtpakets. Verhaltensbiologisch gesehen, nutzen Erwachsene beim Weinen, wenn auch oft in abgespeckter Form, das einzige Kommunikationsmittel, das Babys zur Verfügung steht: vehemente Lautäußerungen in Form von Schreien und Schluchzen, verbunden mit einer Verzerrung des Gesichts und natürlich vermehrtem Tränenfluss. Damit sendet das Kind sowohl akustische als auch visuelle Signale aus, um seinen Schmerz zu kommunizieren. Wie wir gesehen haben, liegen die Augen im Fokus des Blickkontakts. Deshalb fallen nasse, gerötete Augen selbst bei stillem Weinen eines Erwachsenen besonders schnell auf. Verhaltensbiologisch gesehen ist das Weinen ein sehr effektiver Reiz für zwischenmenschliche Kommunikation. Von Soziopathen abgesehen, scheinen Menschen sehr schnell und fast zwanghaft auf das Weinen eines Kindes zu reagieren, selbst wenn ihnen das Kind z. B. im Park oder auf dem Spielplatz absolut fremd ist.

Werner van Haren Hinsichtlich des biologischen Sinns der Tränen ergeben sich noch Hinweise aus der Zusammensetzung der Tränenflüssigkeit. Emotional hervorgerufene Tränen enthalten wohl die Hormone Prolaktin und adrenokortikotropes Hormon (ACTH). Letzteres ist ein Stresshormon und Vorläufer des Kortisol. Lebhaftes Weinen spült also toxische Stresshormone aus dem Körper, was zur Reduktion muskulärer Spannung und zu Beruhigung führt. Die emotionale Entlastung korrespondiert offenbar mit einer über das parasympathische Nervensystem angeregten hormonellen Regulation.

Dieser ursprünglich natürliche Ausdruck ist allerdings vielfach unterbrochen. Gerade das wird immer wieder zum Inhalt von Psychotherapie. Mal begegnet mir diese Unterbrechung des natürlichen Ausdrucks als Ablehnung der Tränen, mal als Wunsch, wieder weinen zu können. „Ich habe eine Abwehr gegen diese ‚ewige Trauer', ihr Therapeuten scheint zu glauben, das Wichtigste in der Therapie ist es, traurig zu sein." Demgegenüber: „Ich habe zuletzt in meiner Jugend geweint, mein ganzer Körper tut weh, aber ich kann nicht weinen – ich würde so gern weinen können."

Für Kinder ist es noch ganz natürlich zu weinen, wenn es weh tut, sei es bei körperlichem oder seelischem Schmerz. Doch irgendwann greifen Erfahrungen, Werte und Regeln, die diese spontane, gesunde Reaktion unterdrücken: Vielleicht war niemand da, mit dem sie ihren Schmerz teilen konnten, und sie begannen, sich mit diesem Gefühlsausdruck zurückzuziehen und ungesehen oder gar nicht mehr zu weinen. Oder sie wurden ausgelacht und abgewertet: Heulsuse, Weichei, ein Indianer kennt keinen Schmerz, sei tapfer ... wem sind diese Kommentare nicht vertraut? Ebenso häufig unterdrücken Kinder den Schmerz, um Eltern zu schonen und um nicht zur Last zu fallen. Sie übernehmen oder geben sich den Auftrag, ihre Eltern zu schützen und zu stützen.

Diese und viele weitere Formen, den Ausdruck von Schmerz und Traurigkeit zu behindern, motivieren schließlich zu einem veränderten Umgang mit Tränen. Aus anfänglich von außen kommenden Begrenzungen und Aufträgen wird eine innere Abwehr: Wir ziehen uns zurück, reißen uns zusammen, beißen die Zähne aufeinander. Wir bewältigen so den fehlenden Raum für unsere Tränen, versuchen, uns vor Abwertung und Spott zu schützen und weiteren tiefen Enttäuschungen zu entziehen. Wir überstehen nun traurige Situationen auf eine andere als natürliche Weise, indem wir uns unempfindlich machen und unseren emotionalen Ausdruck zurückhalten, gewissermaßen einfrieren.

Schließlich suchen festgehaltene Tränen sich oft einen anderen Weg, denn die emotionale Selbstbeschränkung ist nicht nur ein seelischer Akt. Wir vollziehen sie parallel als körperliche Selbstbehinderung wie z. B. durch körperliche Anspannung oder Atembegrenzung. Dies kann bis zu Muskelverhärtungen, körperlichen Beschwerden und Schmerzen führen.

Es braucht Zeit und Mut, sich allmählich neu zu trauen, mit den Tränen in Begegnungen zu bleiben, sich damit wieder anzuvertrauen. Wenn es schließlich gelingt, die Tränen wieder fließen zu lassen, erfahren wir dabei nicht nur die lösende Wirkung des Weinens neu. Wir erfahren die stützende Wirkung einer wohlwollenden Begleitung, nehmen uns ernst und an, und wappnen uns so gegen zukünftige Abwertungen. Ein ungehemmtes Weinen (wieder) zulassen zu können ist oft gleichbedeutend damit, tiefere Verletzungen durch Beschämung oder Vernachlässigung zu überwinden.

Anke Huckauf Hat das Weinen stets eine appellative Funktion? Was passiert bei Tränen der Rührung? Und inwiefern bedeutet es einen Appell, Weinen wieder zulassen zu können?

Werner van Haren Weinen hat nach meinem Verständnis nicht immer eine appellative, jedoch immer eine kommunikative Funktion. In den Ausdruck menschlicher Gefühle sind durchaus verschiedene Tränen eingeschrieben und sie haben jeweils unterschiedliche Signalfunktionen.

Tränen der Rührung sind Ausdruck inneren, oft sogar freudigen Aufgewühltseins. Sie signalisieren: Hier ist mein Herz berührt, ich bin mit Herzblut beteiligt. Damit wird Rührung zur Perle der Begegnung, ein Geschenk für den Menschen mir gegenüber, der über meine Rührung erfährt, wie sehr er mich erreicht. Rührung verbindet also: Sie ist Resonanz auf körperliche oder emotionale Berührung. Sie ist die Antwort des Herzens auf eine Berührung von Herzen. Wer sie nicht wegschiebt und unterdrückt, sagt seinem Gegenüber tiefer als mit Worten möglich: „Du hast mich erreicht, du bist bei mir angekommen!" Aus meiner Erfahrung ist in die Rührung allerdings oft eine Traurigkeit eingewoben – vielleicht ist das der Grund für die Tränen? Aus meiner Sicht treffen sich oft zwei Zeitachsen in einem Strom des Erlebens, der zugleich zwei Gefühlsdimensionen umschließt: Das gegenwärtige bewegende Glücksgefühl mischt sich mit der Trauer darüber, das gerade dankbar Erfahrene in der eigenen Geschichte schmerzlich vermisst zu haben. So verleiht der vergangene Hintergrund des Mangels der aktuellen Freude einen wehmütigen Glanz.

Es finden sich noch verschiedene andere Tränenformen, etwa solche aus Angst, die in bedrohlichen Situationen (z. B. bei Angst vor Strafe oder vor Verurteilung in schambesetzten Momenten) signalisieren „Bitte tu mir nichts", oder die Tränen des Lachens, das ansteckend wirkt.

Frank Müller Eine erst kürzlich veröffentlichte Arbeit lässt vermuten, dass Tränen, die von Frauen beim Betrachten eines traurigen Films gesammelt wurden, auch flüchtige Botenstoffe enthalten, die wir zwar nicht bewusst riechen können, die aber dennoch von der Riechschleimhaut detektiert werden können. Diese bisher nicht identifizierten Substanzen sollen bei Männern die Aggressivität verringern. Viele Tiere setzen Botenstoffe frei, die das Verhalten von Individuen der gleichen Art beeinflussen. Wir nennen diese Stoffe Pheromone. Auch die Tränenflüssigkeit von Mäusen scheint so ein Pheromon zu enthalten. Beim Menschen wäre das neu. Im Moment ist aber unklar, ob die Wirkung, die in der künstlichen Versuchssituation beobachtet wurde, unter normalen Bedingungen auch auftritt.

Der verständnisvolle Blick

Manchmal ist es erst das Erschrecken oder die Betroffenheit des Therapeuten, die wie im Spiegel das eigene Grauen erst erfahrbar machen.

Schauen wir uns ein Beispiel dazu an (alle Menschen, die in den vorgestellten Fallvignetten erwähnt werden, haben ihr Einverständnis zur Veröffentlichung in dieser Form gegeben):

Herr P. berichtet, dass er seine Kindheit als recht normal empfunden habe, dass seine Eltern ihn geliebt hätten. Gleichwohl erzählt er, dass seine Mutter dem Vater immer wieder Aufträge zur Bestrafung der Söhne gegeben habe, wenn diese „ungehorsam" waren. Bei Rückkehr des Vaters von der Arbeit wurde dann ein Holzlöffel vor die Kellertreppe gelegt, und der Vater wies den Sohn an, sich bereit zu halten. Irgendwann schließlich nahm der Vater den Sohn hinunter in den Keller und verprügelte ihn mit dem vorbereiteten Löffel. Anschließend ging man in der Familie über zur Tagesordnung. Herr P. erzählt all dies ohne erkennbare emotionale Beteiligung, ja scheinbar ohne innere Vorstellung von der seelischen Grausamkeit dieses wiederkehrenden Geschehens. Irgendwann schaut er zu mir, weil er bemerkt, wie erschüttert ich bin und nur mit Mühe meine Fassung bewahren kann. Er schaut in meine tränengefüllten Augen – und erst in diesem Moment realisiert (oder wiedererinnert) er seine kindliche Not und Verlorenheit. In seiner eigenen Erzählung hatten sich diese traumatischen Erfahrungen in das Bild einer glücklichen Kindheit integriert. Es war seine alltägliche, gelebte Normalität. Und Herr P. beginnt von hier aus zu erkennen und zu verstehen, wie sehr er sich in dieser frühen Zeit innerlich gewappnet hat, und wie ihn heute eine Angst vor Verletzungen seiner Integrität leitet und seine privaten und Arbeitsbeziehungen belastet.

Was ich mit diesem Beispiel verdeutlichen möchte: Es ist manchmal schwer, die Verrücktheit dessen zu erkennen, was man als Normalität seiner Kindheit erfahren hat. Selbst bei offener bis sadistischer Gewalt finden sich selbstbeschreibende Formulierungen von einer insgesamt als gut erlebten Kindheit. Dies umso mehr bei subtileren Schädigungsprozessen (emotionaler Missbrauch, Kontaktabbrüche durch Depression eines Elternteils usw.). Was wir als Kinder erlebt haben, erscheint als das selbstverständlich Normale. Es ist die Normalität einer Nische, deren Abnormität wir erst erfahren, wenn wir das Familiensystem überschreiten und auf andere „Normalitäten" treffen – oder im Auge des Therapeuten den Spiegel des Grauens sehen und dessen Ausdruck zur inneren Klärung aufnehmen. Der Blick des Therapeuten (natürlich auch geprägt durch historisch veränderte Wertsysteme, in der Prügel für Kinder ihre Selbstverständlichkeit als Erziehungsmethode verloren haben und inzwischen als Gewalt eingestuft sind) wird zum Vehikel der Selbsterkenntnis. Er wird zur Möglichkeit, die Bewertung der eigenen Erfahrungen neu zu justieren. Gespiegelt im Blick des Gegenübers verstehe ich mich selbst.

Man kann dieses Therapiebeispiel auch noch in einer anderen Weise lesen. So wie durch die Resonanz des Therapeuten ein neuer Blick auf die eigene Lebensgeschichte möglich wird, so bereitet die Begegnung der Blicke oft den Boden für neue heilsame Erfahrungen. Die gerührten Augen des Therapeuten vermitteln eine korrigierende Erfahrung für etwas, das aufgrund der eigenen

Lebensgeschichte vielleicht nicht mehr für möglich gehalten wurde: ein Gegenüber erreichen zu können, auf Verständnis und emotionale Beantwortung zu treffen, ernst genommen und erkannt zu werden. Im Berührtsein des Therapeuten sehe ich, dass er mich sieht und ich ihn erreiche. Dies kann die eigenen Wahrnehmungen sicherer machen. Hieraus kann der Mut erwachsen, sich mit den eigenen Gefühlen und Bedürfnissen neu herauszuwagen und sich nicht länger zu begrenzen.

Das blickverweigernde Setting der klassischen Psychoanalyse Freuds, bei der der Analytiker „unsichtbar" hinter dem liegenden Patienten sitzt, ist aus dieser Perspektive schwer nachvollziehbar. Die „Privilegierung des Hörgegenüber dem Sehraum" (Küchenhoff 2007) enthält sicher eine Chance zur Besinnung auf sich selbst, verzichtet dafür jedoch auf die Fülle der Begegnung im Blick und auf die heilsame Kraft verständnisvoller Blicke.

Frank Müller Bei dieser „Resonanz" oder dem Mitfühlen übertragen wir ja die Gefühle des Anderen auf uns selbst. In diesem Zusammenhang sind vielleicht die sog. Spiegelneuronen erwähnenswert. Das sind Nervenzellen in unserem Gehirn, die z. B. dann aktiv sind, wenn wir selber ein bestimmtes Verhalten zeigen, aber auch dann, wenn wir sehen, dass ein anderer Mensch genau dieses Verhalten an den Tag legt! Diese neurobiologischen Vorgänge erlauben es uns vermutlich, sich in andere Menschen hineinzufühlen oder ihre Absicht zu erraten.

Werner van Haren Die sog. Spiegelneuronen sind vermutlich die neurobiologische Basis für solche Resonanzen und Empathie. Ich würde hier allerdings lieber von Gefühlsansteckung als von einer Übertragung von Gefühlen sprechen.

Der gesenkte Blick – Beschämung

„aber uns dienen zwei feste Augen besser als zwei feste Arme" (Storm, Der Schimmelreiter)

Die Konfrontation mit der Scham beginnt für viele Patienten spätestens mit dem Aufsuchen der psychotherapeutischen Praxis: Viele beschäftigt es schon auf der Straße, ob sie beim Hineingehen in die Praxis gesehen werden. Wer erblickt sie bei Begegnungen im Hausflur und im Wartezimmer? Und wie gestaltet sich schließlich die Hinwendung des Blicks zum Therapeuten, oder gar der Blick in die Runde einer ganzen Gruppe?

In der Therapie kommt der Scham eine fast allgegenwärtige Bedeutung zu: Sie ist **die** große Hintergrundangst, welche Menschen quält und folglich auch den Therapieprozess und die therapeutische Beziehung prägt – worin ja nur deutlich wird, wie sehr sie das Leben der betroffenen Patienten bestimmt. Es gibt zahllose Formen von Beschämung bzw. Scham für das – vermeintliche – eigene Ungenügen. Mal schämt man sich für äußere Merkmale, für die man vielleicht schon als Kind oder Jugendlicher gehänselt wurde. Ebenso quälend kann es sein, wenn elementare Gefühle und Bedürfnisse wie der Wunsch nach Unterstützung und Trost oder das Gefühl der Überforderung schambehaftet sind. Dann wird eine Bitte um Hilfe aus Scham vermieden, einen Fehler oder eine Schwäche einzuräumen wird unmöglich.

Scham führt zu Rückzug, zum Versuch, sich durchs Verstecken zu schützen. Oder sie treibt zum Aufbau einer Fassade an, die die wahren Gefühle und Gedanken verbirgt, ja oft konterkariert. Scham befördert Selbstabwertung. Ihre Folgen sind Selbstunsicherheit und Einsamkeit.

Die Scham ist immer mit dem – unterstellten oder früher erfahrenen – Blick des Anderen verknüpft. Sich verbergen, die Augen niederschlagen, dem Gegenüber nicht in die Augen schauen zu können, sind Folgen und Ausdruck der Scham. Übertriebenes oder pathologisches Schamgefühl enthält immer eine – zum Teil lebensbedrohliche – Selbstabwertung. Sie ist entweder Ergebnis invasiver, abwertender und bloßstellender Normbildung, oder Produkt einer neurotischen Abwertung der eigenen Impulse als vermeintlich ungenügend. Scham mündet in ihrer schädlichen Wirkung nicht selten in der narzisstisch geprägten Depression.

In der Gestaltung des Blickkontakts zum Therapeuten spiegeln sich Schamgefühle und deren Überwindung besonders deutlich. Beispielhaft hier die Formulierung einer Patientin:

> „Indem ich auf den Teppich schaue, nicht zu Ihnen schaue, blende ich alles aus. Ich kann mich von allem Gesagten gleichsam distanzieren, indem ich es dem Therapeuten ‚hinwerfe', und was dann damit passiert, geht mich nichts mehr an. Ich vermeide ein Adressieren durch Blickkontakt; und zugleich kann ich so auch innerlich wegschauen, in mir selbst dem Gehalt meiner Mitteilungen wenig Beachtung geben. Ich stehe so auch nicht als Adressat für die Antworten und Reaktionen meines Gegenübers zur Verfügung. Die Beziehung ist von vornherein stark begrenzt. Und genau das galt es ja meinerseits schon lange zu vermeiden, weil Verbindung und Nähe stark angst- und schambesetzt waren und teils noch sind. Inzwischen weiß ich: Ich vergebe die Chance von Rückmeldungen, kann mein Selbst- nicht mit dem Fremdbild abgleichen, weiß nicht, was bei meinem Gegenüber ankommt: Was löse ich beim Anderen aus? Werde ich verstanden? Erreiche ich den Anderen? Was bringt der Andere mir entgegen? Was kann hieraus entstehen?"

Gelingende Begegnungen im Blick bringen somit innere Entwicklungsprozesse zum Ausdruck. Die Qualität des Blickkontakts widerspiegelt wachsendes Selbstbewusstsein und Beziehungsfähigkeit – und wird zum Gradmesser der Bewältigung von Scham.

Um Spielräume für die Entwicklung eines angstfreien Blickkontakts zu lassen, bevorzuge ich in der Praxis eine Sitzanordnung von 45 Grad (Abweichung von der direkten Face-to-face-Blicklinie), die mehr Freiheitsgrade bereitstellt als ein direktes Gegenübersitzen. Die Fähigkeit, den Blick herzustellen, zu halten und zu lösen, ihn zu vermeiden oder zu suchen, ist auf diese Weise fast selbstverständliches Hintergrundcurriculum der therapeutischen Begegnung. Und diese Sitzpositionierung erlaubt es zugleich, Veränderungen im Blickverhalten zu erkunden: Wann wird der Blick gesucht, wann vermieden? In welchen Momenten entsteht das Bedürfnis, den Blick schweifen zu lassen oder ihn gesenkt auf den Boden zu richten?

Marcel Schweiker Diese Aspekte der Gestaltung der Sitzposition zueinander und deren Auswirkungen auf das Gespräch sollte auch Architektinnen und Architekten bewusst gemacht werden. Die Gestaltung von Bühnen, Räumen und Gegebenheiten, in denen man durch die bauliche Anordnung gezwungen ist herabzusehen oder auch aufzublicken, ist ein altes und bekanntes Gestaltungsmittel, um Hierarchien zu festigen. Klassische Beispiele sind prunkvolle Treppen in Palästen, die man hochsteigen muss, während die Herrschenden von oben herabblicken oder sich langsam und majestätisch von dem erhöhten Standpunkt zu den Gästen auf deren Niveau herabbegeben, wie die Treppe der Königin oder die Botschaftertreppe im Schloss Versailles. Aber auch heute sitzen beispielsweise in vielen Gerichtssälen die Richter erhöht gegenüber Angeklagten und dem Publikum; vermutlich ein absolutes Tabu in der Therapie auf Augenhöhe.

Die Fesseln der Scham zu überwinden, beginnt in der Regel mit dem Entschluss, das, was einen schon lange quält oder umtreibt, was man also zu verstecken und geheim zu halten suchte, mitzuteilen. Folgt dann statt der befürchteten Verurteilung eine verständnisvolle Reaktion, ist die Erleichterung oft riesig.

> **Ein Beispiel**
>
> Lena war von zwei Schwestern die Unkomplizierte. Sie hatte sich schon früh angestrengt, nicht so zu sein wie ihre ältere Schwester, die das Sorgenkind der alleinerziehenden Mutter war. Sie wollte der Mutter nicht genauso zur Last fallen. Eigene Ängste und Sorgen verbarg sie vor ihr, zog sich zurück und versuchte,

> allein in ihrem Zimmer damit klar zu kommen. Sie nahm ihre Bedürfnisse zurück, weil sie kein „Problemkind" sein und ihre Mutter schonen wollte. Zudem fand sie für diese scheinbar taffere Haltung eine gewisse Anerkennung. „Du kommst ja super klar." Sie wurde das leistungsfähigere und bewunderte Kind – und blieb innerlich einsam. Sie steckte in einer inneren Falle: Hätte sie zugegeben, dass sie ebenfalls Ängste, dass sie Wünsche nach Unterstützung, Trost und Halt hatte, so wäre sie einer doppelten Gefahr ausgesetzt gewesen: als ähnlich problematisch zu gelten wie ihre Schwester und zugleich die identitätsbildende Anerkennung für ihre „Unkompliziertheit" zu verlieren. So hatte sich eine Scham entwickelt – übrigens in diesem Fall ohne die Erfahrung einer direkten äußeren Abwertung – die ihr ganzes Leben und alle wichtigen Beziehungen prägte.
>
> Vor diesem Hintergrund, der in der Therapie schon mehrfach benannt, also kognitiv bereits erfasst, nur emotional noch nicht aufgelöst war, taucht während einer Gruppensitzung in Lena ein tiefes Bedürfnis nach Geborgenheit auf. Sie bittet eine andere Gruppenteilnehmerin darum, von ihr umarmt und gehalten zu werden und beginnt, nach deren Einwilligung, in Zeitlupentempo auf diese zuzugehen. Jeder Schritt, zum Teil mit gesenktem Blick, ist ein erkennbares Ringen mit der Scham; jeder Zentimeter eine Konfrontation mit der Angst, mit dieser offenkundigen Bedürftigkeit in der Begegnung nicht mehr zu genügen. Schließlich angekommen, fällt sie in ein tiefes, erlösendes Weinen. Eine nie gekannte Entspannung breitet sich in ihr aus.
>
> Zum Abschluss schlage ich Lena vor, noch einmal bewusst in die Runde zu schauen, vielleicht sogar mit jedem einzelnen Gruppenmitglied einen kurzen Blickkontakt zu suchen. Erleichtert realisiert sie die wohlwollenden Blicke der Anderen, und ihr eigener Blick ist freier geworden.

Nach so einer Arbeit in der Gruppe lade ich – wie auch in diesem Beispiel – die Protagonisten oft ein, noch einmal bewusst aufzublicken und zu schauen, wie die anderen Gruppenmitglieder sie ansehen, also den Blick in die Augen der anderen zu wagen. Dieser Vorschlag zielt zum einen darauf, die eigenen Befürchtungen mit der Realität abzugleichen. Die Wahrnehmung der zumeist mitfühlenden Anteilnahme der Anderen hilft zusätzlich, die innere Vorannahme einer Verurteilung abzuschwächen.

Noch viel mehr geht es mir jedoch darum, eine innere Aufrichtung zu unterstützen, denn der offene Blick zu den anderen lässt zugleich den Blick in die eigenen Augen zu. Dieser Mensch versteckt sich jetzt nicht mehr mit niedergeschlagenem oder ausweichendem Blick. Stattdessen steht er zu seinen Gefühlen und Gedanken und zeigt sich, wie er ist! In den Entschluss, die anderen anzuschauen, ist unausweichlich die Entscheidung eingeschlossen, sich anschauen zu lassen. Diese Förderung eines festen und offenen Blicks ist für mich therapeutisches Teilziel auf dem Weg zur Bewältigung von einengender Scham.

Der verengte Blick – Wahrnehmungsmuster

Wir sehen, was wir kennen. Dieses Gesetz der sinnlichen Informationsverarbeitung gilt ähnlich für menschliche Beziehungen. So gut wie wir sehen können, so sehr können wir uns auch täuschen, den anderen verkennen und verpassen. Der Blick ist durch unsere Erfahrungen geprägt und damit in Gefahr, immer wieder nur das Vertraute zu „sehen" und auf diese Weise verengt oder verstellt zu sein. Psychodynamisch orientierte Psychotherapie verwendet für dieses Phänomen den Begriff der Übertragung: Wir übertragen frühere Beziehungserfahrungen auf aktuelle Begegnungen. Anders formuliert: In der Gegenwart aktualisieren sich prägende Erfahrungen der Vergangenheit. Dafür braucht es einen Aufhänger, auch Trigger genannt, der den Prozess auslöst. Ein Gähnen des Therapeuten wird durch den Patienten vor dem Hintergrund einer Lebensgeschichte mit überforderten Eltern schnell als Ausdruck der Überforderung oder eines Gelangweiltseins des Therapeuten verstanden. Die Vorstellung, dass dieser vielleicht einfach mal eine Nacht schlecht geschlafen hat – seine Müdigkeit also keine unmittelbare Aussage über den aktuellen Moment der Begegnung ist – ist weit weg von den eigenen Erklärungsmöglichkeiten. Oder: Eine engagierte, vielleicht etwas lautere Stimme erscheint vor dem Hintergrund von Gewalterfahrungen schnell als bedrohlich. Ein leicht konfrontierendes Feedback wird vor dem Hintergrund einer von Abwertung geprägten Lebensgeschichte als vernichtende Kritik empfunden.

Anke Huckauf Der Abschnitt ist überschrieben als verengter Blick – aber das scheint mir nur eine Seite der Medaille zu sein. Die andere Seite wäre so etwas wie „Der geübte Blick" – also die Tatsache, Signale der Umwelt (bspw. Gähnen) effizient wahrzunehmen und zu interpretieren.

Werner van Haren Das ist gewissermaßen die Janusköpfigkeit des Versierten, denn das geübte Sehen ist effizienter und unterliegt zugleich der Gefahr der Verengung. Der geübte Blick sucht und erkennt das Vertraute, er fokussiert auf das Bekannte. Orientierung ist somit schneller und leichter möglich. Der Preis ist die Gefahr, das Unvertraute zu übersehen oder gar auszublenden. Das Risiko, die Beziehungswelt auf diese Weise misszuverstehen, nimmt dann nochmals zu, wenn die „Übungsbedingungen" pathologisch geprägt waren.
Es zählt zu den zentralen Anliegen in der Psychotherapie, den inneren Interpretationsrahmen für das, was wir sehen – natürlich auch hören, erleben, also ganz allgemein wahrnehmen – zu erweitern. Ziel ist also eine Bewusstseinsveränderung, die den Blick weitet und über diesen Weg die Gefahr verringert, sich in menschlichen Begegnungen misszuverstehen oder zu verwickeln.

Peter Walter Schwere beidseitige Sehstörungen gehen oft auch mit depressiven Veränderungen des Betroffenen einher. Die Patienten werden traurig, verlieren ihre sozialen Kontakte und nicht selten schämen sie sich auch noch dafür. Die Wiederherstellung des Erkennens von Gesichtern und ihres mimischen Ausdrucks wird oft nicht als erste Priorität genannt, wenn Maßnahmen diskutiert werden, Sehvermögen bei vollständig Erblindeten oder schwer Sehbehinderten wieder herzustellen. Da geht es dann eher um das sichere Manövrieren in unbekannter Umgebung.

Äußere Verfremdungen, wie sie zum Beispiel durch das Tragen von Masken in der Coronapandemie entstanden sind, begünstigen die sog. Übertragung, weil sie uns Informationen vorenthalten, die wir zur Orientierung brauchen und uns so zurückwerfen auf begrenztere Wahrnehmungsmöglichkeiten. Diese Verfremdung birgt die Gefahr, Verunsicherung, ja sogar Verstörung auszulösen. Je weniger Informationen wir zur Verfügung haben, umso stärker wirken Vorerfahrungen auf unsere Wahrnehmung und begünstigen Übertragungsmuster. In der Psychotherapie wird zugleich ein tieferes Verstehen erschwert. Dies führte in der Pandemie zum Teil bis zu der Auffassung (z. B. in der Psychotherapeutenkammer-NRW), dass Masken durch das Verdecken von Mimik und Ausdruck die therapeutische Arbeit so stark behindern, dass die Maskenpflicht in der psychotherapeutischen Praxis in ähnlicher Weise auszusetzen sei, wie das bei manchen medizinischen Behandlungen erforderlich war. Unsere Vorerfahrungen, die wir auf die Gegenwart übertragen, enthalten grundsätzlich die Gefahr der Wahrnehmungsverengung. Und sie wird durch weitere Informationsreduktion wie z. B. durch Masken katalysiert.

Von daher geht es in der Psychotherapie auch immer um die Bearbeitung dysfunktionaler Wahrnehmungsmuster, die Menschen an der ganzheitlichen Wahrnehmung eines anderen hindern. Dies geschieht zunächst dadurch, dass solche Muster in der therapeutischen Beziehung überhaupt erkannt werden und so ihre blinde Selbstverständlichkeit verlieren. Sie können eingeordnet und vor dem Hintergrund der jeweiligen Lebensgeschichte verstanden werden. Auf dieser Basis werden alternative Wahrnehmungsmöglichkeiten und Perspektivenwechsel erarbeitet und so Entscheidungen zu neuen Verhaltensweisen möglich.

Frank Müller Du hast ja schon erwähnt, dass in der klassischen Freudschen Psychoanalyse Blickkontakt keine Rolle spielt. Ist das Einbinden des Sehens und des Blickkontakts ein genereller Trend in der modernen Psychotherapie?

Werner van Haren Ja, eindeutig. Die „Kur im Liegen" ohne Blickkontakt und mit ihrer Reduzierung auf Sprache ist inzwischen ein Randphänomen innerhalb der psychotherapeutischen Versorgung (maximal 5 % aller Behandlungen werden so durchgeführt). Dies liegt vermutlich nicht zuletzt daran, dass dieses Setting selbst innerhalb der psychoanalytischen Theoriebildung zum Teil einer scharfen Kritik ausgesetzt ist. Diese Kritik reicht von einer Charakterisierung als der menschlichen Natur zuwider bis hin zum Vorwurf der Autonomiereduzierung.

Der identifizierende Blick – wie siehst du mich?

Viele Menschen kommen mit einer verunsicherten Selbstwahrnehmung in die Therapie. „Bin ich wirklich so, wie mein mobbender Chef mich kritisiert? Treffen die Vorwürfe meines Mannes wirklich zu; sind sie berechtigt?"

Wie werde ich gesehen und wie passt das zu dem, wie ich mich selbst sehe? Zweifellos weist diese Art des Gesehenwerdens weit über eine sinnliche Wahrnehmung hinaus.

Frank Müller Aber diese Beobachtungen sind doch, wie alles, was wir wahrnehmen, sinnliche Eindrücke.

Werner van Haren Ich meine hier mehr als Sinneseindrücke. Obwohl natürlich alles, was wir erfahren, durch die Sinne vermittelt ist, fließt in das persönliche Feedback z. B. ein, was jemand inhaltlich sagt, welche Positionen und Werte ein Mensch vertritt, wie er sich auf andere bezieht, welche Emotionen er in welchen Momenten zeigt usw. Es sind komplexe Bewertungs- und Resonanzprozesse, die den sinnlichen Eindrücken folgen und in Feedback münden.

Jegliches Feedback ist auch ein Element von Prozessen der Identifizierung. Meine Identität bildet sich immer im Zusammenspiel von Selbsteinschätzung und Fremdzuschreibungen. Der Wunsch nach Abgleich der Wahrnehmungen, nach Feedback ist oft ein starkes Motiv für Therapie, insbesondere für die Teilnahme an einer Gruppentherapie. Man möchte seine Selbstwahrnehmung mit dem Blick Anderer abgleichen, sich vergewissern und anregen lassen. Feedback beruht natürlich nicht allein auf den Eindrücken des Sehens, ja überhaupt auf rein sinnlichen Eindrücken. Viel mehr basiert Feedback auf Beobachtungen des gesamten Ausdrucks und Verhaltens. Die Frage „wie siehst du mich?" verweist einmal mehr darauf, wie stark Sehen und Gesehenwerden mit der Einschätzung der Person korrespondiert und der visuelle Sinn im Zentrum der Identifizierung steht.

Darüber hinaus ist Feedback zentral für die Überwindung des sog. blinden Flecks – wieder eine Analogie zur Biologie des Auges. Unter diesem „blinden

Fleck" versteht man alles, was ein Mensch aussendet und von anderen wahrgenommen wird, ohne dass sich der Betroffene dessen bewusst ist. Andere erkennen Verhaltensweisen, die dieser Mensch bei sich selbst nicht wahrnimmt. Und indem dies über Feedback-Schleifen zurückgemeldet wird, erweitert sich das Wahrnehmungsspektrum. Je kleiner der blinde Fleck wird, umso umfassender wird unsere Selbstwahrnehmung und Selbsterkenntnis.

Der detektivische Blick – Gefühle lesen und verstehen

Zu betrachten wären noch weitere Varianten des Blickes, die im Rahmen einer therapeutischen Begegnung aufblitzen und Beachtung verdienen. Denn fast alle großen Gefühle wie Freude, Ärger, Verachtung, Angst finden ihren Weg in die Augen(partie) und das Gesicht. Wir sehen als Therapeutinnen und Therapeuten diesen emotionalen Ausdruck oft, bevor die damit verbundenen Gefühle benannt werden können oder manchmal auch dann, wenn ein Patient sie noch nicht versprachlichen, sie preisgeben möchte. In diesen Augen-Blicken lassen sich in der Psychotherapie oft Schätze auf dem Weg der Einsicht und Veränderungen bergen, wenn es gelingt, bisher unbewusste Gefühle zugänglich zu machen, sie aufzugreifen, zu verstehen und zu integrieren.

Ausblick

Weitere interessante Perspektiven und Fragestellungen rund um das Thema Sehen und Blickkontakt, die den Rahmen dieses Artikels überschreiten, möchte ich zumindest noch erwähnen:

Welche Auswirkungen hat es, als Kind blinder Eltern aufzuwachsen? Wie wirken sich Einschränkungen des Sehsinns (z. B. bei Blindheit) seitens der Patientinnen und Patienten oder der Therapeuten auf die Therapie aus? Wie ist ein Verständnis von und ggf. therapeutischer Umgang mit pathologischen Blicken zu finden, also mit Bemächtigung und Erniedrigung, Invasivität und Zerstörungsabsicht über Blicke – hier zu nennen wären auch der „böse Blick" oder der Voyeurismus. Wie verhält es sich mit psychogener Blindheit oder psychisch bedingten Sehstörungen?

Sehen, Kontakt und Beziehung in Augen-Blicken – das, was in der Psychotherapie bewusst wird oder bewusst gemacht wird – ist natürlich nur ein, hier besonders fokussierter Aspekt jeglicher menschlichen Begegnung. Ein solcher Fokus auf ein einzelnes Sinnesorgan enthält sicher eine gewisse Einseitigkeit.

Denn nonverbale Kommunikation vollzieht sich natürlich über alle Sinnesmodalitäten, und das Sehen ist darin eingebunden. Vor allem jedoch ist das Sehen, wie die Wahrnehmung insgesamt, durch die Person und durch Beziehungen geprägt. Es schauen ja nicht die Augen, sondern Menschen mit ihrem jeweils spezifischen Hintergrund. Dennoch und gerade, weil einerseits in den Augen so viel von dem sichtbar wird, was Menschen ausmacht und andererseits so viel über diesen Sinneskanal aufgenommen wird, ist dieses Momentum der Begegnung von herausgehobener Bedeutung. Wie kann es also bewusst für Heilungs- und Unterstützungsprozesse genutzt werden?

Werden wir in der Therapieausbildung darin „geschult", in den Augen der Patient*innen zu lesen, wenn darin – oft viel früher, als es Menschen selbst klar ist – Signale aus der Tiefe erscheinen, die beispielsweise eine Traurigkeit anzeigen, die noch nicht bewusst zugänglich ist oder im schnellen Weiterreden übergangen werden soll? Und findet die Therapeutin oder der Therapeut Wege, diesen Signalen Wert zu geben und mit den Patienten herauszuarbeiten, auf was sie verweisen und einen Zugang dazu zu finden?

Bin ich als Therapeut selbst bereit, innerlich in der Lage, mir in die Augen schauen zulassen? Habe ich selbst den Mut zu einem offenen Blick, der Verständnis und Berührung sichtbar werden lässt und diese als Beziehungsalternative zur Verfügung stellt? Ich plädiere für eine solche Selbstöffnung und auch dafür, sie in Ausbildung und Supervision zu fördern.

Sind wir uns bewusst darüber, wie sehr wir mitunter intuitiv mit Blicken Einfluss auf unser Gegenüber nehmen – vielleicht nur über ein auffordernds Anschauen, ein aufmunterndes Zublinzeln, ähnlich wie bei einem ermutigenden Nicken oder auch bremsenden Stirnrunzeln?

Haben wir in der Therapie vor Augen, wie wichtig ein fokussierter Umgang mit dem schamvoll gesenkten Blick ist? Haben wir eine Vorstellung zu diesbezüglichen Interventionsmöglichkeiten? Finden wir Wege, Patient*innen so zu stärken, dass sie mit offenem Blick in die Welt schauen können?

Es zählt für mich zu den schönsten Perspektiven in der Psychotherapie, Patientinnen und Patienten mit diesem offenen Blick in die Welt zu entlassen.

Weiterführende Literatur

Cierpka M (2014) Frühe Kindheit 0–3 Jahre, 2., korr. Aufl. Springer, Berlin/Heidelberg
Geuter U (2015) Körperpsychotherapie. Psychotherapie: Praxis. Springer, Berlin/Heidelberg
Küchenhoff J (2007) Sehen und Gesehenwerden: Identität und Beziehung im Blick. Psyche 61(5):445–462

4

Schauen und Blicken, aktives Sehen

Anke Huckauf

Wohin, wann und wie wir schauen bestimmt, was wir sehen. Wahrnehmung und Handlung sind also eng miteinander verbunden. Das bedeutet auch, dass das Sehen ein aktiver Prozess ist: Wir nehmen nicht einfach passiv die Lichtinformation auf, die auf unsere Retina fällt, sondern wir stellen unser visuelles System so ein, dass wir bestimmte Dinge sehen können – oder auch nicht. „Er sieht schwarz." „Sie sieht die Welt durch eine rosarote Brille." Viele unserer Redewendungen verweisen darauf, welche enormen Konsequenzen unser Schauen haben kann.

Um Wahrnehmung zu verstehen, reicht es nicht aus, den sensorischen Teil der Augen zu verstehen. Vielmehr müssen wir uns auch mit dem Blickverhalten beschäftigen: Damit wir uns in der Welt bewegen können, benötigen wir eine Vorschau, um unsere Bewegungen anzupassen und zu koordinieren. Beim Gehen bspw. bewegen wir die Augen, um den Horizont gerade zu halten und die Umgebung nach möglichen Hindernissen abzusuchen. Aufregenderweise geschieht die Ausrichtung der Blicke im Normalfall anscheinend mühelos; sie wird gesteuert, ohne dass wir bewusst eingreifen müssen. Zwar können wir unseren Blick willentlich auf bestimmte Punkte lenken; dennoch geschehen die meisten unserer Blickbewegungen unwillkürlich, also ohne, dass wir in der Lage sind, die fixierten Orte innerhalb der letzten Minuten anzugeben.

Augenbewegungen werden eingesetzt, um die Umgebung zu erkunden, sich auf Objekte zu konzentrieren, die visuelle Aufmerksamkeit zu lenken und Handlungen zu steuern. Wie wir in Kap. 1 gesehen haben, werden Informationen unterschiedlich verarbeitet in Abhängigkeit davon, wo auf der

Netzhaut das Licht einfällt: Im Zentrum des Blickfeldes ist die räumliche Auflösung höher; hier können wir Detailinformationen extrahieren. In der Peripherie hingegen können wir Bewegungen von Objekten schneller erfassen. Durch Augenbewegungen bringen wir also den Blick – und damit auch die passenden Netzhautstellen – so in Stellung, dass die Informationsaufnahme zu unseren Zielen passt.

Wie in Kap. 3 besprochen, haben Blicke neben der Wahrnehmungsfunktion auch eine soziale Funktion und sind in der sozialen Interaktion nicht wegzudenken: Verliebte schauen sich in die Augen, auch Neugeborene und Eltern hegen intensiven Blickkontakt. Augenbewegungen sind ein Teil der nonverbalen Kommunikation und spielen eine Schlüsselrolle in der menschlichen Interaktion. Sie können Emotionen, Gedanken und Absichten offenbaren und einen Einblick in den Gemützustand einer Person geben. Wenn eine Person zum Beispiel ängstlich oder aufgeregt ist, können ihre Augen schnell im Raum umherschweifen, was auf eine aktuelle Unfähigkeit zur Konzentration hinweist. Fühlt sich eine Person hingegen entspannt und zuversichtlich, bleiben ihre Augen eher auf einen Punkt gerichtet.

Augenbewegungen sind primär für die visuelle Verarbeitung wichtig, da sie es uns ermöglichen, Informationen aus unserer Umgebung aufzunehmen. Dabei bestimmt die Art der Bewegung, was wir sehen. Die Mechanik der Augen leistet also quasi die Vorarbeit zu dem, was dann mit der eingehenden Lichtinformation auf der Netzhaut und nachstehenden Strukturen passiert. Dabei besteht diese Mechanik aus einer Vielzahl von aufeinander abgestimmten und abzustimmenden Teilen; dem Augapfel mit seinen Bewegungen, dem Augenlid, der Pupille und dem gesamten optischen Apparat, der weiterhin aus Hornhaut und Linse besteht.

Wissenschaftlich sind Blickbewegungen in verschiedenen Fachgebieten Untersuchungsgegenstand, insbesondere in der Kognitiven Psychologie und in der Mensch-Maschine-Interaktion, einem Teilbereich der Informatik. Daneben werden Blickbewegungen in der Augenheilkunde und Neurologie gemessen; auch für Werbewirksamkeitsuntersuchungen eingesetzt, in der Architektur und Bauphysik und in der Kunst und Gestaltung. Hauptsächlich unterscheiden sich die verschiedenen Zugänge bzgl. der Fragestellungen und der Anforderungen an die Technik: Will man grundlegende und angewandte Aspekte von Blicken verstehen, reicht es aus, Blickbewegungen aufzuzeichnen und im Nachhinein zu analysieren. Will man sie hingegen auch zur Interaktion nutzen, wie es in der Mensch-Maschine-Interaktion von Bedeutung ist, werden echtzeitfähige Analyseprogramme benötigt, was große Anforderungen an die technischen Systeme stellt (Abb. 4.1).

Abb. 4.1 Kopfgestützte Blickbewegungsmessgeräte (*head mounted eye tracker*). Mithilfe von Sensoren am Brillengestell kann die exakte Position der Augen und damit die Blickrichtung bestimmt werden

Sehen und Tasten: Blickbewegungen

Die Erforschung von Blickbewegungen in der Kognitiven Psychologie nahm mit dem russischen Psychologen Yarbus ihren Anfang. Er zeigte 1967, dass bevorzugte Blickpositionen sowohl von der betrachteten Szene abhängen als auch von der Intention des Betrachters: So unterscheiden sich die typischen Fixationsorte auf einem Bild abhängig von dem dargestellten Inhalt. Sie unterscheiden sich aber auch in Abhängigkeit von der Aufgabe: Fragt man beim Betrachten eines Bildes bspw. Personen nach dem Alter der dargestellten Personen, schauen sie eher auf die Gesichter, als wenn man Betrachter nach der wahrscheinlichen Tätigkeit der dargestellten Personen fragt.

Ziel ist es, die Augen so auszurichten, dass der interessierende Teil auf die Fovea beider Augen fällt. Diese Bewegungen werden durch ein Netz von Muskeln um das Auge herum ausgeführt (Abb. 4.2); jeweils ein Muskelpaar für die horizontale und eines für die vertikale Bewegungsrichtung. Daneben haben wir die obliquen Muskeln, die dazu dienen, den Horizont stabil zu halten, wenn wir unseren Kopf beugen. Da wir im Zentrum des Gesichtsfeldes am schärfsten sehen, muss also dieses Zentrum dorthin bewegt werden, wo

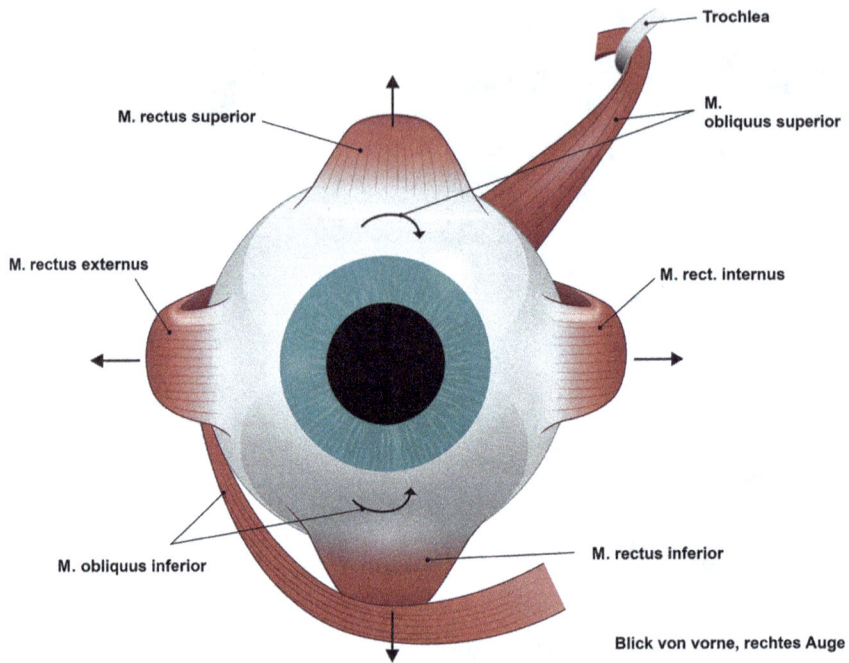

Abb. 4.2 Muskelapparat zur Bewegung der Augen. Der Augapfel wird von sechs Muskeln bewegt, vier geraden (recti) und zwei schrägen Muskeln (obliqui). Diese Muskeln haben ihren Ursprung in einem Bindegewebsring in der Augenhöhle (Orbita) hinter dem Auge, verlaufen dann über den Augapfel und setzen mit ihren Sehnen in der Lederhaut des Augapfels an. Die Hauptzugrichtungen der Muskeln sind vereinfacht dargestellt

sich uns interessierende Dinge befinden. Ähnlich zum Hören funktioniert auch das Auge als Fernsinn; wir können damit Informationen aus großen Entfernungen wahrnehmen. Ähnlich der Hand funktioniert das Sehen dabei tastend; aktiv setzen wir Informationen über mehrere Tastvorgänge zusammen.

Das Abtasten geschieht mittels ruckartiger Bewegungen, der **Sakkaden**. Mit Sakkaden können wir unsere Augen rasch von einem Ort zu einem anderen bewegen. Bei Sakkaden bewegen sich beide Augen in dieselbe Richtung. Einmal gestartet, beträgt die durchschnittliche Dauer einer Sakkade 2–4 hundertstel Sekunden (20–40 ms). Dabei gilt, je länger der zurückgelegte Weg, desto länger dauert die Bewegung. Sakkaden können willentlich oder unwillkürlich ausgelöst werden. Während der Sakkaden ist die Sicht schlecht, weil das Bild über die Netzhaut schwenkt. Um diese Zeit des schlechten Sehens zu minimieren, sind Sakkaden die schnellsten Bewegungen, die der Körper ausführen kann, bis zu 1000 Grad pro Sekunde. Das bedeutet, dass ein Auge sich in einer Sekunde zweimal um die eigene Achse drehen könnte.

Zudem wird während der Blicksprünge die Schwelle für eingehende Information heraufgesetzt: Aufgrund der hohen Geschwindigkeiten während der Sakkaden wäre das Sehen während der Sakkaden nur schlecht möglich, da die Bilder verschmieren würden. So ist die Informationsaufnahme während der Sakkaden praktischerweise gehemmt; wir sprechen hier von einer funktionalen Blindheit. Das kann man wie folgt ausprobieren: Stellen Sie sich vor einen Spiegel und blicken Sie von einem Rand zum anderen. Während Sie Ihre Augenstellung an den Rändern selbst sehen können, bleibt die Bewegung für Sie selbst unsichtbar. Bei einer anderen Person jedoch können Sie ohne Probleme diese schnellen Augenbewegungen erkennen. Diese funktionale Blindheit bedeutet also, dass wir in etwa 10 % der Zeit mit geöffneten Augen blind sind. Ohne visuelle Kontrolle können die Bewegungen aber auch nicht gesteuert werden. Das heißt auch, dass Sakkaden, wenn sie einmal eingeleitet wurden, nicht mehr abgebrochen werden können. Dadurch kann auch der Endpunkt einer Sakkade im Verlauf der Bewegung kaum mehr verändert werden.

Sakkaden werden unterbrochen durch relativ stabile Positionen der Augen. In diesen relativen Ruhephasen, den **Fixationen**, werden Informationen aufgenommen. Wir machen im Mittel etwa zwei bis fünf Fixationen pro Sekunde; sie dauern also zwischen 200 ms und 500 ms. Die Unterschiede in den Fixationsdauern sind primär aufgabenabhängig. Die Dauer der Fixationen ist deshalb ein wichtiges Maß bei der Untersuchung der visuellen Informationsverarbeitung. So zeigt sich bspw. beim Lesen, dass die Fixationsdauer von der Textschwierigkeit, also Faktoren wie Wort- und Satzlänge oder der Komplexität und Vertrautheit der Wörter, abhängt.

Während einer Fixation wird nicht nur die aktuell zu sehende Information aufgenommen, sondern es wird auch die nächste Sakkade geplant. Dazu muss Information in der Gesichtsfeldperipherie so verarbeitet werden, dass ein nächstes Fixationsziel ausgewählt werden kann. Bei diesem Prozess spricht man von peripherer Vorverarbeitung. Sakkaden und Fixationen helfen uns also, eine Szene schnell abzutasten oder uns auf einen bestimmten Punkt zu konzentrieren. Besonders gut klappt das bei relativ statischen Szenen.

Um uns hingegen auf bewegte Objekte konzentrieren zu können, z. B. auf ein laufendes Tier oder einen Ball im Flug, können wir diese mit unseren Augen verfolgen. Solche **glatten Augenfolgebewegungen** ermöglichen es uns auch, unsere Augen auf einen einzigen Punkt zu richten, auch wenn sich unser Kopf bewegt. Glatte Verfolgungen können nicht willentlich ausgelöst werden; sie treten nur auf, wenn ein sich bewegendes Ziel mit einer bestimmten, relativ geringen Geschwindigkeit vorhanden ist. Sobald sich das Ziel schneller bewegt, beginnen wir mit Aufholsakkaden, um mit dem Ziel

Schritt zu halten. Solch einen Wechsel zwischen langsamer Verfolgung eines Objekts und ruckartiger Rückstellung der Augen kann man gut bei Sitznachbarn im Zug beobachten, wenn diese aus dem Fenster schauen und dabei Objekte wie einen Baum beobachten, der langsam aus dem Sichtfeld fährt.

Eine weitere Art der Augenbewegungen vollbringen wir, wenn wir unsere Aufmerksamkeit zwischen nahen und fernen Objekten hin- und herbewegen. Hierbei konvergieren unsere Augen (drehen sich mehr nach innen) oder divergieren (drehen sich so, dass eine parallele Stellung der Blickachsen entsteht), um das fokussierte Objekt jeweils in beiden Augen zentriert zu halten. Diese Bewegungen beider Augen zueinander werden als Vergenzbewegungen bezeichnet. Durch diese Drehungen werden Objekte in unterschiedlichen Entfernungen in den Foveae beider Augen gehalten. Im Schlaf stellen wir die Augen auf unendliche Entfernung ein, sodass die Blickachsen parallel sind.

Unsere Blicke werden natürlich auch von der Stellung des Kopfes im Raum beeinflusst. Diese Kopfstellung wird reflektorisch berücksichtigt: Der **vestibulookulare Reflex** (VOR) ist ein Mechanismus zur Bildstabilisierung. Wenn wir unseren Kopf drehen, wird eine gegenläufige Augenrotation ausgelöst. Dadurch bleibt das Bild relativ zum Augenhintergrund, der Netzhaut, stabil. Dieser Reflex unterscheidet sich von der gleichmäßigen Verfolgung dadurch, dass eine VOR-induzierte Augenbewegung im Wesentlichen eine Kompensation für die Kopfbewegung ist, während eine gleichmäßige Verfolgung eine Kompensation für die Objektbewegung darstellt. Durch den vestibookularen Reflex wird also sichergestellt, dass die Bilder dauerhaft auf die Netzhaut projiziert werden können. Dieser Reflex benötigt keine visuelle Information; er funktioniert auch im Dunklen.

Pupillenreaktionen

Alle bisher genannten Bewegungsarten des Auges werden von Muskeln vollbracht, die von den Hirnnerven als Bestandteile des zentralen Nervensystems angesteuert werden. Interessanterweise gibt es im Auge auch eine Struktur, die von Muskeln des peripheren Nervensystems gesteuert wird; die **Pupille**. Die Pupille ist die kleine kreisförmige Öffnung in der Mitte des Auges, durch die Licht in das Auge eindringt. Tatsächlich handelt es sich bei der Pupille um keine Struktur; sie ist lediglich eine adjustierbare Öffnung, durch die das Licht ins Augeninnere fällt. Die Größe der Pupille wird durch die Umgebungsleuchtstärke, aber auch durch andere Faktoren wie Erregungszustände der Person reguliert (Abb. 4.3). Diese Anpassung wird von zwei Muskeln geleistet, die jeweils Teil des parasympathischen und sympathischen Nervensystems sind. Das sympathische und das parasympathische Nervensystem

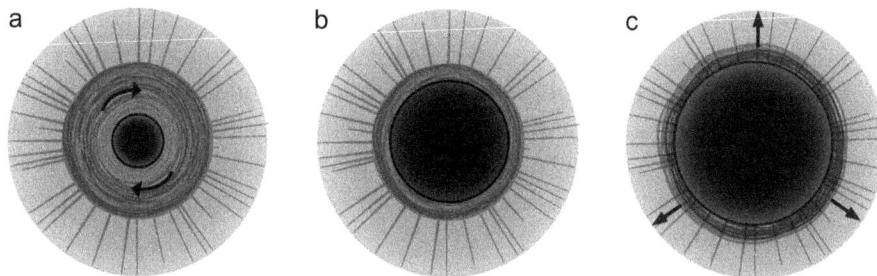

Abb. 4.3 Die Pupillenweite wird durch Muskelzüge in der Regenbogenhaut vermittelt. Links: Bei einer Engstellung der Pupille (Miosis) zum Beispiel bei Lichteinfall ist der Schließmuskel der Pupille (M. sphincter pupillae) aktiv, der seine Impulse durch den parasympathischen Anteil des vegetativen Nervensystems erhält. Mitte: Normalstellung. Rechts: Eine Weitstellung der Pupille wird durch den Erweiterungsmuskel (M. dilatator pupillae) verursacht. Diese Muskelfasern werden durch den sympathischen Teil des vegetativen Nervensystems angesteuert, z. B. bei Dunkelheit oder Schreck und Aufregung

sind Teile des vegetativen Nervensystems und funktionieren dort typischerweise als Gegenspieler. Aktivierung des sympathischen Nervensystems führt zu einer Steigerung der Aktivität („fight or flight"), und Aktivierung des parasympathischen Nervensystems zu Ruhephasen („rest and digest"). Durch die Einbettung in diese Nervenbahnen können Veränderungen der Pupillengröße auch zur Messung des Erregungsniveaus, der kognitiven Belastung und des emotionalen Zustands einer Person verwendet werden. Dieses weiß und nutzt man seit vielen Jahrhunderten – bspw. haben Frauen Belladonna, ein pflanzliches Medikament, das die Pupillen erweitert, auf ihre Augen aufgetragen, um ihre Attraktivität zu erhöhen. Der Name „Belladonna" bedeutet „schöne Frau" und bezieht sich auf diese Verwendung der Pflanze. Aufgrund der Nebenwirkungen des hierin befindlichen Wirkstoffes Atropin möchten wir diese Pflanze nicht zur Verschönerung empfehlen. Die Einnahme selbst kleiner Mengen der Pflanze kann zu schweren Symptomen wie verschwommenem Sehen, Mundtrockenheit, Herzrasen und Atemnot führen. In großen Dosen kann sie tödlich sein. Atropin sollte also mit großer Vorsicht und nur nach Verordnung eines qualifizierten Arztes verwendet werden. An dieser Stelle ist dennoch wichtig festzuhalten, dass eine große Pupille nicht nur Ausdruck eines Zustands erhöhter Erregung ist, sondern offensichtlich auch der Kommunikation dieses Zustands dient.

Primär reagiert die Pupille auf Helligkeit: Wenn eine Person hellem Licht ausgesetzt ist, verengt sich ihre Pupille, während sich ihre Pupille in einer dunklen Umgebung erweitert, um die Lichtausbeute zu maximieren. Wie das sympathische und parasympathische Nervensystem auch verändert sich die Pupille bei Erregung. Sie reagiert also auf jegliche Reizungen, wie bspw.

kognitive Beanspruchung, emotionale Beanspruchung oder auch körperliche Beanspruchungen wie Hunger oder Bewegungen. Dadurch erfordert die Interpretation der Pupillengröße ein detailliertes Verständnis der gesamten Situation und der Intentionen, um die unspezifischen Reaktionen sinnvoll interpretieren zu können. Dann und nur dann kann die Pupillometrie ein wertvolles Instrument sein, um auch psychische Belastungen und kognitive Leistungen zu untersuchen.

Naheinstellung – Akkommodation

Hinter der Pupillenöffnung befindet sich die Linse; eine Struktur, die einen wichtigen Anteil der Brechkraft unserer Augen beiträgt. Unter **Akkommodation** versteht man den Vorgang, bei dem die Linse im Inneren unseres Auges ihre Form verändert, um ein bestimmtes Objekt zu fokussieren. Dieser Vorgang ist das Ergebnis der Kontraktion und Entspannung der Ziliarmuskeln im Auge. Wenn wir ein Objekt in der Nähe fokussieren, ziehen sich die Ziliarmuskeln um die Linse herum zusammen. Sie nehmen damit Zug von der Linse, sodass diese sich aufgrund ihrer eigenen Elastizität abkugeln kann und konvexer wird. Dadurch erhöht sich die Brechkraft des optischen Apparates. Durch die Akkommodation kann die Brechkraft um etwa 15–20 % erhöht werden; der (stabile) Rest der Brechkraft im Auge wird durch die Krümmung der Hornhaut erreicht. Wenn sich die Ziliarmuskeln hingegen entspannen, wird die Linse flacher und weniger konvex. Dadurch verringert sich die Brechkraft der Linse und das Auge kann auf weiter entfernte Objekte fokussieren. Die Fähigkeit der Linse, ihre Form zu verändern und ihre Brechkraft anzupassen, ist ein entscheidender Bestandteil unserer Fähigkeit, in verschiedenen Entfernungen scharf zu sehen. Der Prozess der Akkommodation läuft ohne unsere aktive Beteiligung unwillkürlich und automatisch ab und wird durch das vegetative Nervensystem gesteuert.

Marcel Schweiker Wie im nächsten Kapitel von mir dargestellt, benötigen wir im Alter mehr Helligkeit und sind blendungsempfindlicher. Besteht hier ein Zusammenhang mit nachlassender Muskelkraft der Ziliarmuskeln und könnten diese trainiert werden?

Peter Walter Das berichten viele ältere Menschen, die in meine Sprechstunde kommen. Ein besonderes Problem stellt vermehrte Lichtempfindlichkeit und Blendung beispielsweise beim Autofahren dar, insbesondere bei ungünstigen Lichtverhältnissen wie Dämmerung, Nebel oder Regen oder beliebige

Kombinationen, möglichst noch mit Gegenverkehr von Fahrzeugen mit schlecht eingestellten Scheinwerfern. Tatsächlich kommt es ja im Alter zu einer Abnahme der Transparenz der Augenlinse. Licht wird in der Linse gestreut, was zur Blendung beiträgt. Dieser Effekt ist umso stärker, je weiter die Pupille ist, also gerade typischerweise abends in der Dämmerung oder in der Nacht. Wir haben zunehmend LED- oder Xenon-Scheinwerfer in den Fahrzeugen verbaut, die einen höheren kurzwelligen Anteil in ihrem Abstrahlspektrum haben als ältere Halogenleuchten. Damit gelingt zwar eine hellere und im Fall von LED-Leuchten auch energiesparendere Beleuchtung der Straße, allerdings hat der kurzwellige Anteil des Abstrahlspektrums im Vergleich zu den „alten" Scheinwerfern einen höheren Grad an Streuung beim Durchtritt durch brechende Medien, wie etwa der Linse. Daher gelten bei der Bestückung von Fahrzeugen mit LED-Leuchten als Frontscheinwerfer besondere Einstellungsregeln. Diese Probleme sind aber weniger durch nachlassende Muskelkraft im Ziliarmuskel bedingt. Sie können nicht durch ein Trainieren der Ziliarmuskeln beseitigt werden. Die Pupille tendiert im Alter dazu, eher kleiner zu werden, was der Blendempfindlichkeit etwas entgegenwirkt.

Die Mechanik des Blickens

Der Ruhezustand unserer Augen ist die Ferneinstellung: Die Blickachsen stehen parallel, die Muskeln sind entspannt. Die Linse drückt im entspannten Zustand nicht auf die Pupille (wodurch diese zusätzlich vergrößert wird), und der Lichteinfall wird durch eine mittlere Pupillengröße gesteuert. Wenn wir hingegen in der Nähe sehen möchten, bedeutet das mechanische Arbeit für die Okulomotorik: Die Blickachsen müssen sich nach innen wenden, konvergieren, die Linse muss gekrümmt werden, und die Pupille muss sich verengen. Diese drei mechanischen Prozesse der **Vergenz, Akkommodation und Pupillenverengung** müssen für die Nahsicht aufeinander abgestimmt werden. Sie werden als **Nahtrias** zusammengefasst.

Marcel Schweiker Könnte diese Ferneinstellung und damit einhergehende Entspannung der Okulomotorik damit zusammenhängen, dass der Ausblick aus dem Fenster wie in Kap. 7 beschrieben zu einer Verbesserung des Gemütszustands und generellen Entspannung beiträgt?

Anke Huckauf Ja, wie beschrieben ist die Entfernungseinstellung die entspanntere Haltung für den okulomotorischen Apparat. Insofern trägt sie bestimmt auch zu einer generellen Entspannung bei.

Eine Annahme lautet, dass wir genau diese Nahtrias-Mechaniken interpretieren, um festzustellen, ob eine Person uns anschaut. Der Eindruck, den da Vincis Gemälde der Mona Lisa hervorruft, dass sie die Betrachter stets anschaut, egal, in welcher Richtung sich die Betrachtenden bewegen, wurde häufig mit Mechanismen der Nahtrias in Verbindung gebracht. Blicke mit einer Ferneinstellung wirken auf uns abweisend; Personen starren quasi durch uns hindurch. So führt also die Art, wie wir in die Welt blicken, auch zu einem Ausdruck, der von anderen wahrgenommen und interpretiert wird. Aber auch die eigene Wahrnehmung verändert sich durch die Nah-, bzw. Fernsicht: Die Punktschärfe für angeblickte Reize wird bei Nahsicht erhöht, periphere Reize werden unschärfer. Dadurch bestimmt die Mechanik der Nahtrias zunächst auch unseren Aufmerksamkeitsfokus.

Blinzeln

Durch den Lidschlag wird die Hornhaut befeuchtet, sodass deren Brechkraft erhalten bleibt. Die Blinzelrate gibt an, wie oft eine Person in einer bestimmten Zeit blinzelt. Auch sie ist ein wichtiges Maß für die physiologische und psychologische Gesundheit, da sie auf Müdigkeit oder Stress hinweisen kann. Die durchschnittliche Blinzelrate liegt zwischen 10- und 20-mal pro Minute, kann aber je nach Alter, Geschlecht und anderen Faktoren variieren. Die Blinzelrate kann ein weiterer Indikator dafür sein, wie wach oder entspannt eine Person ist. Wenn sich eine Person ängstlich fühlt, kann sich ihre Blinzelrate erhöhen, da sie angespannter ist. Fühlt sich eine Person entspannt, kann sich ihre Blinzelrate dagegen verlangsamen.

Nicht nur die Häufigkeit des Lidschlags, auch die Dauer des Lidschlusses ist ein Indikator für den Erregungszustand einer Person. Müdigkeit deutet sich an über längere Phasen, in denen das Lid geschlossen ist. Bei Katzen ist bekannt, dass sie Blinzeln zur expliziten Kommunikation einsetzen; eine erhöhte Lidschlussdauer signalisiert demnach Friedfertigkeit; reduzierte Lidschlaghäufigkeit gepaart mit großen Pupillen Angriffsmodus.

Peter Walter Es gibt ja auch das Phänomen der verminderten Blinzelfrequenz, wenn wir lange Zeit am Computer arbeiten. Das ist sicher ein Grund dafür, warum wir heute so viele Menschen sehen, die Beschwerden im Sinne des trockenen Auges haben. Klimaanlagen mit ihrer trockenen Luft verstärken diesen Effekt noch. Der Rat des Augenarztes: Öfter mal bewusste Blinzelpausen bei der Computerarbeit einlegen, eine ordentliche Bildschirmarbeitsplatzbrille, Luftbefeuchter und eine vernünftige Ausleuchtung. Dann wird der Bedarf an künstlichen Tränen und Augentropfen sicher geringer. Inzwischen findet man den Begriff des Computer-Vision-Syndroms für die Trockenheit und Überanstrengung des Auges bei vermehrter Computerarbeit. Die oben genannten Maßnahmen sind geeignet, das zu verhindern.

Anwendungen der Blickbewegungsforschung

Die kommunikative Funktion von Blicken kann nicht nur unter Menschen verwendet werden; sie kann auch zur Interaktion mit technischen Geräten genutzt werden. Dabei werden Blickbewegungen mittels technischer Geräte registriert – denn obwohl wir viele Blickbewegungen auch mit bloßem Auge erkennen können, benötigen wir für die Messung ihrer Länge und Richtung ein objektives valides und reliables Instrument. Einer der ersten Versuche, Blickbewegungen technisch zu erfassen, bestand aus einer Kontaktlinse, an der ein Stift befestigt war. Bei Einsetzen der Linse an einem Auge konnte man mit dem anderen Auge schauen, während mit dem befestigten Stift die Augenbewegungen nachgezeichnet wurden. Spätere Möglichkeiten nutzten Linsen mit Drähten, die seitlich so befestigt waren, dass sie die Wahrnehmung weniger störten, und dass deren Bewegungen durch ein Magnetfeld um den Kopf herum gemessen werden konnten. Dennoch handelte es sich bei diesen Möglichkeiten um für die untersuchte Person sehr unangenehme Messmethoden. Eine weitere Möglichkeit besteht darin, die Aktivität der Augenmuskeln über Elektroden an der Körperoberfläche zu erfassen. All diese Techniken zur Blickbewegungsmessung erfordern die Befestigung von Geräten am Körper, was entsprechend unkomfortabel ist. Heutzutage handelt es sich bei Eye-Trackern üblicherweise um Kameras, die entweder aus der Ferne auf die Augen gerichtet werden oder um kopfbasierte Geräte. Dank aktueller Entwicklungen bzgl. der Miniaturisierung von Hardware und der Beschleunigung von Rechenleistungen können Blickbewegungen bereits mit Geräten erfasst werden, die kaum von einer Brille unterscheidbar sind. Auch dies ist eine wichtige Voraussetzung für die Einbindung dieser Technologie in die alltägliche Anwendung.

Mit blickbasierten Systemen kann viel erreicht werden: Bereits marktgängige Anwendungen sind die Müdigkeitsdetektion anhand des Lidschlusses oder auch die Ausschaltfunktion bei Bildschirmen, wenn kein Augenpaar detektiert wird, das aktuell auf den Bildschirm schaut. Interaktionen mittels der Augen sind auch für sprechbeeinträchtigte Patienten relevant. Die Idee ist, Buchstaben bspw. auf einem Monitor zu präsentieren und sie mit Hilfe von Blicken auswählen zu lassen. Auf diese Art wird Text generiert. Dieser Text kann dann geschrieben auf einem Monitor dargestellt oder laut vorgelesen werden. Dadurch kann die Kommunikation mit sprechbeeinträchtigten Patienten gelingen. Ein Beispiel für erfolgreiche blickbasierte Kommunikation liefert die *Locked-in*-Patientin Kati van der Hoeven in ihrem Buch „*Living Underwater*". Beim *Locked-in*-Syndrom kommt es zu einer vollständigen Lähmung der Arme und Beine und der Hirnnerven, die die Gesichtsmuskulatur versorgen. Die Betroffenen haben also keinen mimischen Gesichtsausdruck. Sie erscheinen bewusstlos. Sie sind aber in der Lage, über Lidbewegungen oder über vertikale Augenbewegungen zu kommunizieren. *Locked-in*-Patienten haben eine normale kognitive Funktion und Denkleistung, sie können hören und sehen, aber nicht sprechen, schlucken, essen oder trinken. Eine solche Beeinträchtigung kommt als Folge eines Schlaganfalls oder einer entzündlich bedingten motorischen Lähmung vor.

Kommen wir zurück zu blickbasierten Interaktionen. Hierbei dienen die Augen als Zeigeinstrument. Um dieses Zeigen in einer kommunikativen Situation zu ermöglichen, ist neben der Erfassung der Augenbewegungen auch eine zeitnahe Rückmeldung über die Bewegungen an die Personen essenziell: Stellen Sie sich vor, Sie tippen auf Ihrer Tastatur, und die getippten Zeichen erscheinen erst fünf Minuten später auf Ihrem Bildschirm. Innerhalb dieser Zeit wären Sie wahrscheinlich längst davon überzeugt, dass Ihr Gerät defekt sei. Um einen reibungslosen Ablauf von Geschehnissen zu gewährleisten, ist eine halbe Sekunde eine kritische Dauer. In diesen ersten 500 ms erkennen wir Folgen des eigenen Tuns; später eintreffende Signale werden nicht mehr als Wirkung des eigenen Handelns interpretiert; dann erscheint uns ein technisches System ein Eigenleben zu vollziehen. Für die Realisierung blickbasierter Interaktion stellt dieses kurze Zeitfenster eine große Herausforderung dar: Innerhalb von 500 ms müssen Blickbewegungen erkannt, ihre neue Position verarbeitet, Effekte auf das Erscheinen der Umwelt vorhergesagt und deren Darstellung realisiert werden. Dies ist eine erhebliche Rechenleistung für technische Systeme, die dank moderner Lernalgorithmen zunehmend gut und schnell geleistet werden kann.

Die Zeigefunktion des Blickes ist, wie wir wissen, nicht die einzige Funktion – und beileibe nicht die wichtigste. So ist zur Realisierung blickbasierter Interaktion mit technischen Systemen (Abb. 4.4) von zentraler Bedeutung, Blicke auseinanderzuhalten, die zum Zeigen dienen und solche, die zur Inspektion ausgeführt werden. Werden zu viele Blicke als Zeigegeste interpretiert, ergeht es Nutzenden wie dem König Midas aus der gleichnamigen griechischen Sage: Midas hatte die Gabe, alles, was er berührte, zu Gold werden zu lassen. Seinem materiellen Reichtum zum Trotz konnte er so nicht leben, da er weder lieben noch essen konnte. Wenn in einer blickgesteuerten Umgebung alles, was angeschaut wird, zur Bearbeitung ausgewählt wird (also

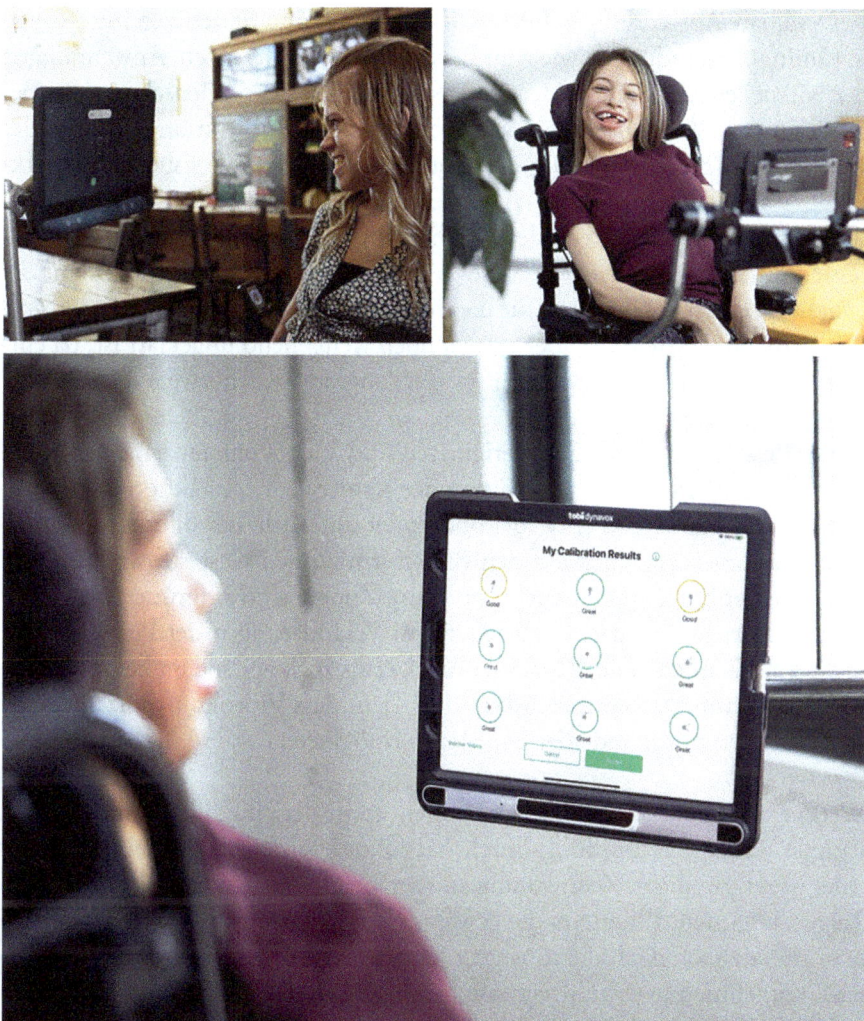

Abb. 4.4 Blickbasierte Interaktion. Durch technische Registrierung der Augenbewegungen kann eine Interaktion mit der Umwelt vermittelt werden. Dies ist besonders auch für Personen mit motorischen Beeinträchtigungen hilfreich. Augenbewegungen können so benutzt werden, um beispielsweise Computer und Software zu bedienen, aber auch Rollstühle und Kommunikationsmittel wie Sprachgeneratoren. (Fotos mit freundlicher Genehmigung von Tobii Dynavox)

quasi angeklickt wird), können wir nichts mehr in Ruhe anschauen. Die Lösung dieses sog. Midas-touch-Problems ist also eine Herausforderung im Umgang mit blickbasierter Interaktion mit technischen Systemen. Es erfordert, die Nutzenden und deren Intention besser kennenzulernen, um damit zeigende und inspirierende Blicke voneinander trennen zu können.

Denkbare Anwendungen blickbasierter Interaktion finden sich bei Spielen, in Online-Anwendungen wie zum Beispiel Videokonferenzen, Anwendungen der virtuellen Realität, wie auch als Hilfsmittel für Menschen mit Behinderungen. Aber natürlich kann blickbasierte Interaktion auch in der wissenschaftlichen Forschung eingesetzt werden, um die visuelle Aufmerksamkeit und Wahrnehmung zu untersuchen. In der natürlichen sozialen Interaktion dienen Blicke zudem noch dazu, soziale Rollen zu klären und zu festigen und bspw. Sprecherwechsel zu koordinieren. Überhaupt scheint die Synchronisation von Blicken für die Verständigung in Gruppen eine wesentliche Rolle zu spielen, die aber aktuell noch weitgehend ungeklärt ist, da entsprechende Untersuchungsszenarien erst langsam den notwendigen technischen Reifegrad erlangen.

Ein Beispiel für solche Schwierigkeiten sind Videokonferenzen. Bei aktuellen Videokonferenzen ist die Position der Kamera zur Interaktion nicht optimal: Die Webcams sind entweder ober- oder unterhalb des Bildschirms angebracht, sodass beim Blick auf den Bildschirm zu den Gesprächsteilnehmern kein direkter Blickkontakt entstehen kann. Zudem sind aufgrund zu geringer Auflösung viele Blickparameter wie bspw. Veränderungen der Pupillengröße nicht zu erkennen. Die Latenzen sind häufig zu lang, sodass keine flüssige Kommunikation entsteht. All das führt dazu, dass Videokonferenzen soziale Interaktionen nur in reduziertem Maße ermöglichen.

Werner van Haren Inzwischen finden sich Berichte über eine „Zoom Fatigue", einer Erschöpfung durch Videokonferenzen. Sie scheint Resultat einer untergründigen Anstrengung zu sein, bei der verschiedene Prozesse zum Tragen kommen: Einerseits die erwähnten Begrenzungen des Kontakts, bei dem zudem auch noch die sonstigen Signale der Körpersprache entfallen, sodass Teilnehmende sowohl verunsichert nach Orientierung suchen als auch instinktiv meinen, überdeutlich sprechen und gestikulieren zu müssen. Zum anderen sind manche gestresst von der ständigen Konfrontation mit ihrem eigenen Bild, insbesondere wenn sie unzufrieden mit ihrem eigenen Aussehen sind. Und schließlich setzen uns Video-Calls einem permanenten Blick ins Gesicht aus, was eine physische Nähe simuliert, die oft nur intimeren Alltagssituationen vorbehalten ist.

Aufmerksamkeit

Die Hinwendung zu einem Objekt mittels der Augen und des Körpers wird auch als offene Aufmerksamkeit bezeichnet. Demgegenüber steht die verdeckte Aufmerksamkeit, die sich auf den Akt der selektiven Aufmerksamkeit für ein bestimmtes Objekt oder einen bestimmten Ort bezieht, ohne dass die Augen oder der Körper bewegt werden. Eines der Hauptmerkmale der selektiven Aufmerksamkeit ist ihre begrenzte Kapazität. Wir können immer nur eine begrenzte Menge an Informationen detailliert verarbeiten.

Verdeckte Aufmerksamkeit ist schwierig zu beobachten, da sie keine offensichtliche körperliche Bewegung beinhaltet. Sie kann jedoch mit verschiedenen verhaltensbiologischen und physiologischen Methoden gemessen werden, z. B. mit Reaktionszeiten oder mit Messungen der Gehirnaktivität. Verdeckte Aufmerksamkeit wird oft von internen Faktoren wie unseren Zielen, Erwartungen oder Interessen gesteuert. Wenn wir zum Beispiel eine Person „aus den Augenwinkeln" beobachten, dann schauen wir zu einem Ort, richten aber unsere Aufmerksamkeit auf einen anderen Ort aus. Ähnliche Prozesse treten auch bei der peripheren Vorverarbeitung auf, wenn wir den Ort für die nächste Fixation bestimmen.

Offene und verdeckte Aufmerksamkeit sind also zwei grundlegende Aspekte der Aufmerksamkeit, die zusammenwirken und die es uns ermöglichen, uns in der komplexen Welt um uns herum zurechtzufinden. Während offene Aufmerksamkeit von außen beobachtbar ist, sehr kurze Reaktionslatenzen aufweist und reflexiv gesteuert wird, wird die verdeckte Aufmerksamkeit eher willentlich von internen Faktoren gesteuert. Zuwendungen über verdeckte Aufmerksamkeit benötigen mehr Zeit. Beide Arten der Aufmerksamkeit und auch ihr Zusammenspiel sind für eine effektive Informationsverarbeitung unerlässlich. Sie können durch verschiedene Faktoren wie Erregung, Befindlichkeit und kognitive Beanspruchung beeinflusst werden.

Beide Arten der visuellen Aufmerksamkeit dienen der Selektion, d. h. der Fähigkeit, sich auf einen bestimmten Reiz oder eine Reihe von Reizen zu konzentrieren und dabei andere ablenkende Informationen auszublenden. Selektive Aufmerksamkeit ist damit ein überlebensnotwendiger kognitiver Prozess, der es uns ermöglicht, wichtige und unwichtige Informationen schon früh im Verlauf der Verarbeitung unterschiedlich zu behandeln.

Die selektive Aufmerksamkeit wird von verschiedenen Faktoren beeinflusst, sowohl von Reizeigenschaften als auch von der Intention der betrachtenden Person. Wie diese selektiven Aufmerksamkeitsprozesse funktionieren, wird in psychologischen Paradigmen untersucht; bspw. in visuellen Suchaufgaben oder dem *Attentional-blink*-Paradigma. Bei der visuellen Suche werden viele Reize gleichzeitig bis zur Antwort einer Versuchsperson dargeboten, wobei die Antwort auf eine Frage mit zwei Antwortmöglichkeiten (z. B.: Ist ein bestimmter Reiz vorhanden? Ist ein Reiz nach links oder nach rechts geneigt) typischerweise per Tastendruck gegeben werden muss. Hier zeigt sich, dass bestimmte einzigartige Reize (ein roter Reiz unter vielen schwarzen; ein runder Reiz unter eckigen; usw.) die Aufmerksamkeit schnell und automatisch auf sich ziehen. Dies wird dann als Salienz bezeichnet. Demgegenüber müssen weniger saliente Reize aufwendig gesucht werden, was mehr Ressourcen benötigt. Im *Attentional-blink*-Paradigma wird eine schnelle Abfolge visueller Reize präsentiert, von denen einige Zielreize (z. B. ein Buchstabe oder eine Zahl) und andere Reize Ablenkungsreize (z. B. zufällige Buchstaben oder Symbole) sind. Die Aufgabe besteht darin, das Vorhandensein der Zielreize zu erkennen, während die Ablenkungsreize ignoriert werden. Es gibt dabei eine kurze Zeitspanne (ca. 200 ms–500 ms) nach der Präsentation des ersten Ziels, in der die Erkennung eines zweiten Ziels beeinträchtigt ist. Dies wird als *attentional blink* bezeichnet und spiegelt die begrenzte Kapazität der selektiven Aufmerksamkeit wider. Marcel Schweiker wird uns in Kap. 7 dieses Phänomen am Beispiel von Fassadengestaltung nochmal näherbringen.

Selektive Aufmerksamkeit ist ein komplexer kognitiver Prozess, der für eine effektive Informationsverarbeitung und Entscheidungsfindung unerlässlich ist. Sie ermöglicht es uns, irrelevante Informationen herauszufiltern, uns auf das Wesentliche zu konzentrieren und uns damit an veränderte Umweltanforderungen anzupassen.

Unbewusste Wahrnehmung

Unbewusste oder auch unterschwellige (subliminale) oder implizite Wahrnehmung bezieht sich auf die Verarbeitung von Reizen, die wir nicht berichten können, die also unterhalb der Schwelle des Bewusstseins liegen. In psychologischen Experimenten werden solche Reize oft sehr kurz (nur wenige Millisekunden lang) oder in einer Weise präsentiert, die maskiert oder verdeckt ist. Trotz ihrer geringen Sichtbarkeit können sich unterschwellige Reize dennoch auf unser Verhalten und unsere Wahrnehmung auswirken.

Die unterschwellige Wahrnehmung ist in der Psychologie seit vielen Jahren ein interessantes und umstrittenes Thema. Es wird behauptet, dass sie alles beeinflussen kann, von unseren Gefühlen und Einstellungen bis hin zu unserem Kaufverhalten und unseren politischen Überzeugungen. Auch wenn einige dieser Behauptungen übertrieben oder unbegründet sind, gibt es Beweise dafür, dass unterschwellige Wahrnehmung unter bestimmten Bedingungen subtile Auswirkungen auf unser Verhalten und unsere Wahrnehmung haben kann. Eine Schwierigkeit in der Untersuchung unterschwelliger Wahrnehmung ist, dass diese Wahrnehmungen nicht berichtbar sind und deshalb nicht erfragt werden können. Wenn wir bspw. eine Person getroffen haben und anschließend ein freundschaftliches oder abneigendes Gefühl bzgl. der Konversation mit dieser Person haben, waren wahrscheinlich unbewusste Signale im Spiel (hier könnte man sich etwas verlängerte Lidschlussdauern oder Pupillenverengungen im ungünstigen Moment vorstellen), die wir nur als Gefühl benennen können.

Werner van Haren Das ist für mich ein sehr spannender Punkt: Wir sprechen z. B. manchmal von der Sekunden-Diagnostik, in der wir eine „Einschätzung" unseres Gegenübers vornehmen, in Alltagsbegegnungen („Liebe auf den ersten Blick") und ebenso im Prozess einer phänomenologischen psychotherapeutischen Diagnostik. Ich denke, hier greift eine Begrenzung der Betrachtung auf die Augenbewegungen zu kurz. Hier fließt wohl eher die Gesamtheit aller bewussten und sublimen Wahrnehmungen ein.

Anke Huckauf Dem würde ich unbedingt zustimmen – dennoch glaube ich, dass unsere Blickmerkmale an dieser Stelle von großer Bedeutung zu sein scheinen, wie es ja gerade bei der Liebe auf den ersten Blick zutage tritt.

Frank Müller Hier muss ich – obgleich Sehforscher – einmal eine Lanze für die anderen Sinne brechen. In diesem Zusammenhang spricht man ja auch davon, dass die Chemie zwischen zwei Menschen stimmt, oder als Gegenteil, dass man jemanden nicht riechen kann. Wie so oft, haben diese Redewendungen einen wahren Kern. Sie weisen darauf hin, dass auch der Geruchssinn bei diesen unbewussten Reaktionen eine wichtige Rolle spielt. Dazu passt, dass Geruchsreize praktisch immer emotional belegt sind.

Untersucht werden unbewusste Wahrnehmungen durch Priming-Paradigmen. Dabei werden zwei Reize in sehr schneller Folge gezeigt; und zwar so schnell, dass die Frage nach dem Vorhandensein des ersten Reizes nur zufällig korrekt beantwortet werden kann. Dennoch kann er die Reaktion auf den nachfolgenden Reiz beeinflussen. Wird uns zum Beispiel zunächst ein Pfeil nach rechts oder links gezeigt und anschließend ein Reiz rechts oder links, dann reagieren wir schneller und besser auf den Reiz, wenn der nicht berichtbare Pfeil in diese Richtung zeigte. Das funktioniert auch mit abstrakter Information: Wird kurz das Wort „ROSE" gezeigt, bevor wir aufgefordert werden, ein Adjektiv „r _ _ " zu vervollständigen, werden wir mit größerer Wahrscheinlichkeit die Lücke mit „rot" ausfüllen, als wenn uns das Prime-Wort „ROSE" nicht gezeigt worden wäre. Dies zeigt, dass das Prime-Wort (ROSE) unsere Reaktion auf das Target-Wort (ROT) beeinflusst hat, ohne dass wir uns dessen bewusst sind.

Es gibt Berichte von unlauterer Werbung, bei der Bilder so kurz eingeblendet werden, dass wir sie nicht berichten können, dass sie aber dennoch Verhaltenskonsequenzen haben. So soll ein Cola-Hersteller im Kino derartige Werbefilme mit unterschwelligen visuellen Signalen gezeigt haben, was dazu geführt haben soll, dass die Kinobesucher Lust auf ein Kaltgetränk verspürten, ohne zu wissen, woher diese Lust kam. Auch wenn es sich bei dieser Geschichte um eine moderne Sage handelt, bleibt das Misstrauen gegenüber Beeinflussung durch unbewusste Wahrnehmungen. Welche Macht aber hat das Phänomen unterschwelliger Wahrnehmung? Sie bleibt unterhalb der Bewusstseinsschwelle, eine Person kann nicht sicher über den Reiz berichten. Dennoch wurde dieser Reiz gezeigt und hat auch, zumindest teilweise, Zugang zur Person gefunden. Der Reiz hat auch Eingang in den Körper der Person gefunden; Spuren der Aktivierung durch unterschwellige Reize zeigen sich auch in der Messung zentralnervöser Erregung.

Wie weit können wir uns also dem Einfluss unterschwelliger Reizung widersetzen, und wie wahrscheinlich ist es, dass ein unterschwelliger Reiz Auswirkungen auf unser Verhalten hat, wenn wir ihm keinerlei Aufmerksamkeit schenken? Wie gut können wir mit selektiver Aufmerksamkeit unterschwellige Reizungen hemmen? Dabei ist zunächst wichtig zu verstehen, wie viele unserer Handlungen und Empfindungen auf unbewusste Prozesse zurückgehen. Atmen, essen, verdauen, sich bewegen, schauen, schmecken, riechen, hören, ja, sogar reden – all das scheint häufig eher mit uns zu geschehen, als dass wir explizit darüber nachdenken. Diese unbewusste Steuerung ist von Vorteil, weil sie uns Energie spart. Gefühle geben uns dabei Rückmeldung: Viele von uns haben erfahren, wie gut sie sich auf ihr „Bauchgefühl", also auf die Gesamtheit ihrer nicht berichtbaren Eindrücke, verlassen können. Die so gesparte Energie können wir dann für bewusste Entscheidungen, also Entscheidungen in schwierigen und neuen Situationen mit möglicherweise einschneidenden Konsequenzen, verwenden. Inwieweit auch dabei unbewusste Reize unsere bewussten Entscheidungen betreffen, inwieweit wir also unsere Entscheidungen reflektieren, ist Gegenstand vieler Diskussionen. Inwieweit unbewusste Prozesse Konsequenzen für das Verhalten einer Person haben, hängt auch stark davon ab, wie abgelenkt sie durch andere Reizungen ist. Üblicherweise werden die Spuren dieser Reize innerhalb weniger Millisekunden durch andere intensivere Reize maskiert. Insgesamt ist die unterschwellige Wahrnehmung ein faszinierendes und kontroverses Thema in der Psychologie, das wichtige Fragen zu den Grenzen unserer Wahrnehmung, zur Natur des Bewusstseins und zur Macht unbewusster Prozesse, generell also zur Beeinflussung unseres Verhaltens und unserer Wahrnehmung aufwirft.

Reafferenzprinzip: Warum die Welt nicht wackelt, wenn die Augen sich bewegen

Ein weiteres wichtiges Thema im Zusammenhang mit Blickbewegungen sind die relativen Bewegungen: Die Welt bewegt sich, und so tun es auch wir. Wie funktioniert es in dieser Konstellation, dass subjektiv nicht alles ständig wackelt? Wir müssen es irgendwie schaffen, die eigenen Bewegungen von den äußeren Bewegungen zu trennen. Der Mechanismus dazu wird auch als Reafferenzprinzip bezeichnet.

Unsere Augen sind ständig in Bewegung. Nicht nur durch die Augenbewegungen im engeren Sinne, auch durch Bewegungen unseres gesamten Körpers bleiben die Augen nicht an einer Position. Dadurch bewegt sich die Welt auf unserer Netzhaut. Hier stellt sich die Frage, wie die Wahrnehmung dieser Bewegung verhindert wird; warum also nehmen wir trotz ständig bewegter Bilder die Welt als ruhig und stabil wahr? Das sog. Reafferenzprinzip, auch bekannt als Prinzip der Efferenzkopie, ist ein Schlüsselkonzept in der Erforschung von Wahrnehmung und Motorik. Das Prinzip besagt, dass wir bei jeder Wahrnehmung die erwartbare sensorische Veränderung berücksichtigen und aus der aktuellen Wahrnehmung quasi herausrechnen. Bei einer Bewegung unserer Augen nach rechts wird also die Richtung und Amplitude dieser Bewegung aus dem wahrgenommenen Bild herausgerechnet. Wie dies funktioniert, kann man leicht an sich feststellen, wenn wir die Augen mittels unpassender Bewegungen, bspw. mit einem Finger, leicht in der Augenhöhle bewegen. In diesem Fall wird die Bewegung nicht herausgerechnet, und wir erleben ein Wackeln der Welt. Dies ist ganz ähnlich beim Kitzeln: Wir empfinden einen Reiz nur dann als kitzelnd, wenn wir ihn nicht aufgrund der eigenen Bewegung erwarten. **Bitte führen Sie dieses Selbstexperiment nicht aus, wenn Sie irgendeine Augenerkrankung haben und verschieben Sie das Auge nur seitlich im Bereich der weißen Lederhaut. Drücken Sie niemals von vorne auf das Auge!**

Dieses Prinzip der Reafferenz hat weitere aufregende Konsequenzen: Wenn wir mit unserem Blick ein Objekt abtasten, wird die sensorische Rückmeldung, die wir erhalten (z. B. die Veränderung der Farbverteilung auf der Netzhaut), von den anderen sensorischen Informationen unterschieden, da sie durch unsere eigene Bewegung verursacht wurde. Dies ermöglicht es uns, Objekte als etwas von uns selbst Getrenntes wahrzunehmen. Durch dieses Prinzip können wir somit auch Ergebnisse unserer eigenen Handlungen als solche erkennen.

Werner van Haren Ist das auch der Basis zum Verständnis der Prismenversuche, bei denen es Probanden innerhalb von ein bis zwei Tagen gelingt, systematische, durch Prismen erzeugte Verzerrungen zu korrigieren und sich wieder normal in ihrer Umwelt orientieren zu können?

Anke Huckauf Ja, das ist ein gutes Beispiel für die enormen Anpassungsleistungen, die unser System vollbringt. Im Kleinen sehen wir das bereits, wenn wir durch eine neue Brille schauen, die das Licht ein wenig anders bricht. Auch hier sind wir innerhalb kurzer Zeit in der Lage, uns wieder in der Welt zu bewegen, ohne anzuecken. Vom Reafferenzprinzip jedoch sprechen wir, wenn eine eigene Handlung quasi aus dem Wahrnehmungsresultat herausgefiltert wird. Ein weiteres Beispiel für dieses Reafferenzprinzip ist es, dass wir die Vibration unseres Brustkorbs beim Sprechen nicht spüren, obwohl wir gleiche Vibrationen ohne eigenes Sprechen sehr wohl wahrnehmen würden.

Das Reafferenzprinzip ist einer der wichtigen Mechanismen, der erklärt, wie wir die Welt als stabil und konsistent wahrnehmen können, obwohl sich der sensorische Input, den wir erfahren, ständig ändert. Andere Mechanismen beschreibt Frank Müller im Kapitel über die neurobiologischen Grundlagen der Wahrnehmung. Die Unterscheidung zwischen der sensorischen Rückmeldung, die aus unseren eigenen Handlungen resultiert, und der sensorischen Information, die aus der Umwelt kommt, versetzt uns auch in die Lage, irrelevante oder fremde Informationen herauszufiltern. So können wir uns auf die wichtigen Aspekte der Welt um uns herum konzentrieren. Zudem hat das Reafferenzprinzip Auswirkungen auf unser Verständnis von Selbstwahrnehmung und Handlungsfähigkeit: Durch die Unterscheidung zwischen der sensorischen Rückmeldung, die aus unseren eigenen Handlungen resultiert, und der Rückmeldung, die aus der Umwelt kommt, können wir ein Gefühl der Verantwortung für unsere Handlungen und Bewegungen entwickeln. Dieses Gefühl der Eigenverantwortung ist wichtig für unser subjektives Empfinden von Handlungsfähigkeit und Selbstkontrolle.

Wie sich zeigt, ist das Reafferenzprinzip ein Schlüsselkonzept in der Erforschung der Wahrnehmung und der motorischen Kontrolle. Durch die Unterscheidung zwischen den sensorischen Rückmeldungen, die aus unseren eigenen Handlungen resultieren, und den Rückmeldungen aus der Umwelt erscheint uns die Welt stabil. Das Prinzip ist ein wichtiges Instrument auch für Anwendungen in der Robotik, der Prothetik oder der Neurologie.

Weiterführende Literatur

Huestvedt S (2015) Leben, Denken, Schauen. Rowohlt, Hamburg

Klein C, Ettinger U (2019) Eye movement research: an introduction to its scientific foundations and applications (Studies in Neuroscience, Psychology and Behavioral Economics). Springer, Berlin/Heidelberg

Majaranta P, Raihä KJ (2002) 20 years of eye typing. ACM eye tracking in research and applications. ETRA 02:15–22

Rayner K, Pollatsek A, Ashby J, Clifton Jr C (2012) The psychology of reading. Psychology Press, Hove, East Sussex, England

5

Sehen und Wohlbefinden

Marcel Schweiker

Aus dem Blickwinkel der Arbeits- und Umweltmedizin sowie der Architektur mit den Teilgebieten Bauphysik und technischer Ausbau ergeben sich weitere spannende Betrachtungsebenen des Sehens. Zu viel und zu wenig Licht, Blendung und unerwünschte Reflexionen sind Beispiele für Bedingungen, die (1) unsere visuelle Zufriedenheit, d. h. unsere Zufriedenheit mit den visuellen Bedingungen, verringern, (2) zur Folge haben, dass wir eine Sehaufgabe nicht oder nur eingeschränkt ausführen können oder (3) frühzeitig mit Ermüdungserscheinungen konfrontiert sind. Und auch (4) gesundheitliche Konsequenzen können ein Ergebnis schlechter Lichtverhältnisse sein. Zum einen können schlechte Lichtverhältnisse, die unsere Sehfähigkeit beeinflussen, offensichtliche Konsequenzen für Wohlbefinden und Gesundheit haben. Beispiele hierfür sind eine erhöhte Unfallgefahr, weil wir Stufen oder Hindernisse nicht oder zu spät sehen, oder ein Gefühl der Unsicherheit, weil wir nicht wissen, ob jemand im dunklen Bereich des Raumes steht und uns beobachtet. Zum anderen lassen sich schnell Beispiele für indirekte Folgen nennen. So gibt es Hinweise, dass die Anzahl an Medikationsfehlern, wie der falschen Zuordnung von Tabletten, bei geringerer Helligkeit und damit schlechteren Sehverhältnissen zunimmt, was je nach Schwere des Fehlers zu ernsten Konsequenzen für die entsprechenden Patienten führen kann. Hinzu kommen mögliche Erkrankungen der Augen durch langen direkten Blick in eine starke Leuchtquelle. Da dies gleichzeitig Blendung erzeugt und unangenehm ist, kommt dies selten vor, da wir vor der Schädigung unseren Blick abwenden würden. In diesem Kapitel widmen wir uns daher der Wechselwirkung zwischen Sehen und subjektivem Wohlbefinden.

Das subjektive Wohlbefinden besteht je nach Autorin oder Autor aus unterschiedlichen Komponenten und wird von zahlreichen Faktoren beeinflusst, deren Ausführung den Rahmen dieses Kapitels sprengen würde. Edward Diener, Psychologe und einer der führenden Forscher auf dem Gebiet des subjektiven Wohlbefindens, beschrieb vier Komponenten des Wohlbefindens: (1) die Lebenszufriedenheit, (2) das Vorhandensein positiver Emotionen und Stimmungen, (3) die Abwesenheit negativer Emotionen und Stimmungen und (4) die Lebensbereichszufriedenheit, welche laut Diener u. a. die Bereiche der Arbeitsbedingungen, Wohnsituation, Freunde, Freizeit und Umwelt umfasst. Hier sei kurz erwähnt, dass die Begriffe Emotion, Stimmung, Affekt, und Gefühl in der Psychologie zwar unterschiedliche Bedeutungen haben, aber selbst innerhalb der Psychologie und insbesondere in anderen Disziplinen häufig synonym verwendet werden. In diesem Kapitel wird ebenfalls keine differenzielle Unterscheidung vorgenommen und jeweils die Begriffe aus den zu Grunde liegenden Originalpublikationen verwendet. In diesem Kapitel legen wir einen Fokus auf Emotionen, Stimmungen und bestimmte Lebensbereiche und deren Zusammenhang mit dem, was wir sehen. Auf das Thema Lebensbereichszufriedenheit kommen wir außerdem im Kapitel *Einblicke und Ausblicke* zurück.

In der Arbeits- und Umweltmedizin sowie der Planung und dem Betrieb von Gebäuden wird klassischerweise zuerst über die Vermeidung möglicher negativer Konsequenzen unserer visuellen Umgebung diskutiert. In der Arbeitsmedizin ist hier das STOP-Prinzip zu nennen, welches die **S**ubstitution einer Gefahrenquelle (in unserem Kontext einer Bedingung, die unsere Emotionen, Stimmungen oder Zufriedenheit mit einem Lebensbereich negativ beeinflussen) vor **t**echnischen, **o**rganisatorischen und **p**ersönlichen Maßnahmen gebietet. Für Planung und Betrieb von Gebäuden wurden auf Basis von zahlreichen Forschungsarbeiten Normen und Standards entwickelt, die den Planenden Vorgaben für die Gestaltung mit Tageslicht und Kunstlicht und weiteren Aspekten, die die visuelle Umgebung beeinflussen, machen, um negative Einflüsse auf Wohlbefinden und Gesundheit soweit möglich zu vermeiden.

Doch welche Faktoren der visuellen Umgebung spielen hier eine Rolle? An erster Stelle und am meisten erforscht sind in diesem Kontext sogenannte physikalische Eigenschaften der Lichtverhältnisse des Raumes. Hierzu zählen zum einen die bereits erwähnte Helligkeit des Raumes und mögliche Blendung durch eine Lichtquelle. Hinzu kommen weitere physikalische Eigenschaften, die unser Sehen und das subjektive Wohlbefinden beeinflussen, wie die Farbtemperatur und die Farbwiedergabe, die wir in Kürze näher betrachten werden. Doch beginnen wir mit der Helligkeit.

Helligkeit

Bei dem Thema Sehen und Wohlbefinden spielt die Helligkeit des Raumes eine entscheidende Rolle. Bevor wir uns diesem Thema zuwenden können, bedarf es einer Klärung des Begriffes Helligkeit. Der landläufig verwendete Begriff der Helligkeit ist ein Oberbegriff für verschiedene subjektive Wahrnehmungen und objektive Messgrößen, die die Intensität oder Stärke einer Lichtquelle oder visuellen Wahrnehmung beschreiben. Die Helligkeit einer Lichtquelle, wie einer LED-Leuchte, wird hierbei als Lichtstärke angegeben, d. h. wie viel Lichtstrom, auch als Leuchtkraft bezeichnet, in welchem Bereich, d. h. in welchem Winkel, abgibt. In Bezug auf das Wohlbefinden ist hier zum einen von Interesse, ob die Stärke in Kombination mit unserer Orientierung zu der Lichtquelle zu Blendung führen kann und zum anderen, inwieweit die Lichtstärke den ganzen Raum oder bewusst nur einen Teil davon ausleuchtet. Wenn wir uns nun dem Raumeindruck widmen, ist entscheidend, über welche Fläche sich der Lichtstrom verteilt und in welchem Grad die Fläche den Lichtstrom reflektiert, d. h. zurückstrahlt. Das Verhältnis an Lichtstrom zu bestrahlter Fläche wird als Beleuchtungsstärke angegeben, eine Größe die grob umschrieben die Helligkeit einer Fläche beschreibt, für viele Betrachtungen beim Arbeitsschutz und in der Architektur verwendet wird und die Einheit Lux (lx) hat. In unserer täglichen Umgebung erfahren wir sehr unterschiedliche Werte. Während die Helligkeit einer Nacht bei Vollmondlicht und außerhalb von Orten mit zusätzlicher künstlicher Beleuchtung bei ca. 0,1 Lux liegt (bewölkt noch deutlich geringer bei 0,0001 Lux), erreichen Tageswerte bei direktem Sonnenlicht Werte von bis zu 100.000 Lux, also ein Unterschied um den Faktor von mehreren Millionen bis Milliarden. Je nach Sehaufgabe sind unterschiedliche Beleuchtungsstärken vorgeschrieben, die es gesunden Menschen ermöglichen, die Aufgabe ohne Einbußen zu erledigen. So sind beispielsweise in Treppenhäusern Beleuchtungsstärken von nur 100 lx vorgeschrieben, um Unfälle zu vermeiden, während an Büroarbeitsplätzen 500 lx und an einem Augenoptikerwerkstattplatz 1500 lx gefordert werden. Gleichzeitig ist bekannt, dass der Lichtbedarf vom Alter abhängig ist. Um den Verlust an Sehschärfe, die abnehmende Transparenz der Augenmedien und die kleiner werdenden Pupillen zu kompensieren, benötigt z. B. ein 60-Jähriger mehr als 200 % des Lichtbedarfs im Vergleich zu einem 20-Jährigen. Neben der absoluten Helligkeit sind für das Wohlbefinden zusätzlich mögliche Unterschiede in der Helligkeit einzelner Bereiche relevant, was mit dem Begriff Kontraste beschrieben wird.

Helligkeitskontraste haben zweierlei Einfluss auf die Zufriedenheit und das Wohlbefinden. Zum einen werden große Helligkeitskontraste im Blickfeld,

z. B. durch einen punktuell hell ausgeleuchteten Arbeitsplatz in einem ansonsten dunklen Raum als ungeeignet bezeichnet, da sie die visuelle Zufriedenheit negativ beeinflussen. Zum anderen können, wie eingangs erwähnt, große Unterschiede dazu führen, dass wir einen Teil des Raumes nicht mehr wahrnehmen und uns unwohl fühlen, wenn unklar ist, ob in diesem Teil des Raumes noch eine weitere Person ist. Ein weiteres Thema ist das Spiel von Licht und Schatten, auf das später im Kapitel *Einblicke und Ausblicke* noch näher eingegangen wird.

Frank Müller Nicht nur am Arbeitsplatz, auch im privaten Bereich ist eine geeignete Lichtführung wichtig für die Zufriedenheit. Die Küche ist ja noch am ehesten mit einem „Arbeitsplatz" vergleichbar. Eine gute Ausleuchtung der Arbeitsflächen hilft, Verletzungen mit scharfen Messern oder ähnlichen Küchengeräten zu vermeiden. Im Wohn- und Schlafbereich wirkt eine gleichmäßige Ausleuchtung aber „steril" und störend, hier wünscht man sich lieber eine punktuelle und indirekte Beleuchtung durch kleinere Lampen mit begrenzter Reichweite, sodass sich im Raum hellere und dunklere Bereiche abwechseln.

Marcel Schweiker Das ist richtig. Unsere Bedürfnisse und Präferenzen an die Be- und Ausleuchtung variieren stark. Hatte ich oben geschrieben, dass der Lichtbedarf mit dem Alter zunimmt, gibt es auch zum einen zwischen gleichaltrigen Personen große Unterschiede im gewünschten Lichtbedarf und der Lichtsituation, und zum anderen hat die gleiche Person zu unterschiedlichen Zeitpunkten unterschiedliche Präferenzen.

Peter Walter Eine spannende Frage ist hier auch, welche Bedürfnisse und Präferenzen Sehbehinderte und Blinde in Bezug auf die Helligkeit haben. Auf meine Frage, wie man Gebäude ausleuchten sollte, erhielt ich von meinen Gesprächspartnerinnen folgende Antworten:

> **Antworten der Betroffenen**
>
> **UW:** Zu viel Licht tut weh und irritiert mich mehr, als das es hilft. Ich habe seit dem Sommer fast ständig die Kantenfilterbrille[1] auf, auch mittlerweile im Gebäude, weil es das Auge entspannt. Ich war dann bei dem Sohn meines Partners

---

[1] Kantenfilterbrillen haben spezielle Gläser, die einen definierten Wellenlängenbereich aus dem sichtbaren Spektrum des Lichtes blockieren. Am häufigsten werden gelbliche, braune oder rötliche Filtergläser genutzt, die im Blaubereich des Spektrums filtern. Durch Herausschneiden des kurzwelligen Lichtes aus dem sichtbaren Bereich wird Streulicht reduziert und damit besonders effektiv Blendung reduziert.

> und er hatte neue Lichter und meinte: Reicht dir das? Daraufhin sagte ich: Tut mir leid, ihr braucht für mich nicht mehr Licht machen, denn mehr Licht hilft mir nicht, das irritiert mich mehr.
> **UT:** Für mich wäre es umgekehrt. Für mich könnten hier gerne noch ein paar Lampen mehr an sein.
> **KS:** Also das macht es mir auch bei der Arbeit im Sehbehindertenverein schwer. Also selbst wenn man uns bei der Planung mit ins Boot holt, kann man es nicht jedem recht machen. Es gibt so viele verschiedene Sichtweisen im wahrsten Sinne des Wortes, dass es einfach auch klar ist, dass die Gesellschaft es nicht jedem recht machen kann. Das Miteinander, das wäre mir am wichtigsten. Dass man eben miteinander ins Gespräch kommt. Dann kann man eben auch als Behinderter seine Lösungswege finden, und meines Erachtens zu einem guten Miteinander kommen.

Blendung

Neben Helligkeit und Kontrast hat Blendung einen weiteren Einfluss auf unser Wohlbefinden. Blendung kann direkt und indirekt erfolgen, ein Spezialfall ist noch die sogenannte psychologische Blendung. Direkte Blendung entsteht, wenn wir, wie der Name schon vermittelt, von einer Lichtquelle direkt geblendet werden – es also eine direkte Blickbeziehung zwischen mindestens einem unserer Augen und der Lichtquelle gibt. Indirekte Blendung entsteht dagegen, wenn eine Oberfläche, wie ein Spiegel, ein Monitor oder eine Arbeitsplatte die Lichtquelle so reflektiert, dass der Lichtstrom oder ein Teil davon mindestens eins unserer Augen trifft. Die Lichtquelle kann bei beiden Blendungsarten sowohl natürlich sein, d. h. durch die Sonne, als auch durch künstliches Licht entstehen. Die Folge sowohl von direkter als auch indirekter Blendung ist in der Regel ein Empfinden des Unwohlseins. Es kommt zu einer starken Einschränkung unserer Fähigkeit, eine Sehaufgabe zu erledigen. In Ausnahmefällen können wir uns bewusst einer Situation aussetzen, in der wir geblendet werden, und dies als angenehm bezeichnen. Ist Blendung insbesondere am Arbeitsplatz und in den meisten anderen Fällen zu vermeiden und führt zu Unbehagen, kann es auch als sehr positiv wahrgenommen werden: Wenn man z. B. nach einem trüben und regnerischen Winter am Morgen eines der ersten sonnigen Frühlingstage auf dem Sofa sitzt und es sich mit Tee und Decke gemütlich gemacht hat, weil es noch etwas frisch ist, können die blendenden Sonnenstrahlen, die die Sehaufgabe Lesen verhindern, trotzdem als äußerst angenehm aufgefasst werden und die Stimmung verbessern. So wird es nicht wenige geben, die ihr Gesicht zur Sonne wenden, um die wärmenden Strahlen zu genießen. Die eigentlich blendende Situation wird durch das Schließen der Augenlider entschärft.

Peter Walter Ich bin vor einiger Zeit mit mehreren Patienten konfrontiert worden, die eine Form von Yoga praktiziert haben, die auch als *sun gazing yoga* bekannt ist. Dabei soll man in den frühen Morgenstunden einige Sekunden direkt in die Sonne blicken. Das Ganze wird über mehrere Tage wiederholt mit steigender Dauer des direkten Blicks in die Sonne. Diese Praktik soll Vorteile für Gesundheit und Wohlbefinden haben. Als Augenarzt konnte ich bei diesen Fällen aber leider nur Verbrennungsschäden in der Fovea centralis feststellen, die zu einem unwiderruflichen und nicht behandelbaren Verlust der Sehkraft auf beiden Augen geführt haben. Am ehesten ist hier die tolerierbare Lichtdosis überschritten worden und der Lidschlussreflex und die Vermeidung bei Blendung, die einen wirksamen Schutz vor solchen Schäden darstellt, sind ausgehebelt worden.

Wenn wir keine Möglichkeit haben, der Blendung zu entgehen, indem wir uns abwenden oder eine Barriere schaffen, wie z. B. mittels Sonnenschutzmaßnahmen oder Stellwänden, kann Blendung zu Kopfschmerzen und in seltenen Extremfällen zu Augenerkrankungen führen. Ebenfalls zu Kopfschmerzen bis hin zu epileptischen Anfällen kann psychologische Blendung führen, welche durch ein nicht wahrnehmbares Flackern der Lichtquelle ausgelöst wird. Bei gut gewarteten und modernen Leuchtmitteln ist dieses Phänomen jedoch nicht mehr zu beobachten.

Wie schon bei dem Thema der Helligkeit erwähnt, spielt das Alter auch bei dem Thema der Blendung eine wichtige Rolle. Während es in allen Altersklassen große Unterschiede in der Blendempfindlichkeit gibt, nimmt im Durchschnitt die relative Blendempfindlichkeit mit dem Alter deutlich zu (Abb. 5.1). So ist nach aktuellem Erkenntnisstand die relative Blendempfindlichkeit von 70-jährigen Personen doppelt so hoch wie die von 20-jährigen.

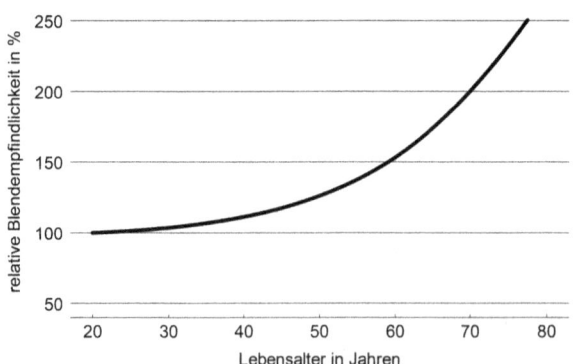

Abb. 5.1 Zunahme der relativen Blendempfindlichkeit mit dem Alter

Peter Walter Bei verschiedenen Augenerkrankungen wie Degenerationen der Netzhaut berichten Betroffene sehr häufig über Blendphänomene. Man kann hier oft durch die Verordnung von Blaulichtfiltern Abhilfe schaffen, da sie im kurzwelligen Bereich des sichtbaren Lichtes, also im Blaubereich Licht dämpfen, den Grün/Gelb- und Rotbereich aber nicht beeinflussen. Diese sog. Kantenfilterbrillen werden von Patienten mit Netzhautdegenerationen als sehr hilfreich empfunden. Am ehesten führt der Blaulichtfilter zu einer Reduktion von Streulicht, was die Kontrastwahrnehmung steigert und dadurch den Patienten hilft. Ein Schutz vor Netzhautdegenerationen wird mit diesen Blaulichtfilterbrillen aber nicht erreicht, übrigens auch nicht mit implantierten Blaufilterlinsen, die bei Kataraktoperationen eingesetzt werden.

Lichttemperatur

Bisher haben wir die visuellen Bedingungen und deren Einfluss auf Sehen und Wohlbefinden sozusagen farblos betrachtet. Nehmen wir nun etwas Farbe mit ins Spiel, gibt es weitere Aspekte, die unser Sehen und Wohlbefinden beeinflussen. Nehmen wir die Lichttemperatur als erstes Beispiel. Unter Lichttemperatur, häufig auch als Farbtemperatur oder Lichtfarbe bezeichnet, versteht man, inwieweit das Licht im Innen- oder Außenraum zwischen den Polen kalt und warm liegt. Auch wenn das Wort Farbe in den Bezeichnungen vorkommt, sprechen wir hier jedoch nicht über farbiges Licht, wie z. B. rotes oder grünes Licht, sondern immer noch über weißes Licht. Daher bevorzuge ich auch den Begriff Lichttemperatur. Gleichzeitig beschreibt die Lichttemperatur verschiedene Zusammensetzungen des weißen Lichtes – weiß ist nicht gleich weiß. Die unterschiedlichen Lichttemperaturen können wir gut am Sonnenlicht beschreiben. Tagsüber hat das Sonnenlicht einen höheren Anteil an blauen Wellenlängen im Spektrum, wodurch es kühler wirkt. Zum Abend und deutlich sichtbar beim Sonnenuntergang nimmt der Anteil die roten Wellenlängen zu, wodurch das Licht wärmer erscheint.

Werner van Haren Meines Wissens ist auch die Art der Lichtquelle bedeutsam fürs Wohlbefinden, also ob es sich um Neonlicht, Glühlampen, Halogen, oder LED-Leuchtkörper handelt.

Marcel Schweiker Da sind wir genau bei der Frage der Lichttemperatur. In der Theorie ist die Art der Leuchtmittel, ob z. B. Leuchtstoffröhre oder Glühlampe, nicht entscheidend für das Wohlbefinden, sondern deren Lichttemperatur und die Art der Lichtstromverteilung, worauf ich weiter unten noch eingehe. In der Praxis haben die einzelnen Leuchtmittel jedoch sehr charakteristische Lichtspektren, die größtenteils technisch bedingt sind, sodass man häufig Leuchtkörper und Lichtspektrum als gegeben erachtet. Eine klassische Glühbirne wirkt durch einen höheren Anteil an roten Wellenlängen wärmer, während das von dir erwähnte Neonlicht deutlich kühler wirkt. Spätestens mit Einführung von LEDs mit mehrfarbigen Dioden hat sich jedoch dieser Zusammenhang aufgelöst, weil nun das gleiche Leuchtmittel, eine LED, ganz unterschiedliche Lichtspektren und Lichttemperaturen erzeugen kann.

Durch die Verbreitung von LEDs sind diese Abstufungen inzwischen einer größeren Allgemeinheit auch aus dem Innenraum bekannt; im Handel kann man warmweiße, kaltweiße und auch neutralweiße LEDs kaufen (Abb. 5.2). Wer einmal die unterschiedlichen Sorten nebeneinander gehängt hat, erkennt schnell den Unterschied, der sich mit unterschiedlichen Wellenlängenprofilen des Lichtes beschreiben lässt. Während bei warmweißen LEDs oder warmem Licht die rötlicheren, größeren Wellenlängen überwiegen, sind dies bei höherer Lichttemperatur die kürzeren bläulichen Wellenlängen.

Die Wahl der Lichttemperatur beeinflusst unsere Stimmung, und eine falsche Wahl steht im Verdacht, auf lange Sicht auch unser Wohlbefinden und unsere Gesundheit zu beeinflussen. So wirkt die Betrachtung eines Raumes mit einer wärmeren Lichttemperatur als gemütlicher und steigert das Wohlbefinden, wenn wir uns entspannen wollen, während eine kühlere Lichttemperatur zum Arbeiten als geeigneter angesehen wird. Gleichzeitig steht ein hoher Blaulichtanteil, d. h. ein kühleres Licht, in den Abendstunden im Verdacht, unseren zirkadianen Rhythmus zu schwächen, was langfristige Folgen auf unsere Schlafqualität und Gesundheit haben kann.

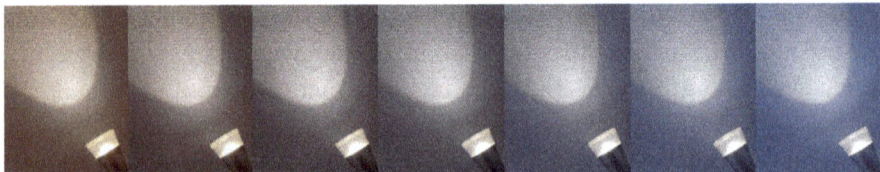

Abb. 5.2 Lichttemperatur. Als warmes Licht beschreibt man rötliche und gelbliche Farbtöne, während bläuliche Farben als kaltes Licht beschrieben werden. Die Lichttemperatur wird in Kelvin angegeben. Niedrige Zahlen, wie beispielsweise 2000 K, entsprechen warmen Lichtquellen, hohe Zahlen, wie 8000 K den kalten Lichtquellen. Die Zahlenwerte beschreiben dabei nicht, welche Temperatur die Leuchte hat, ob sie warm oder kalt ist. Die Werte wie 2000 K und 8000 K ergeben sich durch die Betrachtung, bei welcher Temperatur ein nur theoretisch existierender schwarzer Strahler in der entsprechenden Lichtfarbe glühen würde

Frank Müller Die zirkadiane Rhythmik wird durch Licht gesteuert. Wir gleichen so unsere innere Uhr an den Tag-Nacht-Rhythmus an. Dabei spielen bestimmte Typen von Ganglienzelltypen, die man erst vor ein paar Jahren in der Netzhaut entdeckt hat, eine wichtige Rolle. Während die meisten Ganglienzellen ja nur die Information von Stäbchen und Zapfen verarbeiten und weiterleiten (siehe hierzu Kap. 1), hat dieser spezielle Ganglienzelltyp ein eigenes lichtempfindliches Pigment, das Melanopsin. Melanopsin absorbiert besonders gut kurzwelliges blaues Licht, wie es im Sonnenlicht vorkommt. Fällt in den Abend- und Nachtstunden ein künstliches, blauhaltiges Licht ins Auge, wie es von Kaltlichtlampen und von Computer- oder Handymonitoren ausgestrahlt wird, erleben wir eine künstliche, scheinbare Verlängerung des Tages, was die zirkadiane Rhythmik stören kann. Mobile digitale Geräte wie Laptops oder Smartphones bieten deshalb die Möglichkeit, abends Licht mit geringerem Blauanteil abzustrahlen.

Werner van Haren Tatsächlich gibt es bei bestimmten, saisonal geprägten Depressionen eine Empfehlung zur Lichttherapie, bei der Patienten für eine gewisse Zeit einem hellen Kunstlicht ausgesetzt werden, gewissermaßen eine Lichtdusche erhalten. Hinsichtlich eines Wirkmechanismus wird vermutet, dass die Lichtexposition den Melatoninhaushalt hemmend beeinflusst, von dem möglicherweise eine depressionsfördernde Wirkung ausgeht. Ein Aufenthalt im Freien – selbst bei bedecktem Himmel – hat wohl eine ebensolche Wirkung.

Marcel Schweiker Diese Studien kenne ich ebenfalls. Wir haben die Studienlage einmal ausgewertet und am effektivsten nach aktuellem Stand scheint eine Lichtexposition in den Vormittagsstunden zu sein. Dies soll den inneren Taktgeber für den zirkadianen Rhythmus, den Nucleus suprachiasmaticus, unterstützen und über die Zirbeldrüse somit auch die Ausschüttung von Melatonin am Tag reduzieren und in der Nacht fördern. Tagsüber ist hier, wie von Frank Müller beschrieben, ein hoher Blauanteil im Lichtspektrum hilfreich. Gleichzeitig gibt es auch bei diesem Thema große individuelle Unterschiede und viele Einflussfaktoren, wie z. B. die mit dem Alter einhergehende Trübung der Linse, die den Zusammenhang zwischen objektiv messbarer Exposition und tatsächlicher Wirkung beeinflussen.

Farbwiedergabe

Eine vierte relevante physikalische Größe versteckt sich hinter dem Begriff Farbwiedergabeindex. Viele kennen vermutlich den Effekt, dass ein Stück Obst oder Gemüse im Supermarkt noch sehr reif und lecker aussah, während

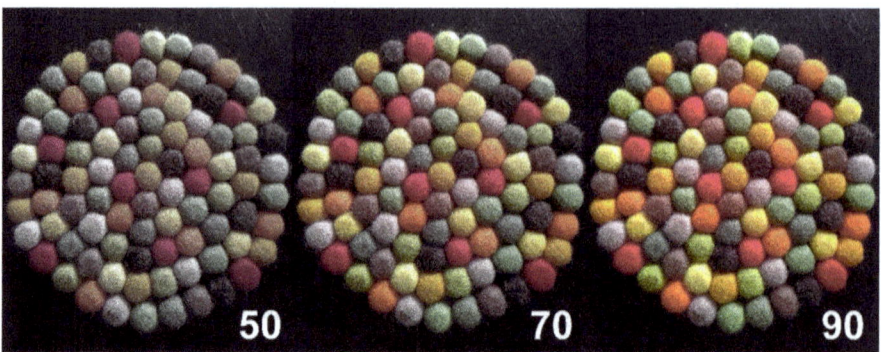

Abb. 5.3 Simulation des Einflusses des Farbwiedergabeindex auf die Farbwahrnehmung. Bei einer Beleuchtungssituation mit einem Farbwiedergabeindex von 90 (rechts) sind die Farben sehr gut differenzierbar, während bei einem deutlich niedrigeren Wert von 50 (links) die Farben weniger gut differenzierbar sind

sich beim Verlassen des Supermarktes im Tageslicht ein anderer Eindruck ergibt. Wir sehen den gleichen Gegenstand anders. Ähnliches erlebt man, wenn ein Kleidungsstück im Bekleidungsgeschäft farblich ganz anders wirkt als bei Tageslicht. Um diese Phänomene zu beschreiben, benötigen wir den Farbwiedergabeindex. Dieser stellt ein Qualitätsmerkmal künstlicher Beleuchtung dar und gibt an, wie gut eine künstliche Lichtquelle, wie z. B. eine LED-Leuchte, im Vergleich zum Sonnenlicht die Farben eines Objektes aussehen lässt. Während Sonnenlicht einen Wert von 100 besitzt, haben LEDs je nach Qualität und Anwendungszweck aktuell Werte zwischen 75 und 98 (Abb. 5.3).

Frank Müller Diese Phänomene treten zwar auf, allerdings viel seltener oder weniger ausgeprägt, als man es aufgrund der unterschiedlichen Lichtverhältnisse erwarten würde. Unsere Farbwahrnehmung ist nicht objektiv. Unser Sehsystem verwendet komplizierte Analyse- und Auswerteverfahren, die teils in der Retina, teils im Großhirn (Kortex) verortet sind. Edwin Land hat dafür den Begriff der Retinex-Theorie geprägt. Ändert sich das Spektrum des auffallenden Lichts, ändert sich auch das Spektrum, das ein Gegenstand reflektiert und das die Grundlage für unsere Farbwahrnehmung ist. Im Prinzip vergleicht das Sehsystem das Spektrum des auffallenden Lichts mit der Reflexion des Lichts durch die verschiedenen Gegenstände und versucht so, die Farbwahrnehmung vom auffallenden Licht unabhängig zu machen. Das Ergebnis resultiert in einer bemerkenswerten Farbkonstanz. Die oben genannten Veränderungen des Farbeindrucks stellen also nur die Spitze des Eisbergs dar, der Rest wird durch unser Sehsystem gut ausgeglichen.

Marcel Schweiker Dies ist sicher richtig. Gleichzeitig kann es bei der Planung von Arbeitsstätten eine wichtige Kenngröße sein. So kenne ich Beispiele von Personen, die Farbkonzepte für Innenräume planen, dass diese Tätigkeit bei einer schlechten Farbwiedergabe gestört und teils kaum ausführbar ist. Gleiches gilt auch an anderen Arbeitsplätzen, wie bei der Beurteilung von Krankheitsbildern oder in der Modebranche, bei denen die Farbe eine wichtige Rolle spielt.

Wie gut wir die Farben von Objekten in einem Raum wahrnehmen, hängt somit zum einen von den installierten Lampen ab. Es sei hier am Rande erwähnt, dass das, was im Volksmund als Lampe bezeichnet wird, in Fachkreisen als Leuchte bezeichnet wird. Lampe ist der Begriff für das Leuchtmittel, also z. B. die Glühbirne, während die Leuchte aus der Lampe und dem meist vorhandenen Lampenschirm, der Lampenhalterung usw. besteht. Zusätzlich, insbesondere tagsüber, so lange das Kunstlicht ausgeschaltet ist, hängt die Wahrnehmung von Objektfarben von möglichen Beschichtungen der Fensterscheiben ab. Sogenannte Sonnenschutzverglasungen, die in hoch verglasten Gebäuden notwendig werden, um Überhitzung zu verhindern, sind stark beschichtet und können die Farben im Innenraum beeinflussen. Diese Beeinflussung der Farbwiedergabe durch Leuchtmittel oder Verglasung beeinflusst unser Sehen und Wohlbefinden nicht nur durch die mögliche Unzufriedenheit, dass das gekaufte Kleidungsstück doch nicht so schön ist und zu anderen passt, sondern auch für die Atmosphäre im Raum. Zusätzlich beeinflusst die Farbwiedergabe, wie wir andere Menschen sehen – bei schlechter Farbwiedergabe wirken andere eher blass und kränklicher – welche Erwartung wir an Speisen haben und vieles mehr. Indirekte gesundheitliche Folgen kann eine schlechte Farbwiedergabe haben, wenn durch eine schlechte Farbwiedergabe bestimmte Gewebeart bei der medizinischen Diagnose nicht erkannt oder falsch bestimmt werden.

Werner van Haren Ziemlich sicher haben auch die Einrichtung und Gestaltung von Praxisräumen Einfluss auf den therapeutischen Prozess. Ein Therapieraum sollte den Patienten das Gefühl vermitteln, sicher und geborgen zu sein; das reicht von der Temperatur, den Sitzgelegenheiten über Beleuchtung und Schallisolierung bis hin zur Gestaltung mit Bildern und Blumen. Steril wirkende, grell ausgeleuchtete Räume in einer lauten Umgebung verhindern, dass Patienten und Therapeuten sich wohl fühlen und aufeinander einlassen können. Und dieser Praxisraum ist ja zugleich mein Arbeitsplatz, der mir Gelegenheit zu einer ungestört-entspannten und effektiven Arbeitsweise geben sollte.

Alliästhesie

Die bis hierher betrachteten Aspekte befassen sich alle im Schwerpunkt mit der Vermeidung negativer Effekte auf Zufriedenheit und Wohlbefinden. Doch ebenso, wie Edward Diener das Vorhandensein positiver Emotionen und Stimmungen nicht als Gegenpol zur Abwesenheit negativer Emotionen und Stimmungen einordnet, bedeutet die Abwesenheit von Störquellen nicht gleich die Schaffung von Voraussetzungen für positive Emotionen und Stimmungen. Zwar kann ein gut beleuchteter Arbeitsplatz oder Wohnraum die Stimmung steigern, doch gibt es Faktoren, die explizit positive Emotionen auslösen können.

Ein Begriff, der in diesem Kontext genutzt wird, ist Alliästhesie. Der Begriff Alliästhesie wurde 1970 von dem Sinnesphysiologen Michel Cabanac eingeführt und beschreibt die veränderte Wahrnehmung eines Reizes auf Grund des eigenen inneren Zustands. Ein Reiz, der unseren inneren Zustand verbessern kann, wird als angenehm bezeichnet – wir sprechen von positiver Alliästhesie. Ein Reiz, der uns dagegen von einem erwünschten Zustand entfernt, wird als unangenehm empfunden. Alliästhesie gibt es für verschiedene Stimuli, wie Temperaturen, Gerüche und auch visuelle Reize. Ein Beispiel einer positiven visuellen Alliästhesie, das mir noch lange in Erinnerung bleiben wird, ist der Zugang zur Kathedrale von Brasilia, die von dem Architekten Oscar Niemeyer geplant wurde. Die Kathedrale betritt man über einen eher dunklen, nicht sehr breiten Gang und wird dann positiv überwältigt von dem lichtdurchfluteten Hauptraum (Abb. 5.4). Der Wechsel von fast beklemmender Dunkelheit, aus deren Zustand man heraus möchte, zur offenen, farbenfrohen Helle löst eine sehr angenehme positive Stimmung aus. Hierbei kommen vermutlich zwei Aspekte zusammen: die Helligkeitsunterschiede und der Wechsel von Enge zu Weite.

Abb. 5.4 Hauptraum der Kathedrale von Brasilia

Ob eine Lichtsituation oder ein Raum positive, negative oder gar keine alliästhesischen Effekte hat, hängt auch von dem Zeitpunkt im Tages- oder Jahresverlauf und den damit verbundenen inneren Zuständen ab. An einem heißen Sommertag zum Ende einer Hitzewelle hat ein heller Sonnenstrahl von der gleichen Person bei gleicher Tätigkeit eher das Potenzial, negativ bewertet zu werden, als am Morgen eines Wintertages.

Bilder und Emotionen

Wenn wir über Sehen und Wohlbefinden sprechen, sind jedoch nicht nur die physikalischen Eigenschaften der visuellen Umgebung von Bedeutung. Studien aus dem Bereich der Architektur zum Thema visuelle Zufriedenheit zeigen, dass neben den bereits genannten Aspekten wie der Helligkeit und Blendung, weitere Aspekte wie die Zufriedenheit mit dem Ausblick und der Sitzposition in Relation zum Fenster einen weiteren Einfluss auf die Zufriedenheit haben. Unser Wohlbefinden hängt also nicht nur davon ab, wie wir sehen, sondern auch, was wir sehen.

Wenn wir uns dem Einfluss des „Was" näher widmen, ist ein Wechsel der Disziplin hilfreich. Zahlreiche Studien in der Psychologie befassen sich mit den Wirkungen von affektiven und emotionalen Bildern auf die eigene Stimmung, Emotion und weitere Reaktionen. Der Begriff Affekt bezeichnet in diesem Zusammenhang eine Gemütserregung, die durch innere Vorgänge im eigenen Körper (z. B. positive oder negative Gedanken) oder auch durch äußere Stimulation ausgelöst wird. Als affektive Bilder werden demzufolge Bilder bezeichnet, die das Potenzial haben, positive oder negative Gemütserregungen auszulösen. Beispiele für positive Affektbilder sind Motive mit Babys, lachenden Menschen, niedlichen Tieren und für negative Affekte zähnefletschende Hunde, Verletzungen, oder Bilder von Armut. In zahlreichen Studien konnte gezeigt werden, dass das Sehen dieser affektiven Bilder entsprechende Gemütszustände bei den Betrachtenden auslöst und dabei einen Einfluss auf den Gesichtsausdruck sowie autonome Funktionen wie Atmung und Herzschlag haben. Hierbei – wie bei vielen Wahrnehmungsprozessen – ist spannend zu beobachten, dass das gleiche Bild auf Grund unterschiedlicher Erfahrungen, Erwartungen und Präferenzen der Betrachtenden unterschiedliche Reaktionen auslösen kann. So kann das Bild einer lächelnden Person sowohl positive als auch negative Reaktionen auslösen, je nachdem, ob die Person auf dem Bild uns zufällig an eine Person erinnert, mit der wir positive oder negative Erinnerungen verbinden. Interessanterweise scheint bei affektiven Bildern der Kontext, also die Umgebung des Bildinhalts, eine geringere Rolle als bei neutralen Bildern zu spielen. So fanden Forschende aus den USA und Spanien basierend auf EEG-Messungen keine Veränderungen der ereigniskorrelierten Potenziale, wenn neben angenehmen oder unangenehmen Bildern angenehme, neutrale oder unangenehme Bilder gezeigt wurden. Dies änderte sich, wenn im Fokus neutrale Bilder gezeigt wurden. Diese Studie weist somit darauf hin, dass wir bei für uns relevanten Inhalten mehr Aufmerksamkeit auf das eigentliche Bild lenken und mögliche anderweitige Reize aus der Peripherie ignorieren, während bei zentralen neutralen Bildern die Peripherie eine größere Bedeutung erhält. Wir werden später im Kapitel *Ausblicke und Einblicke* noch einmal auf das, was wir sehen, zurückkommen, denn ein gestalterisches Element, das in der Architektur eine hohe Relevanz hat, ist der Ausblick.

Wie bereits im vorherigen Absatz besprochen, sind die Reaktionen auf einen visuellen Reiz abhängig von einer Kombination aus dem Kontext, zu dem hier auch wieder die Aspekte wie Zeit und Zeitpunkt zählen, und den Eigenschaften sowie dem Zustand des Betrachtenden. Es ist daher bei Weitem nicht so, dass das gleiche Bild bei der gleichen Person jedes Mal die gleichen Reaktionen auslöst. Hier kommen wir wieder zurück auf den inneren Zustand der Person, den wir bereits bei dem Thema Alliästhesie besprochen hatten. Unser Gemütszustand beeinflusst unsere Wahrnehmung von inneren und äußeren Reizen auf vielfältige Weise und somit auch das, was wir sehen. Als Erstes wird die Priorisierung von Reizen beeinflusst, sodass je nach innerem Zustand unser Blickfokus auf ein Objekt gerichtet wird, das aktuell die höchste Relevanz hat; im Zustand der Beklommenheit, z. B. auf Grund schlecht ausgeleuchteter Räume, reagieren wir sehr sensibel auf kleinste Geräusche oder Lichtveränderungen, die uns die Anwesenheit Anderer suggerieren und damit unseren Herzschlag erhöhen, während die gleichen Stimuli im gut ausgeleuchteten Raum nicht wahrgenommen werden und in den meisten Fällen zu keinen physiologischen Reaktionen führen. Wir können also festhalten, dass Sehen und Wohlbefinden bidirektional zusammenhängen.

Anke Huckauf Ein Aspekt fehlt mir bei der Betrachtung; in der Psychologie wurde oftmals versucht, Farbe mit bestimmten Erlebensinhalten oder -formen in Zusammenhang zu bringen. Der bekannteste Versuch sind die Farbtafeln von Lüscher, der glaubte, aus Farbpräferenzen Persönlichkeitsmerkmale ableiten zu können. Nach wie vor gibt es in der psychologischen Forschung zur Farbwahrnehmung viele verschiedene Ansätze. Wie werden Farbschemata in der Architektur festgelegt?

Marcel Schweiker Das ist eine interessante Frage, die ich bewusst erst einmal außen vorgelassen hatte, da „Farbe und Architektur" ein sehr umfangreiches Thema ist, über das viele Bücher geschrieben wurden. Aber da es nun angesprochen wurde, kann ich gerne darauf eingehen und ein paar Aspekte dieses komplexen Themas benennen.

Farbe in Architektur und Psychologie

In Bezug auf die Architektur gibt es zu den Farbschemata keine allgemeingültige Aussage. Sowohl in historischer Betrachtung als auch im Vergleich unterschiedlicher Architektinnen und Architekten aus der gleichen Epoche gibt es sehr große individuelle Unterschiede, wie mit Farbe umgegangen wird. Nehmen wir zum Beispiel den bekannten Architekten Richard Meier; fast alle seiner Gebäude sind in Weiß gehalten. Dagegen sind Gebäude von Hundertwasser oder Gaudí äußerst bunt. Bekannt ist auch das Farbsystem des Architekten Le Corbusier, das auf 63 aufeinander abgestimmten und untereinander kombinierbaren Farbtönen besteht. Es gab Zeiten und gibt heute noch Architekturbüros, die soweit möglich nur die naturgegebenen Farben der verwendeten Materialien akzeptieren, während andere bewusst mit der Farbgebung spielen und die dahinterliegenden Materialien und Konstruktionen ignorieren. Ersteres würde man als Materialmonochromie oder Materialpolychromie bezeichnen, je nachdem, ob nur ein Material verwendet wird, z. B. im Stahlbetonbau mit Sichtbetonoberflächen, oder mehrere Materialien zusammengefügt werden. Zweiteres wird auch als Dekoration bezeichnet. Somit gibt es eine große Bandbreite, wie Farbschemata entwickelt werden, und manchmal wird im Nachhinein versucht, eine Bedeutung in ein Farbkonzept hineinzuinterpretieren, die von den Architekten nicht angedacht war.

Ein schönes Beispiel ist der grüne und sehr markante Teppich des Uniklinikums in Aachen, in dem auch mein Institut sitzt. Ich höre sehr häufig, dass der Grünton damals gewählt wurde, weil er beruhigend auf die Patienten – und vielleicht auch das Personal – wirken soll. In einem kürzlich erschienenen Buch von den Architekten des Klinikums gaben diese jedoch keinerlei solche Gründe für die Farbwahl an. Das Grün des Teppichs entstand aus einem Gesamtfarbkonzept mit dem Grundton gelb und Varianten nach links und rechts des Regenbogens. Dass der Teppich grün ist, resultierte aus diesem Konzept und wird von den Architekten kommentiert mit „[e]ines Tages war es und blieb es auch so".

Grundsätzlich ist es dabei leider so, dass das Thema Farbe und dessen Wirkung auf den Menschen in der Architekturlehre häufig nicht vermittelt wird. So wird bei Bauwerken das Farbkonzept auch teils von speziellen Farbexpertinnen und -experten oder Innenarchitektinnen und Innenarchitekten in Zusammenarbeit mit Auftraggebenden und Architekten entwickelt.

Wenn wir uns dem Thema systematischer annähern, ist zum einen der Verwendungsort in Verbindung mit der Funktion und zum anderen Aspekte des Farbkonzepts an sich zu betrachten. Bei dem Verwendungsort ist wiederum zum einen zwischen der Farbe im Außenraum und im Innenraum zu unterscheiden. Neben funktionalen Aufgaben von Farbe als Material, wie einem möglichen Wetterschutz, kann die äußere Gebäudefarbe als ästhetische Komponente unabhängig vom eigentlichen Farbton zum Zusammenfassen von Gebäudeensembles oder Bauteilen, zum Hervorheben oder Strukturieren bzw. Rhythmisieren herangezogen werden. Im Innenraum kann Farbe als Schmuckobjekt dienen, Sicherheitsanforderungen, wie der Markierung von Gefahrenbereichen oder Rettungswegen übernehmen, oder zur Schaffung bestimmter Atmosphären genutzt werden. Bei dem letzten Aspekt muss ich an die Psychologie denken und dass Farben dort Einflüsse auf unser Wohlbefinden und unsere Emotionen nachgesagt werden. So liest man häufig, dass Rot die Aggressivität steigert, während Blautöne beruhigen. Die Literatur zu diesem Thema ist aus meiner Sicht sehr divers und lässt mich vermuten, dass pauschale Aussagen in dieser Form mit Vorsicht zu betrachten sind, da sie Aspekte, wie eigene Erfahrungen, Erwartungen und Präferenzen, ignorieren und z. B. Rottöne auch mit positiven Reaktionen wie einem Gefühl der Liebe und Blautöne mit Angst verbunden werden. Außerdem wird in der Architektur darauf hingewiesen, dass Farben auch immer in ihrem Kontext in Bezug auf umgebende Farben, ihrer Sättigung, der Form, dem Material und dem vorhandenen Licht betrachtet werden müssen. Sind diese Aspekte des Bezugs von Farbe zu Form, Material und Lichtverhältnissen auch in der Psychologie ein Thema, wenn es um die Wirkung von Farben auf Emotionen geht?

Anke Huckauf Zahlreiche Untersuchungen zeigen, dass die Lichttemperatur tatsächlich auch unsere Temperaturwahrnehmung beeinflusst: So assoziieren wir Rot mit warm und Blau mit kalt. Dies führt zu bestimmten Erwartungen und beeinflusst dabei auch die Regulation der Zimmertemperatur, da bläuliche Räume als kühler empfunden werden als rötlich beleuchtete.

Marcel Schweiker Bei uns wird diese Diskussion unter dem Begriff **Hue-Heat-Hypothesis** geführt. Frühe Studien bestätigen den Einfluss von Rot und Blau auf die Temperaturwahrnehmung. Inzwischen sind jedoch auch

Zweifel aufgetaucht, weil sich die Ergebnisse insbesondere bei längeren Expositionen teils nicht reproduzieren lassen. Der Zusammenhang ist wohl schwächer als angenommen und hängt nicht nur von der Farbe an sich ab, sondern auch von der Intensität der Farbe und weiteren Faktoren.

Anke Huckauf Ein ganz anderer Aspekt: Rosa hat als Farbe eine herausgehobene Stellung: Was man sich heute gar nicht mehr vorstellen kann, so war in früheren Jahrhunderten die Farbe Rosa Jungen vorbehalten; dagegen dient Rosa heute zur Kennzeichnung weiblicher Eigenschaften. Dabei sticht vor allem die Vehemenz der Diskussion um die Farbe Rosa ins Auge. Eine These lautet, dass Rosa die Farbe gut durchbluteten Fleisches ist und damit sexuelle Konnotationen beinhaltet.

Eine weitere Besonderheit besteht bei der ähnlichen Farbe Pink, die in üblichen Farbmodellen nur schwer zu verorten ist. Hierzu gibt es Berichte, dass pinkfarben ausgestattete Gefängniszellen dazu führen können, die Inhaftierten zu beruhigen. Entsprechende Vermutungen findet man unter dem Stichwort Baker-Miller-Pink; allerdings habe ich bislang noch keine Evidenz dazu gefunden. Wie steht man in der Architektur zur Verwendung der Farbe Rosa oder Pink?

Marcel Schweiker Mir ist nicht bewusst, dass es hier eine besondere Haltung zur Farbe Rosa oder Pink gibt. So viele Strömungen, wie es in der Architektur gibt – weshalb es nahezu unmöglich ist, von „der Architektur" als homogene Strömung zu sprechen – so viele Farbpräferenzen gibt es. Im lateinamerikanischen Raum wird die Farbe Rosa häufig an oder in Gebäuden genutzt – so gibt es den Begriff „Rosa Mexicano". Dies hat sich, soweit ich weiß, kulturell entwickelt und liegt unter anderem daran, dass weiße Fassaden eher zu Blendungserscheinungen führen als farbige. Mich würde jedoch wundern, wenn es auf Grund möglicher beruhigender Wirkungen ausgewählt wurde.

Werner van Haren Vom Rosa zum Grün: Es gibt eine aktuelle Bewegung rund um das Thema „Waldbaden". Hier wird nach den Forschungen des Japaners Qing Li davon ausgegangen, dass der Wald und die Farbe Grün helfen, das Immunsystem zu stärken und wir besser schlafen und inneres Gleichgewicht finden.

Marcel Schweiker Die Frage nach dem Einfluss von Natur und der Farbe Grün ist auch Gegenstand einiger Diskussion und Publikationen aus dem Gebäudebereich, die häufig als ein Aspekt unter dem Stichwort Biophilie auftauchen. Einerseits gibt es hier Studien, die kurzfristige Effekte auf die subjektive Wahrnehmung, aber auch auf physiologische Maße, wie der Herzfrequenz zeigen. Gleichzeitig lässt die Studienlage aus meiner Sicht keine abschließende Beurteilung zu, da es viele Studien nicht erlauben, beispielsweise zwischen der Farbe Grün und der natürlichen Form zu unterscheiden.

Peter Walter Darüber kann man herrlich spekulieren. Sicher ist wohl, dass eine Vielzahl von Stressfaktoren die empfindliche Balance unseres Immunsystems stören kann. Unser Immunsystem hat – sehr stark vereinfacht dargestellt – die Aufgabe, unseren Körper vor eindringenden Krankheitserregern zu schützen und Körperzellen, die sich krankhaft verhalten, in Schach zu halten. So werden beispielsweise eindringende Bakterien abgetötet und Tumorzellen in Schach gehalten. Ein zu schwaches Immunsystem kann dazu führen, dass wir an Infektionen sterben, ein zu starkes Immunsystem greift unsere normalen Zellen an (Autoimmunerkrankungen). Sicher gehört ein gestörtes inneres Gleichgewicht zu diesen Stressoren. Von daher sind alle Maßnahmen, die unser inneres Gleichgewicht stärken, am Ende auch gut für unser Immunsystem, und wenn wir durch ausgiebige Spaziergänge im grünen Wald genau das erreichen, ist das doch prima. Die Gegenfarbe von Grün ist Rot. Sie wird oft mit Aggression und Alarmzuständen assoziiert. Interessant finde ich, dass gerade in diesem Farbsystem die meisten angeborenen Störungen der Farbwahrnehmung verortet sind. Viele unserer Leserinnen und Leser kennen wahrscheinlich die Rot-Grün-Blindheit, die eher Männer als Frauen betrifft. Dass wir überhaupt Farben wahrnehmen, hängt mit unterschiedlichen Pigmenten in den Zapfen der Retina zusammen. Dabei handelt es sich um Eiweißmoleküle, die durch entsprechende Gene in der DNS codiert werden. Kommt es hier zu Mutationen, also Fehlern in der Sequenz der Bausteine dieser Gene, funktionieren diese Zapfen nicht richtig und damit wird ein bestimmter Teil des Spektrums des sichtbaren Lichtes nicht oder nur vermindert wahrgenommen. Klassisch ist die häufige Rot-Grün-Blindheit. Hier sehen die Betroffenen im langwelligen Bereich des Spektrums eher Grau und können schlecht zwischen Rot- und Gelbtönen unterscheiden. Bei der Gestaltung von Räumen, insbesondere bei Hinweisen oder Orientierungshilfen, sollte man dies berücksichtigen.

Folgen – Stress oder Stärkung

Der Schluss dieses Kapitels über Sehen und Wohlbefinden befasst sich mit der Frage, welche Einflüsse bestimmen, ob schlechte Lichtverhältnisse und das, was wir sehen, positive oder negative Folgen für uns haben, also ob es uns stresst oder unser Wohlbefinden unterstützt. An dieser Stelle werden häufig Stressmodelle herangezogen, von denen eins das sog. Transaktionale Stressmodell ist, welches den folgenden Betrachtungen zu Grunde liegt. Das Transaktionale Stressmodell von Lazarus postuliert eine zweistufige Bewertung eines Reizes. Zuerst wird der Reiz, z. B. ein blendender Lichtstrahl, daraufhin bewertet, ob er für das eigene Wohlbefinden und die Gesundheit irrelevant, positiv, oder potenziell stresshaft ist. Nur im letzten Fall erfolgt die zweite Bewertung, inwieweit eine Nichtbewältigung eine Bedrohung darstellt und zu Schaden oder Verlust führen kann und welche Ressourcen zur Verfügung stehen, um den Reiz zu mindern oder zu bewältigen. Hierbei spielt nicht nur die Intensität des Reizes eine Rolle, d. h. wie stark wir geblendet werden, sondern auch wie häufig, wie lange, und ob die Blendung vorhersehbar und kontrollierbar ist. Der letzte Punkt, die Kontrollierbarkeit, spielt im Bereich der Architektur und Arbeitsmedizin eine große Rolle, da sie es erforderlich macht, den Nutzenden Kontrollmöglichkeiten, wie einen händisch oder elektrisch bedienbaren Sonnenschutz zur Verfügung zu stellen. Ist der Bewertungsprozess abgeschlossen, kommt es je nach Resultat zu einer Handlung, die die Situation verändern soll, z. B. das Schließen des Sonnenschutzes, oder zu emotionsorientierten Bewältigungsstrategien, wie der Umdeutung des Reizes oder zum Versuch, sich abzulenken. Nach der Handlung kommt es schließlich zu einer Neubewertung der Situation. Wenn die Handlung nicht erfolgreich war und dies dauerhaft so bleibt, kann dies zu stressassoziierten Erkrankungen und Störungen führen, wie Bluthochdruck oder Kopf- und Rückenschmerzen durch Verspannungen. War die Handlung jedoch erfolgreich, kann dies zu einem gesteigerten Wohlbefinden führen, weil die gleiche Situation beim nächsten Mal direkt als weniger bedrohlich eingestuft wird.

Weiterführende Literatur

ASR A3.4 Beleuchtung (2023) Technische Regeln für Arbeitsstätten. Arbeitsschutzausschüsse beim BMAS
Bluyssen P (2009) The indoor environment handbook. How to make buildings healthy and comfortable. Routledge, London. https://doi.org/10.4324/9781849774611
Wagner et al (2015) Nutzerzufriedenheit in Bürogebäuden. Empfehlungen für Planung und Betrieb. Fraunhofer IRB, Stuttgart

6

Die neurobiologischen Grundlagen der Wahrnehmung

Frank Müller

Wir sehen nicht die Welt, die uns umgibt, sondern die Welt, die wir konstruieren

In Kap. 1 haben wir uns unter anderem mit der Frage beschäftigt, was in unserem Gehirn passiert, wenn wir sehen. Hier wollen wir die Frage anders formulieren: Was muss in unserem Gehirn passieren, damit wir etwas sehen können? Wie wir in Kap. 1 gesehen haben, ist ein erheblicher Teil unseres Gehirns in den Sehvorgang involviert. Die Projektion der Umwelt auf die Netzhaut und die Reaktion der Photorezeptoren auf den visuellen Reiz sind dabei nur der allererste Schritt. Die Information, die die Photorezeptoren bereitstellen, muss anschließend intensiv verarbeitet werden. Wir haben in dem Zusammenhang den Begriff des Merkmalfilters kennengelernt. Wird die visuelle Information aufgrund einer ausgeklügelten Verschaltung im neuronalen Netzwerk nur clever genug verarbeitet, stehen am Ende des Netzwerks Nervenzellen, die nur durch ganz bestimmte Aspekte im visuellen Reiz aktiviert werden. In der Netzhaut dienen die verschiedenen retinalen Ganglienzelltypen z. B. als Merkmalsfilter für Kontraste, Veränderungen oder Farbe. In den verschiedenen visuellen Arealen der Großhirnrinde finden wir weitere Sätze von Merkmalsfiltern: in V1 für Kanten und Linien, im dorsalen Pfad für Objektbewegung und die Lage von Objekten bezüglich uns, im ventralen Pfad für Farbe und Form, um Objekte zu identifizieren. Ein Ingenieur würde argumentieren, dass bei einer exakt durchgeführten Auswertung der Sinnesinformation am Ende ein Satz von Merkmalen vorliegen müsste, der es ermöglicht, exakt und objektiv genau das wahrzunehmen, was in der Außenwelt passiert. Aber dieses Konzept greift zu kurz. Damit es zur visuellen Wahrnehmung kommt, muss in unserem Innern eine visuelle Welt für uns erschaffen werden (und natürlich für jeden anderen unserer Sinne auch). Aus der Sicht der Neurowissenschaften entsteht dieses Konstrukt aufgrund der Aktivität in den ausgedehnten neuronalen Netzwerken des Gehirns, und es ist dieses Konstrukt, das wir wahrnehmen, nicht die Realität. Vielmehr setzen wir das Konstrukt lediglich mit der Realität gleich. Diese Aussage mag auf den ersten Blick nach Haarspalterei klingen, schließlich beruht dieses Konstrukt auf der ausgewerteten visuellen Information, die aus der Realität stammt. Allerdings haben uns die optischen Täuschungen in Kap. 1 bereits gezeigt, dass unser Sehsystem dabei nicht gerade objektiv und „messtechnisch" korrekt vorgeht. Außerdem werden wir sehen, dass sehr viel mehr als nur Sinnesinformation in die Konstruktion eingeht, z. B. Erinnerung, Erfahrung und einfache, sinnvolle Annahmen, die die Konstruktion erleichtern, ihr Ergebnis aber auch beeinflussen. Wie wichtig diese scharfe Unterscheidung zwischen Realität und Konstrukt ist, werden wir in diesem Kapitel diskutieren. Natürlich kann man argumentieren, dass das Konstrukt des Gehirns für jeden zu seiner individuellen Realität wird. Ich verwende den Begriff der Realität hier aber für die physikalisch messbare Umwelt, z. B. die Helligkeit eines Objekts.

Wir können die Konstruktion der Wahrnehmung mit folgender Situation vergleichen. Ein Künstler soll eine Szene – sagen wir eine Frau und einen Mann vor einem Haus – in einem Bild darstellen. Er sieht die Szene aber nicht selbst, sondern sie wird ihm von einer anderen Person beschrieben. Das Beschreiben der Szene können wir mit dem ersten Schritt vergleichen, in dem unsere Sinnesorgane dem Gehirn Information liefern. Das Gehirn ist der Künstler, das Erstellen des Bildes der zweite Schritt, die Konstruktion der Wahrnehmung. Es ist naheliegend, dass das Bild mit der Realität umso besser übereinstimmen kann, je mehr Information der Künstler erhält und je mehr Zeit er hat, die Details darzustellen. Wie wir gesehen haben, ist die Information, die unsere Augen liefern, aber weder vollständig noch objektiv. Unser visuelles Spektrum ist beschränkt und die Retina überhöht Kontraste und Unterschiede. Außerdem muss die Konstruktion unter enormem Zeitdruck erfolgen. Unser Gehirn wurde im Rahmen der Evolution darauf gedrillt, schnell zu sein, damit wir auf Gefahren sofort reagieren können. Anstelle eines vollständigen, detailgenauen Bildes erstellt unser Künstler also eher eine schnelle, grobe Skizze, die die Realität nicht vollständig repräsentieren kann. Wir müssen auch feststellen, dass unser Künstler recht eigensinnig ist. Um in der Bildsprache zu bleiben: Er malt am liebsten das, was er kennt. Wenn er das Wort „Haus" hört, hat er sofort eine klare Vorstellung, von der er nur abweicht, wenn bestimmte Details, wie z. B. die Größe des Hauses oder die Zahl der Fenster, es notwendig machen. Auch bei der Kleidung der darzustellenden Personen macht er seine eigenen sinnvollen Annahmen. Den Mann zeichnet er z. B. mit langen Hosen, weil er das so gewohnt ist und mit Hut, damit man ihn leichter von der Frau unterscheiden kann.

Anke Huckauf Diese eigenen sinnvollen Annahmen dienen dazu, dass wir schnell auf Reize reagieren können. So können wir Handlungen wie Schwimmen, Autofahren oder Schreiben und Lesen so gut lernen, dass sie nur noch im Falle von Unsicherheiten bewusst werden. Diese automatischen Annahmen machen es aber auch mühsam, solche erlernten subtilen Assoziationen zu ändern. Das kann dazu führen, dass Neuerungen von hoch überlernter Information wie Sprache (z. B. Gendern) oder Rechtschreibung (z. B. Orthographiereform) als äußerst unangenehm empfunden werden.

Frank Müller In der Evolution des Gehirns wurden viele Verarbeitungsmechanismen entwickelt und fest angelegt, derer wir uns gar nicht bewusst sind, die also implizites Wissen darstellen. Implizitem Wissen gegenüber sind wir praktisch machtlos. Ein Beispiel werden wir gleich besprechen, nämlich die Annahme, dass Licht immer von oben kommt.

Wir können uns also leicht vorstellen, dass das Konstrukt, das wir Wahrnehmung nennen, nur in bestimmten Grenzen der Realität entspricht. Im Normalfall wird das Konstrukt so schnell erzeugt, dass wir uns der Komplexität des Vorgangs gar nicht bewusst sind, und ist so gut, dass wir es nicht in Zweifel ziehen. In komplexen Situationen ist das Konstrukt aber u. U. nicht viel mehr als eine Vermutung oder eine Hypothese darüber, wie die Realität aussehen könnte. Und wie wir in Kap. 1 gesehen haben, ist oft gerade die Abweichung von der Realität charakteristisch für die Arbeitsweise unseres Nervensystems, die zu Mach-Bändern und anderen Kontrastphänomenen in unserer Wahrnehmung führt. Lassen Sie uns die Aussage, dass unsere Wahrnehmung eine Konstruktion ist, im Folgenden durch ein paar Beispiele belegen.

Marcel Schweiker Deine Ausführungen zu den schnellen Skizzen, die unser „Künstler" anlegt, erinnern mich an spannende Studien aus dem Bereich der Stadtgeografie. Diese Studien versuchen zu erfassen, wie wir uns in einer neuen Stadt orientieren und fordern die Studienteilnehmenden auf, eine Skizze einer Strecke zu zeichnen, die sie gerade zum ersten oder wiederholten Male abgelaufen sind. Die Ergebnisse zeigen sehr deutlich, wie schemenhaft wir unsere Umgebung wahrnehmen und behalten, sowie den Prozess der Verfeinerung durch Wiederholung. Zuerst können nur bestimmte sog. „Leuchttürme" erinnert werden, d. h. herausstechende Gebäude, Gerüche oder weitere Orientierungspunkte. Mit der Anzahl an Wiederholungen wird das innere und reproduzierbare Bild der Stadt immer detaillierter.

Wenn ein Reiz nicht eindeutig ist, kann die Wahrnehmung beständig hin- und herwechseln

Wenn wir eine Kippfigur betrachten, wechselt unsere Wahrnehmung ständig zwischen zwei Alternativen hin und her. Diese Art von Abbildungen sind aufgrund ihres Unterhaltungswertes populär. Wir verweisen hier auf Bücher mit Sammlungen optischer Täuschungen, wie wir sie am Ende des Kapitels nennen. Kippfiguren sind aber auch ein ernst zu nehmendes Werkzeug, um den Wahrnehmungsvorgang zu analysieren. Abb. 6.1 zeigt eine einfache Kippfigur. Sie ist perspektivisch ambivalent.

Vielleicht ist es ein Pyramidenstumpf aus der Vogelperspektive betrachtet. Das kleine Quadrat wäre dann oben. Oder wir können die Figur als liegenden und perspektivisch gestreckten Quader interpretieren, dessen Vorderseite durch das große Quadrat repräsentiert wird. Bei der Kippfigur ändert sich der Sinnesreiz nicht, aber unsere Wahrnehmung wechselt zwischen zwei Alternativen hin und her. Wahrnehmung ist also nicht nur ein Konstruktions-, sondern auch ein Entscheidungsprozess.

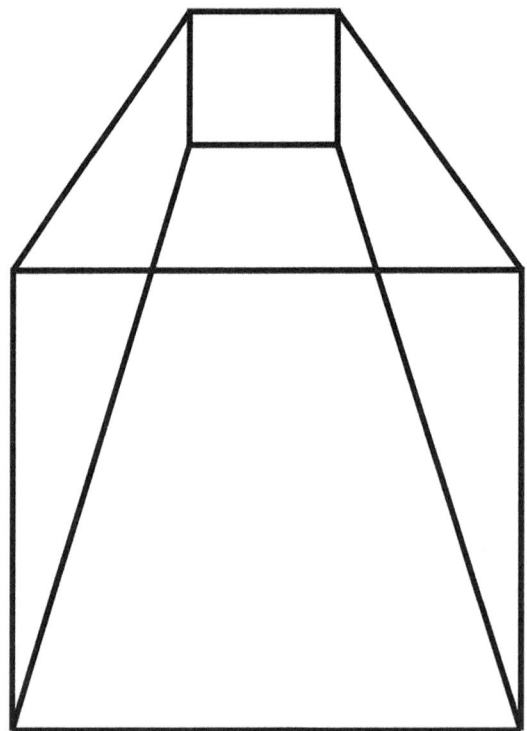

Abb. 6.1 Die Kippfigur erlaubt zwei unterschiedliche Wahrnehmungen

Abb. 6.2 Rubinsche Vase: Vase oder doch Gesichter?

Eine beliebte und bekannte Kippfigur ist die Rubinsche Vase (Abb. 6.2). Man kann sie als Vase sehen oder aber als zwei gegenüberliegende Gesichter. Aufgrund der abstrakten Darstellungsweise erscheinen beide Lösungen ähnlich möglich und der Kippeffekt tritt regelmäßig auf. Dabei erscheinen die erkannten Objekte (also Vase oder Gesichter) jeweils im Vordergrund der Abbildung, der Rest wird als Hintergrund interpretiert.

Marcel Schweiker Als eine der ältesten optischen Täuschungen wird ein Ornament im knapp 1000 Jahre alten indischen Airavatesvara-Tempel im südindischen Bundesstaat Tamil Nadu bezeichnet (Abb. 6.3). In diesem Kippbild sind zwei Tiere zu sehen, wobei man jeweils nur eins als erstes sieht. Angeblich soll man auf die Persönlichkeit der Betrachtenden schließen können, je nachdem, welches Tier er oder sie zuerst sieht.

Abb. 6.3 Stier oder Elefant? Ein knapp 1000 Jahre altes Ornament des Airavatesvara-Tempels in Indien

Dreidimensionale Wahrnehmung wird aus zweidimensionalen Bildern auf der Netzhaut erzeugt

Die 3D-Wahrnehmung oder Tiefenwahrnehmung ist ein ausgezeichnetes Beispiel dafür, dass unsere Wahrnehmung konstruiert wird. Wir leben in einer dreidimensionalen Welt und müssen uns darin bewegen, nach unterschiedlich entfernten Gegenständen greifen etc. Besonders wenn wir uns schnell bewegen, müssen wir Entfernungen auch schnell bestimmen können, sonst kann es leicht zu Stürzen über Hindernisse oder zu ähnlichen Unfällen kommen. Nun wird aber die dreidimensionale Umwelt bei der optischen Abbildung auf die Retina auf zwei Dimensionen reduziert, die Welt müsste uns also eigentlich vollkommen flach erscheinen. Woher stammt die dritte Dimension in unserer Wahrnehmung? Sie wird im Wahrnehmungsprozess konstruiert. Dazu gibt es gleich mehrere Möglichkeiten. Die Wichtigste ist das Stereosehen (die Stereopsis), also das Sehen mit zwei Augen. Sie können sich leicht davon überzeugen, wenn Sie auf eine dreidimensionale Szene in Ihrer Nähe, z. B. die Anordnung mehrerer Gegenstände auf dem Tisch, schauen und dann ein Auge schließen. Sofort fällt es viel schwerer, die Entfernung eines Gegenstandes zu schätzen oder gezielt danach zu greifen.

Unsere Augen sind nach vorn gerichtet. Dadurch sind die Bilder auf den beiden Netzhäuten zwar sehr ähnlich, aber aufgrund des Augenabstands leicht verschoben. Wir bezeichnen das als Disparität. Sie können sich leicht davon überzeugen. Halten Sie beide Daumen in Armeslänge, einen vor den anderen. Lassen Sie beide Augen offen und fixieren Sie den hinteren Daumen, während Sie den anderen Daumen immer näher an das Gesicht heranführen. Den Daumen, auf den Sie fixieren, nehmen Sie als Einzelbild wahr, denn er wird in beiden Augen auf die Fovea – also auf den gleichen Retinaort – abgebildet. Der nähere Daumen erscheint als Doppelbild, d. h., dass er auf den beiden Retinae an unterschiedlichen Orten abgebildet wird. Sie können sich leicht davon überzeugen, dass die Einzelbilder – und damit die Retinaorte – umso weiter auseinanderliegen, je weiter der Daumen von der Fixierungsebene (hier der weiter entfernte Daumen) entfernt ist. Mit anderen Worten: die Verschiebung der Einzelbilder zueinander, die Querverschiebung, ist ein Maß für den Abstand des Daumens zur Fixierungsebene und damit die Grundlage für die Erzeugung des Tiefeneindrucks. Man findet in mehreren visuellen Gehirnarealen Zellen, die aufgrund einer festen Verdrahtung Information von disparaten Punkten der beiden Netzhäute erhalten und vergleichen. Das Stereosehen ist ein Kraftakt, denn die Disparität muss durch sehr viele Zellen ausgewertet werden, um die dritte Dimension in unserer Wahrnehmung zu konstruieren. Im Normalfall gelingt das für nahe Objekte sehr gut und vor allem erstaunlich schnell und vollautomatisch. Besonders bei Objekten in Griffnähe lässt sich die Entfernung mit beiden Augen wesentlich genauer bestimmen als mit einem Auge. Je weiter die Objekte insgesamt entfernt sind, desto kleiner wird die Querverschiebung. Die Entfernungsbestimmung von Objekten mit dieser Methode wird dann weniger genau. Bei einem Prismenfernglas ist der Abstand der beiden Frontlinsen größer als der Augenabstand. Dadurch wird die Querverschiebung verstärkt, damit auch weit entfernte Objekte plastischer erscheinen.

Beim Stereoskop (und im 3D-Film) nutzt man diese Fähigkeit aus, anhand von zwei leicht unterschiedlichen (disparaten) Netzhautbildern einen dreidimensionalen Eindruck zu erzeugen. Das Stereoskop wurde 1830 von Wheatstone entwickelt, der als Erster erkannt hatte, dass die disparaten Bilder der beiden Augen zur Tiefenkonstruktion verwendet werden können. Im 19. Jahrhundert war das Stereoskop ein beliebter Spaß, mit dem sowohl Zeichnungen und später dann auch fotografische Bilder angeschaut wurden. Bei der fotografischen Variante erzeugte eine Kamera mit zwei Objektiven (Abb. 6.4a) zwei leicht versetzte Bilder einer Szene. Bei der abgebildeten Kamera der Firma Verascope entstanden dabei zwei Bilder auf einer ca. 5 × 10 cm großen Negativplatte. Aufgrund der Handlichkeit der Kamera erlebte die Stereofoto-

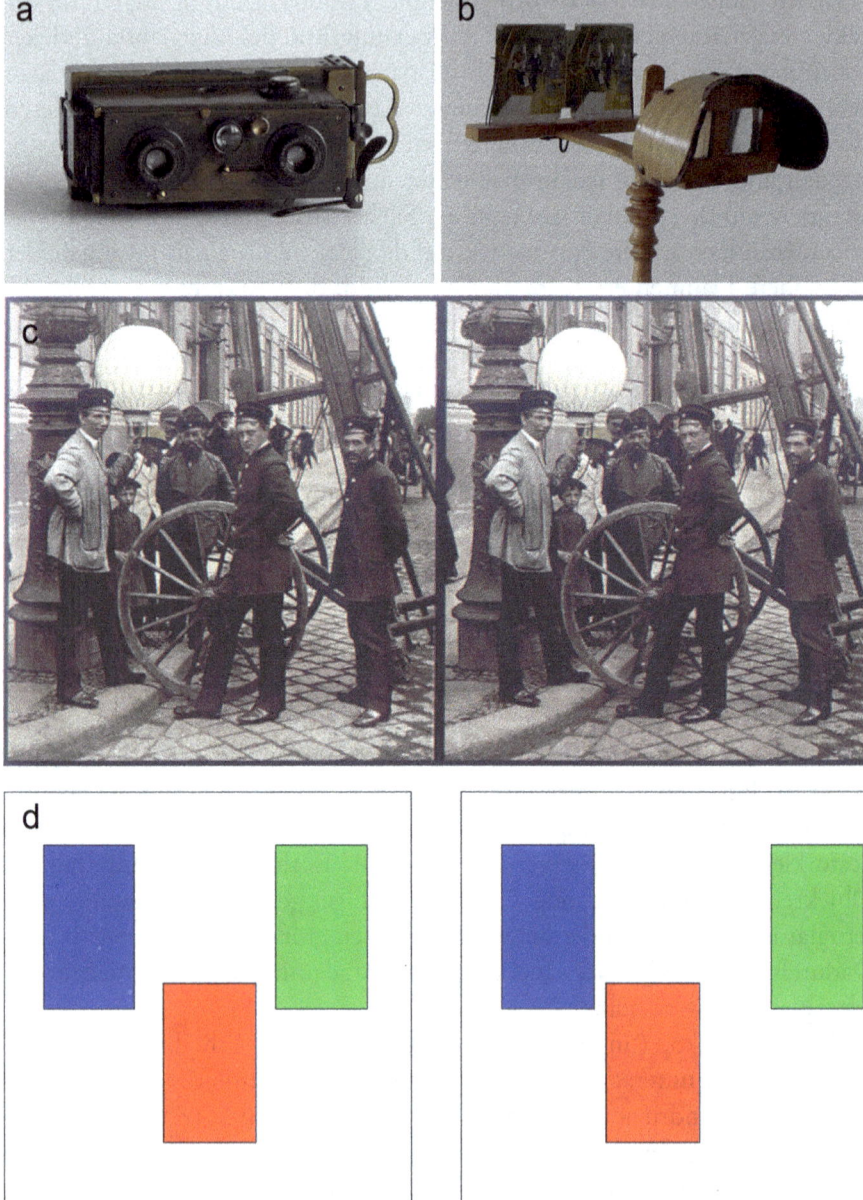

Abb. 6.4 (**a**) Die Stereokamera erlaubte die gleichzeitige Aufnahme von zwei Bildern im Augenabstand. (**b**) Die Bilder wurden dann mit einem Stereoskop betrachtet. Die Tiefenwirkung entsteht, indem die zwei Bilder durch das Gehirn zur Verschmelzung gebracht werden. Blicken Sie entspannt „durch das Stereogramm hindurch". Die beiden Bilder nähern sich dann an und können vom Gehirn verschmolzen werden. (**c**) Fotografisches Stereobild. (**d**) Das rote Rechteck scheint über der Buchseite zu schweben, das grüne dahinter

grafie eine Hochzeit. Die Bilder konnten dann mit einem Stereoskop (Abb. 6.4b) betrachtet werden. Die im Stereoskop eingebauten Linsen erleichtern es dem Betrachter, die beiden Einzelbilder zu einem Bild zu fusionieren und so einen Tiefeneindruck zu gewinnen.

Mit etwas Übung gelingt das aber auch ohne Stereoskop. Stellen Sie ein Stück Papier aufrecht zwischen die linke und rechte Hälfte eines der beiden Stereobilder in Abb. 6.4c bzw. d, sodass jedes Auge nur ein Bild sieht. Schauen Sie die Bilder entspannt an, als würden Sie hindurchsehen, damit die Augen parallel stehen. Ihr Gehirn wird versuchen, die beiden Bilder zu verschmelzen. Es kann etwas dauern, bis sich ein dreidimensionaler Eindruck einstellt. In Abb. 6.4c entsteht ein Straßenbild mit Tiefenstaffelung. Die beiden Männer rechts erscheinen z. B. am nächsten zum Betrachter.

In Abb. 6.4d scheint das rote Rechteck über der Buchseite zu schweben, das grüne Rechteck dahinter. In *Autostereogrammen* („the magic eye") sind die disparaten Einzelbilder in sich wiederholenden Strukturen versteckt. Auch hier entsteht, wenn man entspannt „durch sie hindurchsieht", ein Tiefeneindruck. Bei Bildern wie in Abb. 6.4d ist der Konstruktionscharakter in unserer Wahrnehmung vollkommen offensichtlich. Jedes Bild ist für sich zweidimensional, und es gab nie eine dreidimensionale Realität. Der räumliche Eindruck wird lediglich konstruiert. Wir werden in Kap. 8 noch einmal im Rahmen der *virtuellen Realität* auf das Stereosehen zurückkommen.

Falls Sie bei dem Beispiel in Abb. 6.4 trotz aller Versuche keinen dreidimensionalen Eindruck gewinnen, sollten Sie nicht verzweifeln. Vielleicht gehören Sie zu den ca. 10 % der Menschen, denen das Stereosehen nicht gelingt.

Peter Walter Es gibt eine ganze Reihe von Gründen für fehlendes Stereosehen. Schielstellungen oder eine einseitige Schwachsichtigkeit, z. B. durch eine im Kindesalter nicht korrigierte Fehlsichtigkeit, aber auch alle Augenerkrankungen, die zu einem Sehverlust auf einer Seite führen. Zu Beginn der Unterbrechung des Stereosehens sind die Betroffenen sehr beeinträchtigt, sie schütten den Kaffee neben die Tasse, sie fahren eine Beule in ihr eigenes oder ein Auto eines anderen beim Versuch, in eine Parklücke zu manövrieren. Nach einiger Zeit verbessert sich die räumliche Orientierung aber und es kommt immer seltener zu diesen „Unfällen". So bedeutet der Verlust des Stereosehens nicht gleich den Verlust der Fahrtauglichkeit für PKWs. Der Gesetzgeber schreibt eine gewisse Übergangszeit vor, aber danach kann man wieder einen privaten PKW fahren. In anderen Feldern bedeutet aber der Verlust des Stereosehens unter Umständen die Berufsunfähigkeit. Insbesondere das Arbeiten an drehenden Maschinen oder das Klettern im Dachstuhl etwa (Dachdecker) ist dann nicht mehr möglich, und ggf. bedeutet das nach einer solchen Erkrankung oder einem Unfall die Einleitung von Umschulungsmaßnahmen. Dennoch ist es erstaunlich, welche Kompensationsmechanismen eine Tiefenwahrnehmung ermöglichen können.

Nach der Operation von Netzhautablösungen kann es in seltenen Fällen zu einer Verschiebung der Netzhaut im Augapfel kommen, mit dem Ergebnis, dass ein Bildversatz zwischen dem rechten und linken Auge entsteht. Die Patienten sehen doppelt und können diese Verschiebung auch nicht kompensieren. Sie sind sehr beeinträchtigt und müssen bei anspruchsvollen Sehaufgaben ein Auge schließen. Nach einer gewissen Zeit wird der schlechtere Seheindruck (meist auf der Seite der Netzhautablösung) abgeschwächt und die Patienten sind weniger gestört. In anderen Fällen wiederum ist es sinnvoll, die Netzhaut erneut bewusst abzulösen und neu wiederanzulegen, in der Hoffnung auf einen kleineren Wahrnehmungsversatz. Ein ähnliches Phänomen gab es nach der sog. Makularotationsoperation, die wir bei Patienten mit Makuladegenerationen vor Einführung der Anti-VEGF-Therapie durchgeführt haben. Dabei wurde die Netzhaut um die Achse des Sehnerven gedreht und anschließend wurden die Augenmuskeln umgesetzt, um den Rotationsfehler auszugleichen: Dennoch trat oft ein Bildversatz auf mit ähnlichen Nebenwirkungen wie oben beschrieben. Wir haben dann diese Operation nur noch durchgeführt, wenn das andere Auge schon eine sehr schlechte Funktion hatte und daher keine widerstreitenden Wahrnehmungen nach der OP aufgetreten sind.

Anke Huckauf Hier stellt sich mir eine sehr grundlegende Frage: Was ist lernbar und was nicht? Am Beispiel der Umkehrbrille haben wir gesehen, dass unser Sehsystem sehr formbar ist und sich auf vieles erstaunlich schnell einstellen kann. Diese Brillen stellen das Bild, das man sieht, auf den Kopf, und in den ersten Tagen hat man entsprechende Probleme richtig zu greifen oder sich zu bewegen. Aber nach einigen Tagen gelingt das immer besser. Wo sind die Grenzen der Lernfähigkeit, kann man das neurologisch festmachen?

Frank Müller Die Plastizität des Gehirns ist sicher erstaunlich, aber eben doch beschränkt, denn wir können nicht jede Veränderung oder Gehirnschädigung kompensieren. Manchmal beobachtet man aber Dinge, die eigentlich kategorisch ausgeschlossen waren. „Stereo-Sue" ist ein Beispiel dafür. Sue Barry war schielend aufgewachsen und ihre Augen arbeiteten deshalb nicht zusammen. Stattdessen wechselten sie sich sozusagen beim Sehen ab. Sie hatte deshalb keine 3D-Wahrnehmung, kein Tiefensehen. Als Sue Barry im Alter von etwa 50 Jahren wegen Sehproblemen eine neue Brille bekam, machte sie auch Übungen zur Stabilisierung des Blicks. Und ganz plötzlich gelang es ihr, die beiden Teilbilder zu fusionieren. Sie beschreibt eindrucksvoll die ersten Beispiele von Tiefenwahrnehmung. Das Lenkrad „sprang" aus dem Armaturenbrett, Dinge ragten plötzlich so auf sie zu, dass sie erschreckt zurücksprang. Als sie bei Schneefall unterwegs war, empfand sie den Schneefall als dreidimensionalen Tanz von Flocken und sie hatte in einem unbeschreiblichen Moment des Glücks zum ersten Mal in ihrem Leben das Gefühl, *durch* den Schnee zu gehen, anstatt ihn wie sonst auf einer flachen Leinwand zu erleben. Man geht davon aus, dass die Fähigkeit zur Tiefenwahrnehmung in den ersten Lebensjahren erworben werden muss. Konnte Sue im Alter von 50 Jahren auf einmal dennoch Mechanismen zur Tiefenwahrnehmung entwickeln? Vermutlich nicht. Dazu trat die Tiefenwahrnehmung zu abrupt auf (sie ließ sich aber mit der Zeit durch regelmäßiges Üben verbessern). Bei einem Gespräch mit dem bekannten Neurologen Oliver Sacks erinnerte sie sich plötzlich, auch als Kind sporadische Tiefenwahrnehmung erlebt zu haben. Vermutlich hatte sich das System, das wir zur Konstruktion der Tiefenwahrnehmung einsetzen, also bei ihr in der Kindheit durchaus entwickelt und möglicherweise nur geschlummert, bis sie es durch ihre Sehübungen wieder zum Leben erweckte.

Peter Walter Übrigens ganz ähnliche Effekte, wie man sie als Normalsichtiger erleben kann, wenn man zum ersten Mal einen 3D-Film im Kino sieht.

Auch ohne Stereopsis können wir eine Tiefenwahrnehmung haben, da auch andere Aspekte, vor allem Perspektive, Verdeckungen und Schattenverläufe verarbeitet werden. Diese Tiefenwahrnehmung funktioniert auch dann, wenn man nur mit einem Auge sieht. Ein wichtiger Aspekt ist dabei die Perspektive. Im Zeichenunterricht in der Schule haben wir gelernt, wie wichtig eine korrekte perspektivische Darstellung für die Wirkung eines Bildes ist (Abb. 6.5).

Marcel Schweiker Interessant ist hierbei auch, dass diese Perspektive, über die wir uns im Alltag unter normalen Umständen keine Gedanken machen, in der Darstellung von Kunst und Architektur erst einmal realisiert und gelernt werden musste. Auch wenn es bereits in antiken Darstellungen erste Ansätze von Perspektiven gab, wurde erst in der Renaissance erkannt, wie man Fluchtpunktperspektiven richtig konstruiert und so dem gemalten Bild einen realistischen Ausdruck von Körper und Raum und deren Relationen hinzufügt.

Frank Müller Kinder erlernen auch erst relativ spät, Perspektive in ihre Zeichnungen oder Bilder zu integrieren. Meist muss das im Zeichenunterricht regelrecht geübt werden. Aber auch ohne Perspektive können Kinder das Kon-

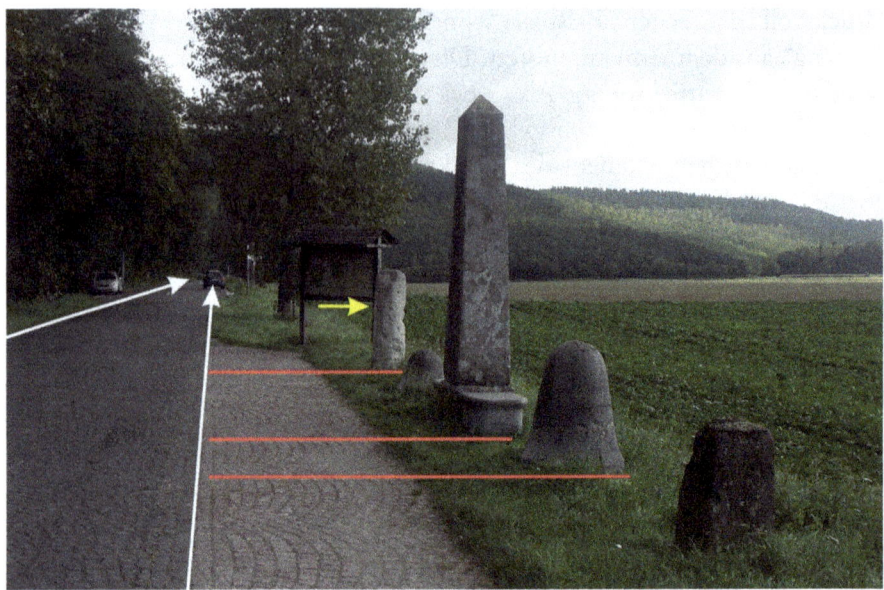

Abb. 6.5 Auch in einem zweidimensionalen Bild ist Tiefeninformation enthalten. Dieses Bild zeigt die sog. Römersteine in der Nähe von Jülich. Es hat eine ausgeprägte Fluchtperspektive. Die zwei weißen Pfeile an den Straßenrändern (die in der Realität parallel verlaufen) treffen sich in einem Fluchtpunkt. Je höher die Basis der Steine im Bild erscheint, desto weiter ist der Stein vom Betrachter entfernt (rote Linien). Die helle Säule verdeckt einen Pfahl des Schaubilds (gelber Pfeil), sie muss also vor dem Schaubild stehen

zept von Tiefe (oder Abstand) verstehen. Als ich einmal mit meinem Neffen im Alter von ca. 4 Jahren gezeichnet habe, brachte er einen Cowboy auf einem Pferd auf das Papier, natürlich als reine Strichzeichnung. Als er das zweite Bein durchgehend durch den Körper des Pferdes zeichnete, zögerte er kurz und sagte dann: „Und das Bein ist hinter dem Pferd." Er hatte das Tiefenkriterium der Verdeckung scheinbar verstanden, konnte es aber nicht umsetzen.

Wie wichtig der Schattenverlauf für die Konstruktion einer dreidimensionalen Wahrnehmung sein kann, zeigt Abb. 6.6, eine Aufnahme des Mondkraters Daedalus. Man achte in der linken Abbildung auf den ausgeprägten Schatten, der am rechten Kraterrand auftritt, während der linke Kraterrand im hellen Sonnenlicht liegt. In der Kratermitte sieht man kleine Erhebungen. In der rechten Abbildung ist das Bild auf den Kopf gestellt. Nun fällt es schwer, den Krater als Vertiefung zu sehen. Er scheint sogar erhaben aus der Mondoberfläche zu ragen, während in der Mitte des Kraters jetzt Vertiefungen zu sein scheinen. Wir nehmen die beiden Abbildungen deshalb so unter-

Abb. 6.6 Unser Gehirn geht in seinen Wahrnehmungsstrategien von der sinnvollen Annahme aus, dass Licht von oben auf ein Objekt fällt. Das führt zu Reflektionen und Schatten mit einer charakteristischen Verteilung. Unser Gehirn stellt anhand der hellen und dunklen Ränder an Objekten die Hypothese auf, dass es sich in der linken Abbildung um einen Krater, in der rechten um eine Erhebung handelt

schiedlich wahr, weil in die Konstruktion des dreidimensionalen Eindrucks Annahmen eingehen, die zwar sinnvoll sind, aber das Ergebnis der Auswertung und damit unsere Wahrnehmung beeinflussen. Unter natürlichen Bedingungen gibt es eine Lichtquelle, die immer am Himmel steht: Sonne oder Mond. Das Licht kommt also immer von oben und erzeugt charakteristische Schattenverläufe und Spitzlichter. Bei einer Vertiefung liegt der Schatten zur Lichtquelle hin, bei einer Erhebung von der Lichtquelle weg. Unter der sinnvollen Annahme, dass auch bei diesen Bildern das Licht von oben kam (genauer von rechts oben), entsteht in unserer Wahrnehmung des linken Bilds ein Krater. In der rechten Abbildung wäre die Lichtquelle durch die Drehung ja nach links unten gewandert. Diese Beleuchtungsvariante wird aber nicht berücksichtigt, da sie unnatürlich ist. Deshalb muss die rechte Abbildung zu einer falschen Wahrnehmung führen – wir sehen einen Hügel. Diese sinnvollen Annahmen haben den Vorteil, den Aufwand bei der Auswertung erheblich zu reduzieren und schneller zum Ergebnis zu kommen. Aber so sinnvoll die Annahme ist, sie beeinflusst das Ergebnis, also unsere Wahrnehmung, selbst unter natürlichen Bedingungen beträchtlich und schränkt deshalb die Objektivität der Auswertung ein. Bei abweichenden Bedingungen führt sie zwangsweise zu falschen Ergebnissen.

Beim Erkennen eines Objekts gelten einfache Prinzipien

Damit ein Objekt wahrgenommen werden kann, muss es als eigenständiges Objekt identifiziert und vom Hintergrund (bzw. von anderen Objekten) isoliert werden. Dieser Vorgang beruht auf den sog. Gestaltprinzipien, die wir uns an einfachen Objekten besonders gut veranschaulichen können.

Prinzipien der Gruppierung. In Abb. 6.7a sind viele Punkte zu erkennen, die in einem Quadrat angeordnet sind. Die Punkte erscheinen uns alle gleich. In Abb. 6.7b wurden einige der Punkte weiß dargestellt. Die weißen und schwarzen Punkte werden nach Farben gruppiert. Daraus ergibt sich ein kleines weißes Quadrat vor einem größeren schwarzen Quadrat. Die Gruppierung von gleichen oder ähnlichen Bildpunkten ist also ein wichtiger Schritt bei der Objekterkennung. Auch andere Parameter, wie z. B. die Nähe, bieten sich als Grund für eine Gruppierung an (Abb. 6.7c).

Prinzip der (gestaltgerechten) Fortsetzung. In natürlichen Szenen verdecken sich Objekte oft gegenseitig. In Abb. 6.8 ist links der Verlauf der Linien durch eine graue Fläche abgedeckt. Man vermutet automatisch, dass A mit B und C mit D verbunden sind (Mitte), denn das wären natürliche und damit wahrscheinliche Fortsetzungen der Gestalt. Die Alternative rechts können wir nicht ausschließen, aber die Tatsache, dass man sie nicht sofort in Betracht zieht, zeigt, dass die Fortsetzung der Linien weniger gestaltgerecht erscheint.

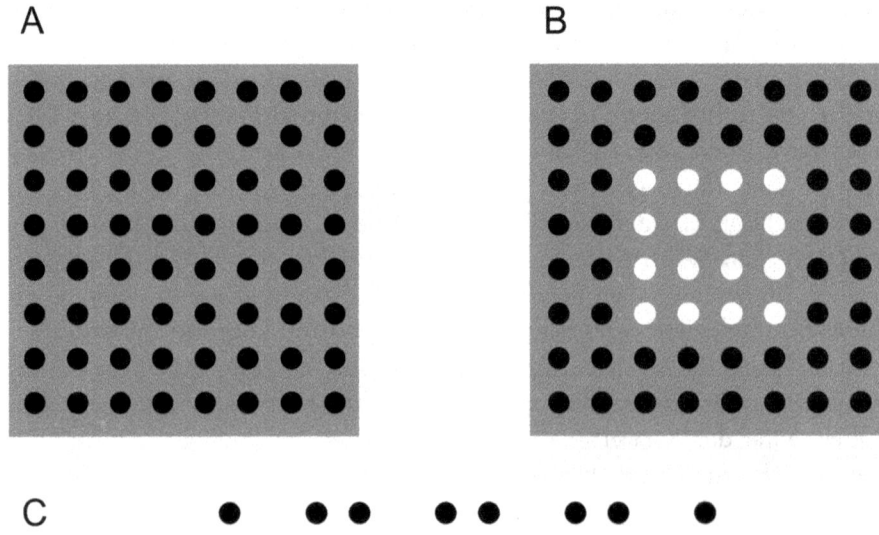

Abb. 6.7 (a) Eine Ansammlung gleicher schwarzer Punkte. (b) Hier erkennen wir ein weißes Quadrat vor einem schwarzen Quadrat. (c) Je zwei Punkte werden als Paar wahrgenommen, weil sie aufgrund der Nähe gruppiert werden

6 Die neurobiologischen Grundlagen der Wahrnehmung

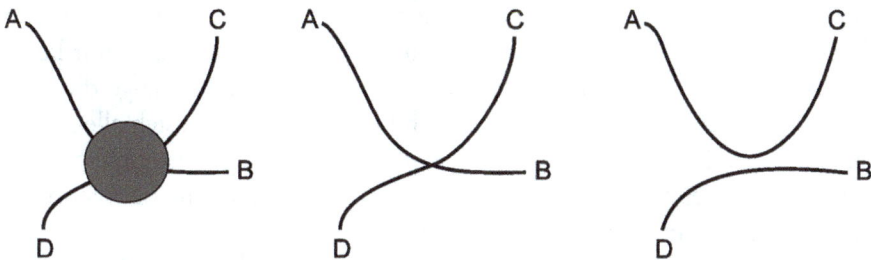

Abb. 6.8 Was ist in der linken Abbildung miteinander verbunden? Die meisten Betrachter tendieren spontan zu der mittleren Lösung, obwohl die rechte Lösung nicht ausgeschlossen werden kann

Abb. 6.9 Gepunktete Felle sind ein klassischer Tarnmechanismus, solange die Tiere stillstehen. Wenn sich die Geparden bewegen, bewegen sich alle Punkte in die gleiche Richtung (gemeinsames Schicksal). Unser Sehsystem gruppiert sie dann zu einem Objekt

Prinzip des gemeinsamen Schicksals. Ein Objekt kann aus mehreren Komponenten bestehen. Der Körper eines Tiers lässt sich z. B. in Kopf, Rumpf und Extremitäten gliedern. Sind mehrere Tiere dicht beisammen, kann es für unser Gehirn schwierig sein zu entscheiden, welche der Komponenten zusammengehören und welche nicht. Sobald sich das Tier bewegt, bewegen sich seine Komponenten aber gemeinsam (Abb. 6.9). Das Gehirn gruppiert dann die Komponenten, die das gleiche Schicksal erleiden, als Objekt zusammen. Tiere tarnen sich oft durch ein ungleichmäßig gefärbtes Fell, z. B. mit Punkten, wie bei einem Gepard. Die Tarnung ist sehr effektiv, solange die Tiere sich still verhalten. Sobald sie sich jedoch bewegen, bewegen sich alle Punkte in die gleiche Richtung. Sie werden dann zu einem Objekt gruppiert, da sie ein gemeinsames Schicksal erfahren. Auch das ist wieder ein Beispiel dafür, dass Bewegung ein wichtiger Aspekt beim Sehen ist.

Prinzip der Vertrautheit. Ein besonders eindrucksvolles Beispiel für Gruppierung zeigt Abb. 6.10. Versuchen Sie in dem Wirrwarr von schwarzen Flecken ein Objekt zu erkennen.

Abb. 6.10 Was ist hier versteckt?

Haben Sie es gefunden? Es ist ein sitzender Dalmatiner. Der Kopf ist ganz oben, die Vorderpfoten unten. Aber das Bild zeigt neben dem Prinzip der Gruppierung ein weiteres wichtiges Prinzip in der Objekterkennung, das Prinzip der Vertrautheit. Wir erkennen in dem Fleckengewirr nur dann einen Dalmatiner, wenn unser Gehirn mit dem charakteristischen Fellmuster aus schwarzen und weißen Flecken vertraut ist. Erst wenn diese Erinnerung in die Analyse mit eingeht, ergibt es mehr Sinn, bestimmte Flecken zu gruppieren und damit in der Wahrnehmung den Dalmatiner zu formen, als die gleichen Flecken mit anderen Flecken zu etwas Unbekanntem zu gruppieren.

Peter Walter Die Fähigkeit, auf diesen Bildern Objekte zu erkennen, scheint stark von Mensch zu Mensch zu variieren. Ich selbst sehe auf diesen Bildern nie etwas, bis es mir jemand zeigt. Andere erkennen sofort, um was es geht. Was steckt dahinter?

Marcel Schweiker Ich habe das Bild meinem Sohn (8 Jahre) gezeigt und er hat direkt das Pokémon Glaziola darin entdeckt, es aber nicht geschafft, den Dalmatiner zu sehen.

Frank Müller Ich hätte keine Chance, Glaziola zu entdecken, da ich es nie gesehen habe. Wir können diese versteckten Objekte nur erkennen, wenn wir sie kennen, oder, anders ausgedrückt: Man sieht, was man kennt, womit man Erfahrung hat. Abgesehen davon ist in diesen Abbildungen die Information ja stark reduziert oder verzerrt. Sie muss Assoziationen wecken, damit man etwas erkennen kann. Die Fähigkeit, Assoziationen zu knüpfen, dürfte von Mensch zu Mensch unterschiedlich sein.

Anke Huckauf Mir ist wichtig, dabei auf Folgendes hinzuweisen: Hat man einmal den Dalmatiner im obigen Bild erkannt, kann man den ersten Eindruck, also die Wahrnehmung, die man hatte, bevor der Dalmatiner erkannt wurde, nicht wiederherstellen. Diese Wahrnehmung ist dann nicht mehr hervorrufbar. Das zeigt, wie sehr das Erkennen die Wahrnehmung dominiert. Vertraute Objekte können nicht ignoriert werden; es ist, als ob sich die Wahrnehmung an diesen vertrauten Objekten festhält.
Prinzip der Einfachheit. Lassen Sie uns hier noch ein letztes Gestaltprinzip erwähnen, das eine essenzielle Eigenschaft in der Wahrnehmungsstrategie aufzeigt. Bei den geometrischen Figuren in Abb. 6.11a vermuten wir sofort, dass es sich um zwei Quadrate handelt, von denen das vordere das hintere Quadrat teilweise überdeckt. Eine von vielen Alternativen wäre, dass ein Quadrat und eine Figur in L-Form nebeneinander liegen (6.11b). Aber die einfachste Lösung wird automatisch vorgezogen.

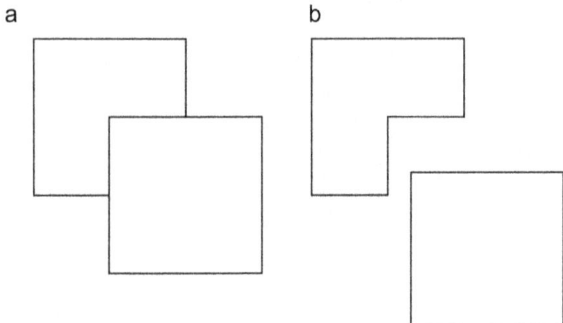

Abb. 6.11 (**a**) Gemäß dem Prinzip der Einfachheit vermuten wir automatisch, dass es sich hier um zwei überlappende Quadrate handelt. Die Alternative in (**b**) ist auch möglich, aber komplizierter

Konstanzleistungen ermöglichen eine stabile Wahrnehmung in einer sich ständig ändernden Umwelt

Die Welt, in der wir leben, ist einem ständigen Wandel unterworfen. Wie beim Thema Helligkeit in Kap. 5 bereits erwähnt, ist es bei vollem Sonnenlicht Millionen mal heller als in der Nacht. Dennoch erscheint uns schwarze Schrift auf weißem Papier immer gleich, und das, obwohl die schwarze Tinte im Sonnenlicht erheblich mehr Licht reflektiert, als das weiße Papier in der Dämmerung. Auch das Spektrum des Sonnenlichts ändert sich über den Tag, ganz zu schweigen von Unterschieden in der Beleuchtung durch verschiedene technische Leuchtmittel (vgl. dazu Kap. 5). Wenn die Sonne mittags senkrecht am Himmel steht, ist der Weg des Lichts durch die Atmosphäre zur Erdoberfläche am kürzesten – das Licht ist weiß. Morgens und abends fällt das Licht flacher ein. Auf dem längeren Weg durch die Atmosphäre wird blaues Licht stärker gestreut, der Anteil an rotem Licht, der unser Auge erreicht, ist also höher als am Mittag. Das kennen wir alle vom tiefroten Sonnenuntergang. Eine Zitrone reflektiert also mittags andere Farben als zu anderen Tageszeiten, dennoch sieht sie für uns immer gelb aus. Die Leistung, die unser Gehirn vollbringt, um unsere Wahrnehmung unabhängig von solchen Veränderungen zu machen, nennen wir Konstanzleistung. Man darf den stabilisierenden Effekt dieser Leistungen auf unsere Wahrnehmung nicht unterschätzen, denn sie bringen (ähnlich wie das Reafferenzprinzip, das in Kap. 4 beschrieben wurde) Konstanz in einer Welt, die ganz und gar nicht konstant ist. Ein einfaches Beispiel soll das verdeutlichen. Nehmen wir an, ein Tier bewegt sich von uns weg zwischen Bäumen hindurch in einen Wald hinein. Dabei ändert es vielleicht scheinbar seine Gestalt, weil wir es einmal von hinten, einmal von der Seite sehen. Es verschwindet hinter einem Baum und taucht dann wieder auf. Das Bild des Tieres auf der Netzhaut wird immer kleiner, je weiter es von uns entfernt ist. Das Fell wird einmal von hellem Sonnenlicht beschienen, ist dann im dunklen Schatten oder unter einem grün eingefärbten Blätterdach. Ohne Konstanzleistung würde uns das Tier jedes Mal als ein anderes Objekt erscheinen. Konstanzleistungen sind der Anker für eine stabile Wahrnehmung.

Wie immer kann man erst erkennen, wie wichtig der Mechanismus ist, wenn er nicht funktioniert. Betrachten wir das am Beispiel der Größenkonstanz. Das Bild in Abb. 6.12a hat eine ausgeprägte Fluchtperspektive, die wichtige Tiefeninformation liefert. In A wurden zwei Strichmännchen in der Größe eingezeichnet, in der ein Mensch in der entsprechenden Entfernung erscheinen würde. Obwohl das hintere Strichmännchen sehr viel kleiner ist, erscheint uns seine Größe plausibel. Vertauschen wir die Figuren (Abb. 6.12b), erscheinen sie als Riese bzw. Puppe. Unser Gehirn bewertet also die Größe eines Objektes nicht nach der absoluten Größe seines Bilds auf der Netzhaut (die hat sich ja zwischen **a** und **b** nicht geändert). Vielmehr wird die Größe des Netzhautbilds abhängig von der (scheinbaren) Entfernung des Objekts in eine wahrgenommene Größe umgerechnet. Dadurch wird sichergestellt, dass uns ein Objekt immer gleich groß erscheint, unabhängig davon, wie weit es entfernt ist. Erst dadurch wird es möglich, es auch immer als das gleiche Objekt zu erkennen und nicht als separate unterschiedlich große Varianten eines Objekts. Durch die Verschiebung der Figuren im Bild wird dieser Mechanismus gestört und wir nehmen Riesen und Puppen wahr. Der Architekt Franchesco Borromini hat übrigens den Effekt der Perspektive auf unsere Entfernungs- und Größenwahrnehmung meisterhaft für eine Täuschung ausgenutzt. Er hat einen nur 9 m langen Säulengang im Palazzo Spada optisch in die Länge gezogen, indem er den Gang nach hinten schmaler und die Säulen kleiner angelegt hat. Er erzielte so einen Eindruck, wie wir ihn von einem langen Gang erwarten würden. Auch der Ames-Raum (Abb. 6.12c) hebelt geschickt den Mechanismus der Größenkonstanz aus. Sieht man durch die einzige Öffnung hinein, erscheint der Raum rechtwinklig (Abb. 6.12c). In Wirklichkeit ist der Raum völlig verzerrt. Die linke Ecke des Raums ist weiter entfernt, die Seitenwände sind entsprechend ungleich lang und der Raum ist an der linken Ecke höher als rechts. Fenster und Bilder an den Wänden sind so aufgemalt, dass sie von der Einblicköffnung aus betrachtet, rechtwinklig erscheinen, sie sind in der Realität aber trapezförmig verzerrt. Wechselt eine Person ihre Position zwischen den mit X bezeichneten Stellen, scheint sie zu wachsen, bzw. zu schrumpfen.

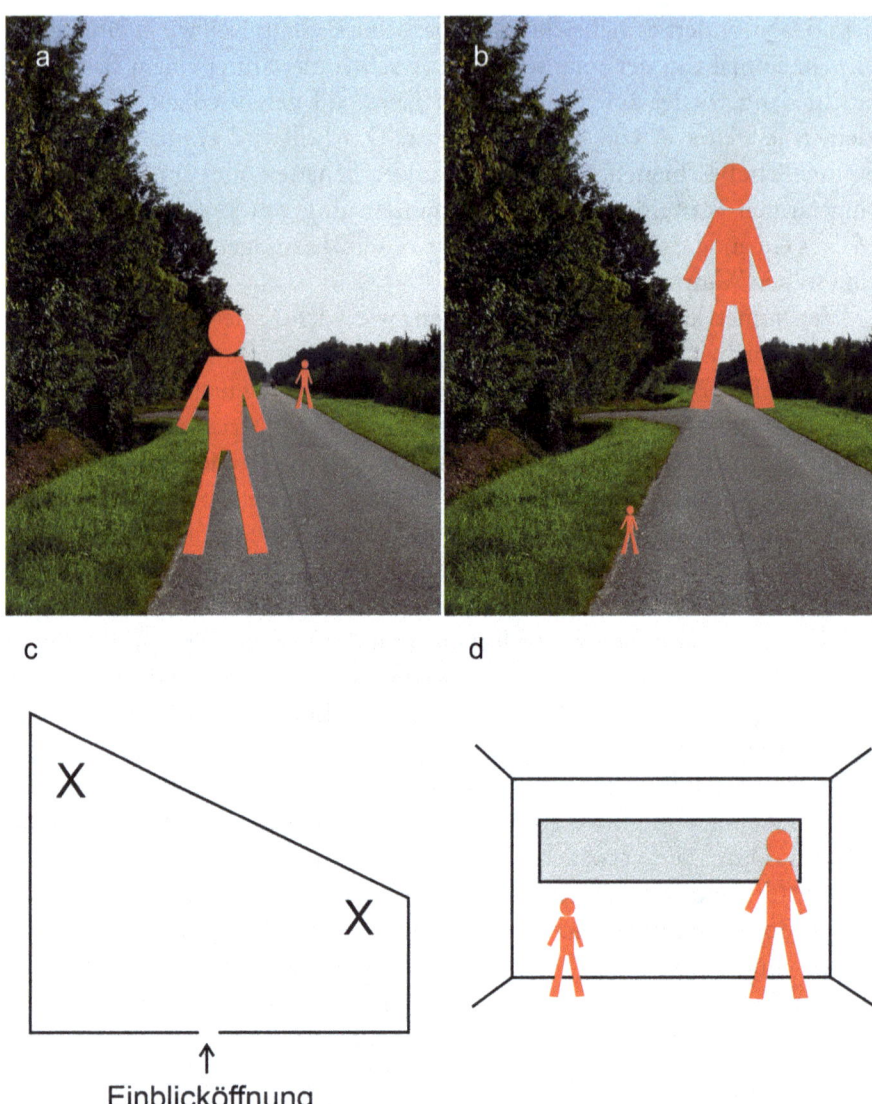

Abb. 6.12 Wir nehmen die Größe von Objekten abhängig von der Entfernung wahr. In (**a**) sind die Figuren so groß abgebildet, wie ein Mensch an der entsprechenden Position erscheinen würde. Obwohl sehr verschieden, erscheint uns die Größe der Figuren im Kontext plausibel. In (**b**) sind sie vertauscht. Die große Figur erscheint jetzt riesig, die kleine wie ein Püppchen. (**c**) Der Ames-Raum, von oben betrachtet. Der Raum ist in der Realität vollkommen verzerrt. (**d**) Blickt man jedoch durch die einzige Einblicköffnung hinein, erscheint er rechtwinklig. Personen an den in (**c**) mit X gekennzeichneten Orten erscheinen deshalb unterschiedlich groß

Von gewollten Fehlern in der Wahrnehmung

Wie wir gesehen haben, ist das Sehen mit einem enormen Aufwand verbunden. Visuelle Information über Farbe, Form, Bewegung, Ort, Entfernung und Tiefe muss analysiert und dann zu einem Gesamtbild zusammengesetzt werden. Dieses Bild muss mit der Information aus den anderen Sinnesmodalitäten in Einklang gebracht werden, um eine einheitliche Erklärung dafür zu generieren, was vermutlich in der Welt um uns herum geschieht. Als Folge dieses Vorgangs entsteht ein Konstrukt, das wir wahrnehmen. Allerdings kann es zu Fehlern im Konstruktionsprozess, und damit in unserer Wahrnehmung, kommen. Wir haben schon in Kap. 1 besprochen, dass einige dieser Fehler gewollt sind und z. B. zur Verstärkung von Kontrasten dienen. Das führt zu optischen Täuschungen, wie wir sie am Beispiel der Mach-Bänder (Kap. 1, Abb. 1.10) oder dem Simultankontrast beobachten können (Abb. 1.11). Der mittlere Streifen in Abb. 6.13 ist in der linken und der rechten Abbildung gleich, scheint aber in der rechten Abbildung einen Helligkeitsverlauf zu haben. Er wird durch eine Kontrastverschärfung in unserer Wahrnehmung erzeugt, um den mittleren Streifen leichter von den beiden äußeren Streifen trennen zu können. Deckt man sie ab, stellt man fest, dass der mittlere Streifen auch in der rechten Abbildung durchgehend gleich grau ist.

Streng genommen sind diese Täuschungen natürlich fehlerhafte Repräsentationen der Welt, sie helfen uns aber, Objekte voneinander zu trennen oder sie leichter wahrzunehmen. Insofern stellen sie kein Fehlverhalten des visuellen Systems dar, sondern offenbaren uns wichtige Mechanismen, die uns das Überleben in der Evolution gesichert haben. Sogenannte Scheinkonturen erleichtern uns die Identifikation von Objekten. Das bekannteste Beispiel ist das

Abb. 6.13 Der mittlere Streifen ist in beiden Abbildungen identisch, scheint aber rechts seine Helligkeit zu ändern

Abb. 6.14 Scheinkonturen lassen uns links oben ein Dreieck, links unten einen Kreis erkennen. Beide erscheinen heller als der Hintergrund, was allerdings nicht stimmt. Der Tannenbaum rechts ist eine Erweiterung des Kanizsa-Dreiecks

Kanizsa-Dreieck (Abb. 6.14 links oben). Bei der Täuschung von Kanizsa scheint ein weißes Dreieck über drei schwarzen Kreisen zu schweben. Obwohl keine Kanten für das Dreieck eingezeichnet sind, können die meisten Betrachter es klar erkennen und beschreiben es meist auch als heller als den Untergrund. Würde man es messen, wäre die Helligkeit von Dreieck und Untergrund gleich. Ähnlich sieht man unten einen helleren Kreis auf dem Streifenmuster. Rechts ist das Kanizsa-Dreieck in einer abgewandelten Form zu sehen.

Auch der folgenden Täuschung (Abb. 6.15) liegt möglicherweise ein absichtlicher Fehler zugrunde. Sie können nachmessen, dass der Hut so hoch ist, wie die Krempe breit ist. Trotzdem erscheint er uns höher. Die Höhe eines Gegenstandes könnte in unserer Wahrnehmung absichtlich verstärkt werden, weil Höhen für uns gefährlich sind. Schließlich können wir nicht fliegen. Indem sie einen Baum höher erscheinen lässt, als er wirklich ist, könnte uns die Höhe-Breite-Täuschung z. B. daran hindern, einen hohen Baum zu besteigen und dabei zu stürzen.

Abb. 6.15 Der Hut erscheint höher, als seine Krempe breit ist. Beide sind aber identisch. (Messen Sie es nach!)

Ungewollte Wahrnehmungsfehler

Eine zweite Kategorie von optischen Täuschungen entsteht dadurch, dass das Gehirn bei bestimmten Aufgaben fehleranfällig bzw. die Auswertemaschinerie tatsächlich überfordert ist. Eine besonders eindrucksvolle Täuschung ist die nach Shepard (Abb. 6.16, oben). Roger Shepard war Kognitionswissenschaftler und forschte vor allem an räumlichen Beziehungen. Auf ihn geht aber auch die Shepard-Skala (oder Shepard-Ton) zurück. In dieser beeindruckenden akustischen Täuschung nehmen wir einen Ton wahr, der scheinbar unendlich in der Tonhöhe ansteigt. In der Täuschung in Abb. 6.16 nehmen wir die zwei Tische vollkommen unterschiedlich wahr, obwohl ihre Tischplatten identisch sind. Niemand, der diese Illusion zum ersten Mal sieht, glaubt das. Sie können sich aber leicht davon überzeugen, indem Sie den Umriss einer Platte auf Papier abpausen, dann um 90 Grad drehen und auf die andere Tischplatte legen. Wie kann unser Sehsystem einen so gravierenden Fehler machen? Man könnte annehmen, es wäre eine Höhe-Breite-Täuschung, wie bei dem Hut in Abb. 6.15. Die spielt zwar auch eine Rolle, aber reicht nicht aus, die drasti-

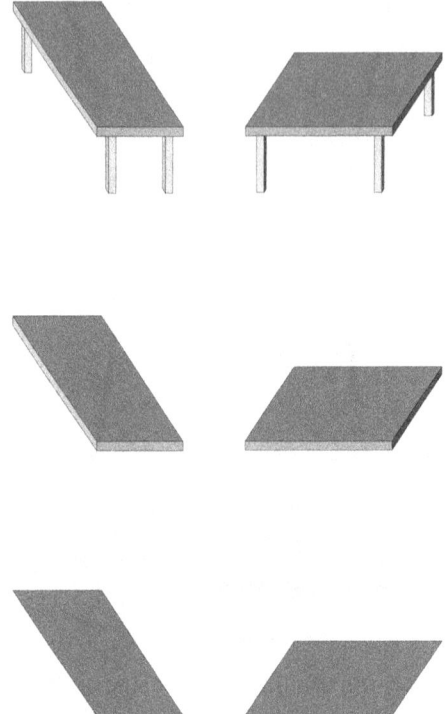

Abb. 6.16 Täuschung nach Shepard. Oben: Wir nehmen die Tische dreidimensional wahr. Die Platten der beiden Tische wirken sehr unterschiedlich, sind aber identisch. Mitte und unten: Je mehr Aspekte entfernt werden, die zu einer dreidimensionalen Interpretation verführen, desto geringer wird der Unterschied zwischen den beiden Platten wahrgenommen

schen Unterschiede in der Wahrnehmung der beiden Tischplatten zu erklären. Objekte befinden sich normalerweise in einer dreidimensionalen Welt. Sobald es eine Möglichkeit gibt, eine Struktur oder ein Bild dreidimensional zu interpretieren, wird unser Gehirn das tun. Auch die obere Zeichnung in Abb. 6.16 kann dreidimensional interpretiert werden, allerdings sind die Tische nicht perspektivisch korrekt dargestellt. Das scheinbar weiter entfernte Tischende sollte z. B. schmäler sein als das nähere Tischende. Diese Fehler führen zu einem Fehler in der Konstruktion und damit zu einer falschen Wahrnehmung. Aus Gründen der Fairness muss man aber auch festhalten, dass das korrekte Erkennen von Tischplatten in der Evolution unseres Gehirns nur eine untergeordnete Rolle spielte. In Abb. 6.16 wird die dritte Dimension in den Darstellungen von oben nach unten reduziert, bis am Ende zwei Parallelogramme übrig bleiben. Die meisten Betrachter nehmen sie deutlich ähnlicher wahr als die beiden Tische. Aber selbst, wenn wir mit dem Zentimetermaß und Winkelmesser nachgewiesen haben, dass die Platten identisch sind, lässt sich die fehlerhafte Wahrnehmung nicht korrigieren. Die automatische und hier fehlerhafte Konstruktion unserer Wahrnehmung dominiert über den Intellekt.

Wie man Dinge sehen kann, obwohl man blind ist

Eine dritte Kategorie von Wahrnehmungsstörungen beruht auf Erkrankungen des visuellen Systems. Im zweiten Kapitel wurde erläutert, wie durch das Absterben der Photorezeptoren, Schädigungen der Sehbahn oder andere Erkrankungen Ausfälle im Gesichtsfeld entstehen können. Diese Ausfälle können lokal begrenzt sein oder das gesamte Gesichtsfeld betreffen und damit zu vollständiger Blindheit führen. Ein interessantes Phänomen kann auftreten, wenn die Augen intakt sind und das erste visuelle Areal in der Großhirnrinde, V1, durch einen Schlaganfall oder einen Unfall zerstört wird. V1 dient ja sowohl zur Auswertung als auch zur Verteilung der visuellen Information an die anderen visuellen Areale der Großhirnrinde (vgl. Kap. 1). Die Verarbeitung der Information durch die Großhirnrinde ist die Grundvoraussetzung für bewusstes Erleben. Menschen mit Schädigung in V1 sind deshalb blind; man spricht von Rindenblindheit. Zeigt man ihnen ein Objekt, z. B. einen Kugelschreiber, und fragt, um was es sich handelt, antworten sie natürlich, dass sie blind sind und kein Objekt sehen, geschweige denn benennen können. Interessanterweise können sie aber oft gezielt danach greifen! Manche der Betroffenen können auch Hindernissen aus dem Weg gehen, ohne die geringste Ahnung zu haben, was sie da ausweichen, ja teilweise, ohne sich dessen überhaupt bewusst zu sein. Man nennt diesen Vorgang Blindsehen. Ermöglicht wird er dadurch, dass die Augen ja noch vollkommen funktionell sind und visuelle Information auch an andere Hirngebiete schicken, wie den Colliculus superior (vgl. Kap. 1). Vermutlich wird visuelle Information in geringem Umfang auch an V1 vorbei in visuelle Areale geschickt. Die Verarbeitung im Colliculus und im dorsalen Pfad könnte ausreichen, um Objekte zu lokalisieren. Die Patienten sind sich dessen aber nicht bewusst und können die Objekte nicht identifizieren, da der ventrale Pfad nicht ausreichend mit Information versorgt wird. Es gibt aber auch vereinzelte Berichte, wonach rindenblinde Patienten nach langem Training wieder Objekte identifizieren konnten. Hier spielen plastische Vorgänge im Gehirn eine wichtige Rolle.

Peter Walter Derartige Phänomene machen uns immer wieder bei der gutachterlichen Beurteilung von Blindheit Mühe. Es geht da ja oft um Leistungen wie Blindengeld oder andere Unterstützungsleistungen. Dabei sind wir nicht selten damit konfrontiert, dass Menschen vorgeben blind zu sein, es aber nicht sind. Wir führen dann Tests durch, um objektiv die Sehschärfe zu bestimmen. Gibt jemand an, nur noch Lichtschein wahrzunehmen aber nicht mehr und kann dieser Mensch aber durch einen Raum voller Hindernisse alleine manövrieren, sehen wir einen Widerspruch zwischen dem subjektiv angegebenen Sehen und dem objektiv beobachteten Verhalten. Eine solche Diskrepanz kann dann dazu führen, dass dem Betroffenen Simulation vorgeworfen wird. Das ist immer eine sehr schwierige Situation, insbesondere wenn es im Streitfall zwischen Betroffenem und Versicherung dann vor Gericht geht.

Bei etwa 10 % der Menschen, die stark visuell eingeschränkt oder blind sind, kann man eine besondere Art von Wahrnehmungsstörung beobachten: das Charles-Bonnet-Syndrom. Die Dunkelziffer dürfte höher sein, weil Betroffene aus Angst, man könnte sie für verrückt halten, nicht darüber reden. Charles Bonnet beschrieb als erster diese Erkrankung, weil sein Großvater davon betroffen war. Die Betroffenen erleben visuelle Phänomene, die von Lichterscheinungen (Phosphenen) über geometrische Formen bis zu komplexen Wahrnehmungen von Szenen und Räumen, Objekten oder Personen reichen. Diese Personen entstammen meist nicht dem Bekanntenkreis, es können sogar gezeichnete Figuren wie aus einem Comic sein. Sie können alle möglichen Handlungen durchführen. Auch Gesichter werden immer wieder gesehen, wobei sie oft deformiert sein können. Die Erscheinungen sind stets rein visuell. Für die Betroffenen erscheinen die Halluzinationen im Prinzip sehr lebendig und natürlich. Sie erleben sie aber insofern als unecht, dass sie in der Regel keinen Bezug zum Patienten oder seiner Situation haben. Sie werden deshalb auch als Pseudohalluzinationen bezeichnet. Insofern unterscheiden sie sich von Halluzinationen, wie sie bei Schizophrenie auftreten. Ist die Erblindung lokal, treten die Erscheinungen in der Regel im betroffenen Gesichtsfeldausschnitt auf. Aber wie kommt es zu diesen visuellen Erlebnissen? Die neuronalen Netzwerke im Gehirn werden nicht nur durch Sinnesreize aktiviert, sondern können auch spontan aktiv sein. Bietet man dem Sehsystem reelle visuelle Information, wird die Aktivität im Sehsystem durch die Verarbeitung der visuellen Information sozusagen in Bahnen gelenkt. Am Ende steht ein Konstrukt, das uns zeigt, was in der Außenwelt geschieht. Erhält unser Sehsystem keine reelle visuelle Information, kann es in einen Modus spontaner Aktivität übergehen. Die verschiedenen Areale werden aktiv und tauschen Signale aus. Sie beeinflussen sich gegenseitig genauso wie sie es bei der Verarbeitung reeller Information tun. Werden dabei Kombinationen von Merkmalsfiltern aktiviert, in denen das Gehirn einen sinnvollen Inhalt erkennt, kann sich das Aktivitätsmuster verstetigen. Am Ende des Prozesses stehen visuelle Eindrücke, die genauso lebendig sind wie die Wahrnehmung der Außenwelt, aber vom Gehirn selbst erzeugt werden. Einfache geometrische Figuren werden vermutlich durch Aktivität in den ersten visuellen Arealen, z. B. V2, erzeugt, Gesichter durch die spontane Aktivierung der Zellen im fusiformen Gesichtsareal (vgl. Kap. 1). Ähnliches passiert, wenn man in einem sog. Deprivationstank von allen Sinnesreizen isoliert wird, wenn wir träumen oder unter dem Einfluss von Drogen. Während der Halluzinationen und beim Träumen sind die gleichen Gehirnareale aktiv wie beim Sehen. Sie konstruieren, ganz ohne reellen Eingang, eine visuelle Wahrnehmung.

Fazit

Wie wir in diesem Kapitel sehen konnten, müssen mehrere Dinge ablaufen, damit es zur visuellen Wahrnehmung kommt. Erstens wird die visuelle Information in vielen visuellen Arealen der Großhirnrinde ausgewertet. Dabei werden Merkmalsfilter aktiviert, die bestimmte visuelle Inhalte repräsentieren (z. B. grün, Bewegung von rechts nach links, Gesicht der Person X). Zweitens muss die Information über diese Merkmale zusammengeführt werden, damit es zu einer kohärenten Wahrnehmung kommt (das Gesicht gehört zur Person X, die grün gekleidet ist und sich von rechts nach links durch das Gesichtsfeld bewegt). Über diesen Schritt sind sich die Sehforscher noch nicht einig. Manches spricht dafür, dass die Aktivität der verschiedenen Areale, die ja die verschiedenen Aspekte der Wahrnehmung repräsentieren, irgendwie synchronisiert wird. Die verschiedenen Merkmale würden dann gebunden, weshalb man diesen Mechanismus auch als Bindung bezeichnet. Vergleichbar wäre das vielleicht mit einem Orchester, bei dem der Dirigent die verschiedenen Instrumentengruppen dazu bringt, eine bestimmte Phrase des Musikstücks zusammen zu spielen. Spielen die verschiedenen Instrumente das Thema nicht zeitlich koordiniert, ergibt es keinen Sinn. Übertragen auf das Gehirn bedeutet dies, dass keine sinnvolle Wahrnehmung entsteht. Wie diese konzertierte Aktivität schlussendlich unsere Wahrnehmung erzeugt, ist noch unklar. Aber wie auch immer es funktioniert, eine zentrale Aussage dieses Kapitels ist, dass das Gehirn aus neurobiologischer Sicht eine Welt konstruiert und wir dieses Konstrukt wahrnehmen. Anschauliche Beispiele sind die Erzeugung eines dreidimensionalen Bilds aus zweidimensionalen Vorlagen oder Täuschungen wie die Shepard-Illusion, die einen Wahrnehmungsfehler konstruiert, den auch unser kritischer Verstand nicht ausradieren kann. Wir wissen, dass beim Träumen oder bei visuellen Halluzinationen die gleichen Gehirnareale aktiv sind, die auch bei der Verarbeitung visueller Reize aktiv sind – mit Ausnahme vermutlich von V1. Die Pseudohalluzinationen der Charles-Bonnet-Patienten zeigen, dass visuelle Wahrnehmung aus nichts heraus, einzig durch spontane Aktivität der Großhirnrinde, konstruiert werden kann. Sie steht der Qualität der Wahrnehmung, die auf reeller visueller Information beruht, in nichts nach. Die Sehforschung hat in den letzten Jahrzehnten große Fortschritte gemacht, aber wir sehen auch viele Lücken. Die Puzzlesteine, die diese Lücken füllen sollen, liegen noch im Dunkeln. Die Forschung wird zweifelsfrei weitere Puzzlesteine aufdecken. Wir können gespannt in die Zukunft schauen.

Erschaffen wir uns unsere eigene Realität?

Werner van Haren Frank, Du verwendest immer den Begriff der Konstruktion. Das betont zwar die schöpferische Leistung des gesamten Wahrnehmungsprozesses, läuft aber aus meiner Sicht Gefahr, den Zusammenhang zur äußeren Welt zu trennen – der doch aber wichtig ist. Die überlebenssichernde Leistung besteht doch gerade darin, dass es zur Rekonstruktion der Umwelt kommt.

Frank Müller Du hast natürlich vollkommen Recht. Das Gehirn wurde entwickelt, um unser Überleben zu erleichtern. Dazu gehört es, auf die Umwelt reagieren zu können. Es muss deshalb eine innere Repräsentation der Umwelt in unserem Gehirn geben. Ob diese Präsentation konstruiert oder rekonstruiert wird, ist eine Frage, über die man lange diskutieren könnte. Für mich ist Rekonstruktion vor allem eine Reaktion. Wir können nur etwas rekonstruieren, wenn auch etwas da ist. Aber nicht alles, was wir wahrnehmen, ist auch vorhanden. Wir erkennen Gesichter in Wolkenformationen oder im Kaminfeuer. Sind das nur misslungene Rekonstruktionen? Oder sind es Konstruktionen, also eigenständige Leistungen? In unseren Träumen konstruieren wir ohne jeglichen Außenreiz eine eigene Traumwelt, die oft fern jeder Rekonstruktion der Normalität ist. Die neuronalen Mechanismen, die die Traumwelt „konstruieren" bzw. die Umgebung „rekonstruieren", sind aber nicht grundlegend verschieden. Deshalb tendiere ich eher zu dem Begriff Konstruktion. In der Neurobiologie hat sich in den letzten Jahren die Sichtweise erhärtet, dass das Gehirn vor allem als Vorhersagemaschine dient. Die Vorhersagen beruhen natürlich auch auf Erfahrungen. Die Vorhersagen darüber, was wir auf dem Weg von der Wohnung zum Arbeitsplatz finden werden, ermöglichen es uns, uns weitgehend automatisiert zu bewegen. Wir müssen nicht an jedem Punkt des Wegs die Umgebung aufwändig aus einem großen Datensatz rekonstruieren. Vielmehr konstruieren wir eine Umwelt, die nur gelegentlich durch kleine Korrekturen, oft vollkommen unbewusst, aktualisiert werden muss. Wir erinnern uns dementsprechend auch nicht an solche automatisierten Handlungen. Die Vorhersagen, dass im Großraumbüro am

Arbeitsplatz die altbekannten Personen an den Schreibtischen sitzen, entledigt uns der Aufgabe, jedes Gesicht aufwändig zu analysieren und zu rekonstruieren. Wir verlassen diesen Automatikmodus erst, wenn wir unsere Wahrnehmung durch Aufmerksamkeit gezielt lenken oder Sinnesreize auftauchen, die nicht mit der Vorhersage übereinstimmen, um uns neu an die Situation anzupassen. „Da sitzt ja jemand Fremdes. Wer ist das?"

Anke Huckauf Ich möchte auf einen anderen Aspekt hinweisen. Nicht alles müssen wir uns vor das innere Auge führen; die meisten Reize sind – und bleiben! – ja in der äußeren Welt vorhanden. Wenn uns also etwas näher interessiert, können wir einfach nochmals hinschauen; das müssen wir nicht behalten. Diesem Gedanken folgend könnten wir also sagen: Wir konstruieren mittels der Wahrnehmung Objekte in unserer Umwelt, und wir rekonstruieren deren Position, wenn wir sie später erneut fixieren möchten. Konstruktive Prozesse wären demnach also wichtiger für die Wahrnehmung und Objekterkennung (der Was-Pfad), rekonstruktive für die Handlung und Lokalisation (der Wo-Pfad).

Marcel Schweiker Das Gehirn und die dortigen Vorgänge sind extrem spannend, wobei es auch hier noch einige Herausforderungen gibt. Gleichzeitig würde ich die körperlichen Veränderungen nicht nur auf diesen Aspekt reduzieren. Wir haben ja bereits Methoden des Eye-Trackings besprochen, mit denen weitere körperliche Reaktionen beobachtet werden können. Hinzu kommen meiner Ansicht nach weitere Aspekte, wie Herzschlag, Herzratenvariabilität, Blutdruck und hormonelle Aspekte, wie z. B. der Kortisolspiegel, die mit entsprechenden Methoden erfassbar sind und gleichzeitig auch noch ihre Herausforderungen haben.

Anke Huckauf Ja, unser Körper wirkt als Gesamtorganismus; d. h. sowohl das zentrale als auch das periphere Nervensystem können über aktuelle Prozesse Aufschluss geben. Besonders spannend ist dies im Auge zu sehen, bei dem die zentral gesteuerten Muskeln für Bewegungen des Bulbus verantwortlich sind und die peripher gesteuerten Muskeln für Bewegungen der Pupille. So können wir im Auge auch das Zusammenspiel dieser Nervensysteme beobachten.

Werner van Haren Ich möchte diesen Aspekt unterstreichen: Die Verarbeitung emotionaler Erfahrungen ist tief mit den Kreisläufen des autonomen Nervensystems (auch vegetatives Nervensystem genannt) verbunden. Ein schönes positives Beispiel dafür ist die Ausschüttung des Hormons Oxytocin infolge von Umarmungen oder zugewandten Berührungen. Dies senkt den Blutdruck und wirkt beruhigend – hier findet über das autonome Nervensystem eine Regulation statt, die den psychischen Zustand beeinflusst.

Erleben und Verhalten sind zwar ohne Gehirn undenkbar, sind aber auch aus meiner Sicht Ergebnis der Interaktion des gesamten Subjekts, des gesamten menschlichen Organismus mit seiner Umwelt. In der Auffassung vom Gehirn als Subjekt wird übersehen, dass das Psychische nicht nur mit neuronalen, sondern auf komplexe Weise mit hormonellen, immunologischen und Stoffwechselprozessen verwoben ist. Beispielsweise verändern Kindheitstraumata den immunologischen Status in Richtung auf eine größere psychische Vulnerabilität, und umgekehrt wirkt eine Stärkung des Immunsystems über Ernährung und Bewegung psychisch stabilisierend. Es handelt sich um zirkuläre Prozesse, die auf jeder am Kreislauf beteiligten Ebene angestoßen oder verändert werden können.

Frank Müller Ich habe mich in meinen Darstellungen bisher darauf beschränkt, wie visuelle Information durch unser Gehirn verarbeitet wird. Natürlich lösen Sinnesreize Reaktionen im Körper aus, die über die reine Informationsverarbeitung, wie ich sie beschrieben habe, hinausgehen, z. B. die genannten hormonellen Prozesse. Diese Vorgänge im Körper können unabhängig oder auch nur scheinbar unabhängig vom Gehirn ablaufen. Die Oxytocinfreisetzung ist ein gutes Beispiel. Oxytocin ist ein Hormon (manchmal auch „Kuschelhormon" genannt). Es spielt eine wichtige Rolle während der Geburt, ist wichtig für die Mutter-Kind-Bindung nach der Geburt und für soziale Interaktionen, besonders zwischen Partnern. Oxytocin wird von Nervenzellen im Gehirn gebildet und auch vom neuronalen Teil der Hirnanhangsdrüse (Neurohypophyse) freigesetzt. Es wurde erwähnt, dass das Oxytocin infolge von Berührungen ausgeschüttet wird. Das bedeutet aber, dass die Berührungsreize zuerst verarbeitet werden müssen, und das passiert im Gehirn. Zum Beispiel ist die Information, wer mich berührt, elementar. Die Berührung eines ungeliebten oder sogar gehassten Menschen, wird vermutlich keine Oxytocinfreisetzung bewirken, sondern eher Stress und Abscheu hervorrufen. Insofern mag die Ausschüttung des Oxytocins infolge von Berührungen stattfinden, letzten Endes wird die Freisetzung aber durch Informationsverarbeitung im Gehirn gesteuert und das Oxytocin vom Gehirn freigesetzt. Gleiches gilt für sehr viele unserer Hormone und für sehr viele andere Vorgänge wie Herzfrequenz, Blutdruck usw. Das Gehirn ist eben eine wichtige Kontrollzentrale, auch für Vorgänge, die ohne unser Bewusstsein ablaufen. Ob das Gehirn eine vollständige Repräsentation des Subjekts Mensch darstellt, ist eine sehr komplexe Frage, die wir hier in der Kürze nicht behandeln können. Eine Präsentation des Subjekts Mensch ohne sein Gehirn wäre auf jeden Fall sehr unvollständig.

6 Die neurobiologischen Grundlagen der Wahrnehmung

Peter Walter Lassen wir an dieser Stelle doch noch einmal meine Gesprächspartnerinnen zu Wort kommen. Ich habe gefragt, wie sie sich als Blinde und schwer Sehbehinderte in dieser Welt zurechtfinden.

> **Interview mit Betroffenen**
>
> **KS:** Also ich habe an mir bekannten Orten Fixpunkte, die ich gut erkennen kann. Diese Fixpunkte können mir verlorengehen, wenn die Sehschärfe schlechter wird, z. B. unten die Stangen vor dem Kiosk. Da sind ja graue Stangen, die sehe ich mal und mal sehe ich sie nicht. Dann habe ich den Blindenstock, mit dem ich im Zweifel tasten kann. Kontraste sind sehr wichtig. In diesem Gebäude sind ja viele Türen gelb oder ähnlich, das kann ich dann anhand der Kontraste sehen. Und ich habe auch den Eindruck, als würde ich versuchen, sehr schnell mich umzuschauen, einfach um das Bild wie ein Puzzle zusammenzustellen und mich dann zu orientieren.
> **PW:** Sie entwickeln sozusagen eine Vorstellung von dem Raum, in dem Sie sind?
> **KS:** Genau.
> **PW:** Machen Sie das auch so, Frau W.?
> **UW:** Ja. Ich habe RP (*Retinitis pigmentosa, eine erbliche zur Erblindung führende Degeneration der lichtempfindlichen Zellen*) und mein Gesichtsfeldrest ist unter 5°.
> **PW:** Unter 5°? Wie muss ich mir das vorstellen? Wenn Sie geradeaus schauen, merken Sie, dass der Raum eingeengt ist? Merken Sie das bewusst, dass Sie da nur, man sagt ja immer, wie durch ein Flintenrohr sehen können.
> **UW:** Ich schaue wie durch ein Schlüsselloch. Ich habe tatsächlich innerhalb der letzten 3 Jahren öfter mal ganz bewusst gedacht, es kommt so eine graue Wand um mich rum und das war auch eine Zeit, wo ich psychisch sehr angeschlagen war, weil ich zu dem Zeitpunkt nicht damit umgehen konnte. Mittlerweile weiß ich, wenn ich z. B. auf den Spiegel dort sehe, dass der Raum wesentlich größer ist. Ich sehe noch ein bisschen von der gelben Tür und dort das Grün des Kalenders.
> **PW:** Wenn Sie sich im Spiegel ansehen und bei 5° Gesichtsfeld, dann würden Sie wahrscheinlich Ihren Kopf sehen und gleichzeitig sehen Sie von sich sonst nicht sehr viel.
> **UW:** Also, wenn ich Sie ansehe, sehe ich Ihren Kopf aber sonst ... die Hand, die gerade oben war, die existiert nicht mehr.
> **PW:** Aber Sie nehmen die trotzdem wahr. Wie machen Sie das?
> **UW:** Letztendlich ist es das Wissen, dass der Mensch aus mehr besteht als das, was ich sehe, und wenn der Arm so hoch ist, dann muss dort auch die Hand sein ... in der Hoffnung, dass dieser Mensch, der mir gegenüber steht, komplett ist.
> **PW:** Sie haben also die Vorstellung von dem Menschen, setzen die sich im Kopf sozusagen zusammen, auch wenn Sie nur ein Teil davon sehen.
> **UW:** Genau, und auch wenn ich spazieren gehe und ich sehe, dass mir jemand entgegenkommt, dann schließe ich anhand des Ganges auf die Person, das kann der oder der Nachbar sein. Ich habe eine Bekannte, die hat zwei Hunde, einen ganz kleinen und einen großen. Wenn mir jemand entgegenkommt und ich sehe nur zwei gleich große Hunde, dann ist das nicht diese Frau.
> **PW:** Aus all dem kann man schließen, dass Sie alle als erblindet oder schwer sehbehindert ein großes Vorstellungsvermögen benötigen, um aus den wenigen Hinweisen, die Sie von den Augen bekommen, ihre Welt zu konstruieren. Es ist ja auch das Thema dieses Buches. Deswegen finde ich das so spannend, was Sie berichten. Vielen Dank für diese Einblicke.

Weiterführende Literatur

Frings S, Müller F (2019) Biologie der Sinne – Vom Molekül zur Wahrnehmung. Basiswissen Augenheilkunde. Springer, Berlin/Heidelberg

Goldstein EB (2023) Wahrnehmungspsychologie – Der Grundkurs. Springer, Berlin/Heidelberg

Sacks O (1990) Der Mann, der seine Frau mit einem Hut verwechselte. Rowohlt, Hamburg

Seckel A (2002) Meisterwerke der optischen Illusionen. Tosa, Wien

7

Einblick, Ausblick und Anblick

Marcel Schweiker

Sehen und Architektur sind bis auf wenige Ausnahmen, auf die wir ganz zum Schluss kurz zurückkommen, untrennbar verbunden. Bei der Planung von Gebäuden werden von Architektinnen und Architekten zahlreiche Aspekte, wie die Anordnung und Organisation von Räumen, die Konstruktion und Statik, sowie die Sicherstellung von Bandschutz und Energieeffizienz, betrachtet. Gleichzeitig befassen sie sich mit Themen der Wirkung des Gebäudes auf diejenigen außerhalb und innerhalb desselben. Wie wirkt ein Gebäude von außen? Welche Einblicke gewährt ein Gebäude dem Betrachtenden? Soll die Nutzung auf den ersten oder erst auf den zweiten Blick erkennbar sein? Welche Einblicke und Blickverbindungen ergeben sich im Inneren des Gebäudes und welche Ausblicke erhalte ich, wenn ich im Gebäude bin?

Dies sind beispielhafte Fragen, die sich Architektinnen und Architekten neben weiteren Fragen in Bezug auf die zuerst genannten organisatorisch technischen Aspekte bei der Planung stellen und auf die wir im Folgenden eingehen werden: in Hinblick auf die Konsequenzen für die Architektur selber, als auch für diejenigen, die die entstandene Architektur sehen und mit oder in ihr leben. Die Relevanz der auf diese Fragen folgenden Entscheidung und die damit entstehende Architektur für uns Menschen ist dabei extrem hoch. Menschen in industrialisierten Ländern verbringen abhängig von Beruf und Lebensstil im Durchschnitt gut 90 % ihrer Zeit innerhalb von Gebäuden – wenn wir 80 Jahre alt werden, haben wir 72 Jahre und mehr davon in Innenräumen verbracht. Zusätzlich entstehen 30 % aller klimarelevanten Emissionen durch den Betrieb von Gebäuden und weitere durch deren Bau und Erhalt, sodass Gebäude weitere indirekte Einflüsse auf die Lebensbedingungen von uns allen haben.

Der Anblick des Gebäudes – die Fassade

Wir beginnen im Rahmen dieser Betrachtungen des Zusammenhangs zwischen Sehen und Architektur von außen. Nur selten wird das Thema Sehen bei der Planung von Gebäuden so plakativ umgesetzt, wie bei dem Gebäude L'Hemisfèric (Abb. 7.1). Gleichzeitig wird die Fassade eines Gebäudes häufig als sein Gesicht bezeichnet, was die Wichtigkeit des Erscheinungsbildes für einige Architektinnen und Architekten verdeutlicht. Aus diesem Grund wird ein großer Wert auf die Gestaltung der Fassade und deren Erscheinungsbild gelegt. Dies kann sogar dazu führen, dass die Nutzbarkeit des Gebäudes darunter leidet, wenn ein Raum kein Fenster erhält, weil dies den Fassadeneindruck verschlechtern würde. Diese Kritik an dem Fokus auf die Fassade wurde bereits Anfang des 20. Jahrhunderts geäußert, mit dem Appell, sich mehr auf das Innere zu konzentrieren. Dabei verändert sich die Fassadengestaltung, wie viele Aspekte der Architektur, mit dem Zeitgeist und den jeweiligen Trends. Frühere ornamentreiche Fassadengestaltungen sind heutigen schlichten und klar strukturierten Fassaden gewichen.

Werner van Haren Ich finde hier den Fassadenbegriff interessant. Der Fassadenbegriff hat in der Psychotherapie noch eine andere Bedeutung: etwas vorgeben, etwas vortäuschen, fast schon maskieren. Es soll etwas hinter der Fassade verborgen bleiben. Spielt sowas in der Architektur auch eine Rolle?

Abb. 7.1 Ansicht des L'Hemisfèric in Valencia von dem Architekten Santiago Calatrava

Marcel Schweiker In der Tat; die Gestaltung der Fassade eines Gebäudes bestimmt, wie wir das Gebäude sehen; ob es uns seinen Nutzungszweck verrät oder welchen Eindruck es vermitteln soll. Hierbei überwiegt heutzutage der Wunsch, bereits an der Fassade ablesbar zu machen, was sich dahinter verbirgt. Täuschungen gibt es trotzdem; Beispiele werden unter dem Begriff Scheinarchitektur bzw. wenn es die Fassade betrifft, Scheinfassade zusammengefasst. Bereits im Barock wurde perspektivische Malerei genutzt, um eine Fassadengliederung vorzutäuschen, die es nicht gibt. Säulen, Fenster, oder Gesimse, die man aus der Ferne glaubt zu sehen, entpuppen sich aus der Nähe betrachtet als geschickt verwendete Farbmalereien teils mit, teils ohne flache Reliefs auf eigentlich planen Oberflächen. Im Innenraum, ebenfalls aus der Barockzeit bekannt, wird Malerei des Weiteren genutzt, um räumliche Tiefe vorzutäuschen, z. B. ein mächtiges Gewölbe, das nicht existiert. Heutzutage findet man das Prinzip der Täuschung eher als Übergangslösung an manchen Baustellen. Wenn alte Gebäude saniert oder neue gebaut werden, wird das Baugerüst bereits mit einer gedruckten Darstellung des alten oder neuen Gebäudes bespannt. Von der Ferne betrachtet, kann dies den Eindruck erwecken, dass das Bauwerk nie verändert oder bereits fertig gestellt wurde. Wer jedoch näher an das Bauwerk herantritt, erkennt die Täuschung.

Frank Müller Das waren im Prinzip geschickt gemachte optische Täuschungen. Der Begriff „Trompe-l'oeil", der für diese illusorische Malerei benutzt wird, heißt das Auge zu täuschen.

Interessanterweise unterscheidet sich nach Erkenntnissen einiger Studien, wie Architektinnen und Architekten ein Gebäude sehen und bewerten von dem, wie Laien diese sehen. Während beide Gruppen darin übereinstimmen, dass eine Eigenschaft eines sinnvollen Gebäudes eine gute Ästhetik ist, unterscheiden sich die beiden Gruppen darin, welche physischen Anhaltspunkte sie zur Bewertung der Ästhetik heranziehen. Während Architektinnen und Architekten die Klarheit und Originalität eines Gebäudes zur Bewertung heranziehen, sind bei den Laien Faktoren wie eine hohe Komplexität und Freundlichkeit entscheidend. Dies bestätigt die Erkenntnis „Schönheit liegt im Auge des Betrachters", die dem Griechen Thukydides zugeschrieben wird, und könnte die Frage aufwerfen, für wen Architektinnen und Architekten ein Gebäude planen: für sich selbst und die Fachwelt oder den Rest der Gesellschaft. Dabei ist Schönheit oder Ästhetik nur schwer zu fassen. Aspekte wie Symmetrie, Kontrast, Eleganz und Proportionen, die dem goldenen Schnitt folgen, werden häufig – zumindest in der Fachwelt – herangezogen und gleichzeitig in Frage gestellt. Zu vielfältig sind die Einflüsse auf das, was als schön betrachtet wird, und zu dynamisch die Veränderungen der menschlichen Kultur. Einig ist man sich auch, dass nicht nur das, was wir sehen, darüber entscheidet, ob wir etwas schön finden, sondern auch, ob wir an den Anblick gewöhnt sind und welche anderen Sinneseindrücke wir bewusst oder unbewusst haben. Denn auch, wenn der visuelle Sinn beim Eindruck einer Fassade wichtig ist, verarbeitet unser Gehirn diesen nicht solitär, sondern im Zusammenspiel mit den Informationen weiterer Sinneskanäle. Und auch, wenn das, was wir als schön empfinden, sich unterscheidet, weisen Studien darauf hin, dass bei subjektiv als schön empfundenen Objekten die gleichen Hirnregionen, darunter der mittlere orbitofrontale Kortex und Lust- und Belohnungszentren, aktiviert werden.

Neben dem Urteil, ob eine Fassade schön ist, ist ein weiterer Indikator, ob und in welchem Grad eine Fassade unsere Aufmerksamkeit erregt. Neueste Forschungsmethoden mit Eye-Trackern, wie sie im Kap. 4 *von Anke Huckauf* beschrieben wurden, ermöglichen Einblicke, wohin Menschen blicken, wenn sie ein Gebäude betrachten. Diese Studien zeigen, dass glatte Fassaden, unabhängig davon, ob sie aus weiß gestrichenem Putz oder Glas hergestellt sind, kaum Aufmerksamkeit erlangen. Es sind vielmehr die Gebäudekanten, kontrastreiche Bereiche und – wenn vorhanden – Ornamente und Farben, die unser Auge zum Betrachten und Verweilen anregen.

Frank Müller Sinnesbiologisch ist das nachvollziehbar. Wie in den früheren Kapiteln beschrieben, sind es immer Kontraste, Veränderungen etc., die unsere Aufmerksamkeit auf sich ziehen. Unterschiede sind relevant, gleichbleibende Strukturen nicht. Man spricht von „salienten" Reizen.

Anke Huckauf Dies gilt doch auch für Tiere, Pflanzen, Mode, Kunst – einfach alle Objekte der Umwelt: Kontraste jeglicher Art, bspw. in Form oder in Farbe, fallen auf und werden auch zum Auffallen eingesetzt. Interessant dabei finde ich Muster, die aus der Nähe betrachtet ihr Muster offenbaren, aus der Ferne aber kontrastarm und homogen wirken – Blätter, Fell, Pepita-Stoffe, Jugendstil-Muster, Pointillismus.

Grundsätzlich ist bei der Betrachtung der Fassade zu beachten, dass diese, obwohl sie teils sprichwörtlich in Stein gemeißelt ist, einem ständigen Wandel unterzogen ist. Ein entscheidendes Element, wie ein Gebäude wirkt, wie wir das Gebäude sehen und was wir von dem Gebäude sehen, ist Licht, weshalb der Lichtplanung eine besondere Aufgabe zukommt. Die sich mit Jahres- und Tageszeit verändernde Position der Sonne verändert, wie wir ein Gebäude sehen. Während die Moderne das Spiel mit der Sonne liebte und helle, klare „Gebäude des Lichts" feierte, wie die des Architekten Richard Meier, wird das sich ständig verändernde Spiel von Licht, Schatten und den dazwischenliegenden Nuancen von Dunkelheit und Helligkeit inzwischen wieder wahrgenommen. Denn, wie Karin Leydecker 2002 trefflich schrieb, „[d]iese Überfülle des Lichts weckt nicht nur positive Empfindungen, denn für den Menschen bedeutete das ein unaufhörliches Ausgesetzt-sein ohne jede Chance des Rückzugs. Aber Ruhe schenkt nur der Schatten!"[1]

Vorausschauende Architektinnen und Architekten betrachten zusätzlich zu jahres- und tageszeitlichen Veränderungen der Fassade auch die längerfristige Entwicklung der Fassade über die Lebenszeit des Gebäudes hinweg. Wie sieht die Fassade in 20 oder 50 Jahren aus, wenn Sonnenlicht, Wetter und weitere Umwelteinflüsse mit ihr interagiert haben? Während sich das Erscheinungsbild steinerner Fassadenmaterialen über die Jahrzehnte kaum verändert, sieht dies bei hölzernen oder metallenen Materialien teilweise anders aus. Insbesondere bei Metallfassaden wird mit den Alterungsprozessen in der Architektur gespielt und diese gezielt eingesetzt – teilweise um ein gewisses Alter vorzutäuschen. Unter dem Begriff „Patina" werden diese sichtbaren Alterungsprozesse nicht nur in der Architektur zusammengefasst, beziehen sich in diesem Kontext jedoch meist auf eine Grün- oder Braunfärbung von Kupfer, Bronze, und Stahl. Diese farbliche Veränderung als Folge der Oxidation entsteht entweder auf natürlichem Wege und hängt in dem Fall von der Himmelsrichtung, vertikalen Orientierung und weiteren Standortfaktoren ab, oder wird bereits vor Anbringung des Materials bei der Herstellung erzeugt, um entsprechende Effekte zu beschleunigen. Ein berühmtes Beispiel ist die Freiheitsstatue in New York, deren Kupferverkleidung inzwischen vollständig grün geworden ist.

Schließlich geht die Wirkung einer Fassade über das Optische hinaus. So zeigen Experimente, dass die Art der Fassade das Verhalten der Passanten beeinflussen kann. Im Vergleich zu einer mit Graffiti besprühten Fassade warfen Passanten vor einer sauberen Fassade deutlich weniger Müll auf den Boden. Dieser Effekt wurde bereits 1982 von Wilson und Kelling unter der „Broken-Windows-Theorie" zusammengefasst, die einen Zusammenhang zwischen Kriminalitätsrate und dem Erscheinungsbild von Stadtgebieten herstellt. Angeblich reicht bereits ein zerschlagenes Fenster, um einen Prozess in Gang zu setzen, der zu einem schleichenden Verfall des Stadtteils führt. Begründet wird dies mit einer niedrigeren Hemmschwelle für Regelüberschreitungen, wenn der Zustand einer Fassade oder eines Ortes bereits auf vorhergegangene Regelüberschreitungen hinweist.

---

[1] Leydecker (2002) Licht und Schatten in der Architektur. NZZ 14.05.2002

Einblicke und Ausblicke – die Gebäudeöffnungen

Ein entscheidender Bestandteil vieler Fassaden sind die Öffnungen des Gebäudes: die Fenster und Türen. Die Planenden entscheiden, ob diese Öffnungen sichtbar und direkt erkennbar oder eher versteckt liegen – und ob der Blick von beiden Seiten oder nur in eine Richtung möglich ist. Wenn Fenster oder Türen verglast sind, verändert sich im Tagesverlauf, wer was sieht und wessen Blicken ausgesetzt ist. Schauen Sie einmal tagsüber auf die Fassade eines Wohn- oder Bürogebäudes. Die Fenster sind in der Regel dunkel oder reflektieren die Umgebung: Ein Einblick bleibt verwehrt und die Insassen sind vor den Blicken der Außenstehenden geschützt. Dadurch entsteht eine Art Paradoxon, dass Gebäude mit großflächigen Fenstern von außen nicht unbedingt transparenter wirken. So schreibt Juhani Pallasmaa, ein finnischer Architekt und Kritiker des Fokus auf das Visuelle in der Architektur, dass die übermäßige Verwendung von reflektierendem Glas für die Fassade von Gebäuden zu einer Entfremdung und Unwirklichkeit führt, die die Betrachtenden in keinster Weise emotional berühren.

Setzt jedoch die Abenddämmerung ein und im Inneren wird das Kunstlicht angeschaltet, um den Sehaufgaben nachgehen zu können, ändert sich die Blickrichtung (Abb. 7.2 rechts). Der Blick nach außen hängt nun von der Umgebungshelligkeit ab. Nur im Außenbereich beleuchtete Objekte bleiben sichtbar, im Landhaus fern der Zivilisation blickt man bei mondloser Nacht ins Schwarze. Wer außen steht, kann jedoch ins Gebäude sehen und beobachten, was dort geschieht: Die Insassen sind den Blicken ausgesetzt, aber können bei nutzerzentrierter Planung diesen Blicken durch den Einsatz vorhandener Rollläden, Jalousien oder Vorhängen entgehen, wenn sie dies wün-

Abb. 7.2 Umkehr der Blickrichtung: tagsüber von innen nach außen, wie vom obersten Geschoss des Super-C-Gebäudes in Aachen auf den Aachener Dom, und nachts von außen nach innen, wie beim Bahn Tower in Berlin

schen. Wenn diese Möglichkeiten fehlen, kann es zu einem negativen Einfluss auf das Wohlbefinden kommen, wie beispielsweise bei bodentiefen Bürofenstern oberhalb des Straßenniveaus, bei denen bei den Insassen das Gefühl entstehen kann, dass Passanten einen von unten beobachten.

Werner van Haren Hier finden sich ja deutliche kulturelle Unterschiede: In den Niederlanden habe ich eher den Eindruck, die Fenster sind eher ohne Gardinen und sollen geradezu den Blick nach innen freigeben wie bei einem Schaufenster, während es bei uns doch eher blickdicht sein soll.

Frank Müller Das wird ja manchmal mit der „Gardinensteuer" begründet. Aber das ist wohl ein Mythos.

Marcel Schweiker Ja, die Gardinensteuer ist in der Tat ein Mythos, und eindeutige Erklärungen für die großen Fenster ohne Sichtschutz gibt es nicht. Doch eine andere Steuer wird in Teilen für das Phänomen der großen gardinenlosen Fenster in den Niederlanden herangezogen. So gab es z. B. in Amsterdam eine Steuer auf die Breite von Gebäuden, was dazu führte, dass Gebäude schmal und tief gebaut wurden. Damit in tiefe Gebäude noch Tageslicht eindringt, sind große Fenster ohne Gardinen hilfreich, was eine bauliche Erklärung liefern könnte. Ein anderer Erklärungsansatz besagt dagegen, dass es ein Ausdruck der Offenheit einer wohl calvinistisch geprägten Bevölkerung der Niederlande darstellt, die nichts zu verbergen hat.

Anke Huckauf Aktuelle Neubauten haben ja nun auch in Deutschland üblicherweise ebenfalls bodentiefe Fenster, die dann oft im Nachhinein mühsam mit Innen- und/oder Außenjalousien ausgestattet werden. Ist es evtl. so, dass der Wechsel der Blickrichtung hier wenig mitgedacht wird, und beim Verkauf nur der Blick von innen nach außen gesehen wird?

Marcel Schweiker Auch wenn ich mir nicht anmaße zu wissen, welche Gedanken und Überlegungen sich die jeweiligen Architektinnen und Architekten machen, habe ich den Eindruck, dass bei dem Trend zu bodentiefen Fenstern in der Tat der Blick von innen nach außen überwiegt. Durch die bodentiefen Fenster – am besten mit sehr schmalem Rahmen – soll ein möglichst fließender Übergang vom Raum nach außen geschaffen werden. Hierdurch sollen sich die durch die Gebäudehülle geschaffenen Grenzen auflösen und eine größere Verbundenheit mit dem Außenraum herstellen. Gleichzeitig werden hier Argumente, wie eine bessere Belichtung genannt, die jedoch nicht ganz richtig sind. Fensterflächen unterhalb der Brüstungsebene, beispielsweise mit 80 cm Höhe, haben kaum einen Mehrwert für die Tageslichtausbeute des Raumes, während sie gleichzeitig Überhitzungsprobleme im Sommer vergrößern können. Zusätzlich sehe ich es kritisch, dass bodentiefe Fenster leider immer häufiger eingesetzt werden, ohne auf Aspekte, wie Privatsphäre, auf die ich später noch eingehe, oder andere örtliche Gegebenheiten, wie ein fehlender Ausblick, einzugehen. Und der Einsatz bodentiefer und großflächiger Verglasungen ist auch innerhalb der Architektur nicht unumstritten. Weitere Argumente gegen die Verwendung sind, dass dies die Gebäude ihrer Intimität und Atmosphäre berauben und die Insassen dazu zwingen, ein Leben im Öffentlichen zu führen.

Der Ausblick ist grundsätzlich ein leider nicht immer beachteter, aber wichtiger Planungsfaktor, der einen direkten Einfluss auf die Insassen hat. Im Vergleich zu fensterlosen Räumen werden im Durchschnitt höhere Bewertungen zu Fragen nach positiven Affekten, wie Enthusiasmus, Beschwingtheit oder Zufriedenheit, erfasst und niedrigere Bewertungen negativer Emotionen, wie Nervosität, Traurigkeit oder Ängstlichkeit. Auch die Leistung verändert sich. Arbeitsgedächtnis, Konzentrationsfähigkeit und Planungsfähigkeit nehmen mit der Existenz eines Fensters und dem damit verbundenen Ausblick zu. Neben dem Vorhandensein von Ausblick spielt auch eine Rolle, was wir sehen, wenn wir aus dem Fenster blicken. Häufig zitiert wird in diesem Zusammenhang die Studie von Ulrich aus dem Jahr 1984,[2] welche einen Zusammenhang zwischen Ausblick und Heilungsverlauf feststellte. Patienten, die einen Blick ins Grüne hatten, lagen signifikant kürzer auf der Station, als Patienten, vor deren Fenster nur eine Wand zu sehen war.

Blickbeziehungen und Privatsphäre

Doch nicht nur Ein- und Ausblicke entscheiden, wie wir ein Gebäude erleben, damit umgehen und welche Wirkung es auf uns hat, sondern auch die möglichen oder verwehrten Blickbeziehungen innerhalb des Gebäudes tragen dazu bei. Themen, die hier eine Rolle spielen sind z. B. Fragen der Privatsphäre, sozialer Kontrolle und Offenheit. Das Leben besteht in den meisten Fällen aus einem Wechsel von Phasen, in denen wir allein sind und in denen wir umgeben sind von anderen Menschen. Dabei kann es vorkommen, dass wir in einem Moment genau den Zustand, der uns betrifft, nicht wünschen – wir können alleine sein und uns nach Gesellschaft sehnen, oder umgekehrt.

---

[2] Ulrich (1984). View through a window may influence recovery from surgery. Science 224(4647):420-1. doi: 10.1126/science.6143402

Der Entwurf eines Gebäudes und seiner Inneneinrichtung hat dabei einen entscheidenden Einfluss, inwieweit wir das Ziel nach Privatsphäre oder Gesellschaft erreichen können: durch das Herstellen von Gelegenheiten für Sichtbeziehungen und Gemeinschaftsflächen oder von Sichtblockaden. Gleichzeitig muss uns bewusst sein, dass für das Gefühl von Privatsphäre oder Gesellschaft eine Blickbeziehung alleine nicht entscheidend ist und dass es einen Unterschied zwischen Alleinsein und Einsamkeit gibt. Nehmen wir hierzu das Beispiel eines Großraumbüros. Als offene Bürolandschaft konzipiert, sieht man viele der Kolleginnen und Kollegen – es besteht also eine Blickbeziehung. Gleichzeitig kann man sich einsam fühlen, wenn man keine Beziehung zu den anderen Personen im Raum aufgebaut hat oder sogar von ihnen gemobbt wird.

Werner van Haren Das mit der Einsamkeit ist ein sehr aktuelles Thema und hat mit dem empfundenen Mangel an Tiefe in sozialen Beziehungen zu tun. Einsamkeit ist gefährlich; sie ist eine Quelle von Erkrankungen. Umgekehrt ist es zuverlässig erwiesen, dass soziale Eingebundenheit, ein gutes soziales Netz ein wichtiger Schutzfaktor für psychische Gesundheit ist. Inzwischen gibt es in England ein Einsamkeitsministerium, in Deutschland eine diesbezügliche Projektgruppe (kompetenznetz-einsamkeit.de). Auch wenn Alleinsein von Einsamkeit zu unterscheiden ist, begünstigt die Reduktion und Begrenzung von sozialen Kontakten die Entwicklung von Einsamkeitsgefühlen. Architektonisch den Weg für qualitativ befriedigende Beziehungen zu bahnen, ist daher für mich sehr spannend.

Wenn wir den umgekehrten Fall einer in Amerika häufig antreffenden „Cubicle-Struktur" betrachten, sind direkte Blickbeziehungen selbst zu den direkten Sitznachbarn durch die Raumtrenner unterbunden. Trotzdem kann ich mich im positiven Sinne in bester Gesellschaft befinden, wenn ich mich darüber freue, zu dem Team zu gehören, oder mich nach mehr Privatsphäre sehnen, da es keine akustische Trennung gibt und ich damit rechnen muss, dass meine Gespräche von anderen gehört werde. Die Herausforderungen für die Architektur, als klassischerweise statisches Objekt, sind dabei die Unterschiede in den Bedürfnissen zwischen Personen und innerhalb einer Person zu unterschiedlichen Zeitpunkten. Innovative Konzepte, die unter den Begriff „responsive architecture" (reagierende Architektur) fallen, versuchen daher, Architektur adaptierbar zu gestalten: angefangen bei manuell zu bedienenden Sichtschutzvorrichtungen, bis hin zu selbstfahrenden Trennwänden, die über Sensorik im Raum und am Menschen versuchen zu erkennen, ob zu einem Zeitpunkt Bedarf nach Blickbeziehungen oder Abschottung besteht. Trotz der technischen Weiterentwicklungen und modernster Technologie kann Architektur nur unterstützen. Das Ergebnis, ob wir unsere Bedürfnisse decken können, hängt auch von unseren eigenen Einstellungen und unserem Verhalten ab.

Ausblick: Architektur für alle Sinne

Wie wir in diesem Kapitel gesehen haben, gibt es in der Architektur und bei der Planung von Gebäuden zahlreiche Facetten des Sehens, die einen entscheidenden Einfluss darauf haben, wie ein Gebäude erfasst wird, wie wir Menschen mit ihm umgehen und welchen Einfluss es auf uns Menschen hat. Schließlich gilt auch im Innenraum das bereits zur Fassade Gesagte: Auch wenn der Sehsinn häufig als der wichtigste dargestellt wird, entsteht der Raumeindruck nicht allein auf Basis dessen, was wir sehen, sondern auch, wie wir den Raum erleben, wie unsere Schritte klingen, mit wem wir den Raum teilen und mit welchen Emotionen (s. Kap. 5). Der Fokus auf das Erscheinungsbild und dem Visuellen steht dabei in der Kritik; Stattdessen wird eine Besinnung auf weitere Aspekte wie der Materialität und der Schaffung einer multisensorisch anregenden Atmosphäre gefordert. Letzteres wird dann entscheidend, wenn wir die eingangs zu diesem Kapitel angedeuteten Ausnahmen betrachten, bei denen der Zusammenhang zwischen Sehen und Architektur extrem reduziert oder nicht vorhanden ist und auf die wir in Kap. 5 im Rahmen der Interviews kurz eingegangen sind: dem Planen für Sehbehinderte. Und so besteht die Herausforderung für Architektinnen und Architekten darin, einen Gebäudeentwurf zu entwickeln, der neben allen technischen und organisatorischen Anforderungen über das Gesehene hinaus alle Sinne anspricht.

Weiterführende Literatur

Gifford R et al (2002) Why architects and laypersons judge buildings differently. J Arch Plan Res 19(2):131–148

Pallasmaa J (2013) Die Augen der Haut. Architektur und die Sinne. Atara Press, Los Angeles, USA

8

Virtuelle Welten

Anke Huckauf und Marcel Schweiker

Virtuelle oder auch künstliche Welten stellen seit Menschengedenken, neben beispielsweise dem Besuch von Theatervorführungen, einen Versuch dar, der Realität unabhängig von Tag- und Nachtträumen für eine Weile zu entfliehen und in ähnliche oder fremde Welten einzutauchen. So benennt Oliver Graus in seiner Zusammenfassung der Geschichte virtueller Realität einen 360-Grad-Rundfries aus der Zeit 60 v. Chr. als erstes bekanntes Beispiel. Dieses Bildfries mit Figurenszenen soll bereits einen „panoramatischen Sogeffekt" entwickelt haben. Ende des 18. und im 19. Jahrhundert sind Rundpanoramen als Massenphänomene überliefert. Der nächste Schritt erfolgte 1838 mit der Erfindung des Stereoskops, in dem zwei Bilder mit leicht versetztem Blickwinkel durch die binokulare Wahrnehmung erstmals künstlich einen 3D-Eindruck ermöglichen (vgl. hierzu Kap. 6, Abb. 6.4). Während diesen ersten Ansätzen gemeinsam ist, dass sie mit manuellen Mitteln arbeiten, erfolgte ab Mitte des 20. Jahrhunderts die Entwicklung der heute nicht mehr wegzudenkenden Virtual Reality (VR) mittels digitaler Methoden, welcher wir uns im Folgenden widmen möchten.

Virtual Reality (VR) in Forschung und Praxis

„VR" steht für Virtual Reality, also künstliche Wirklichkeit. Dabei handelt es sich um eine Technologie, die es Personen ermöglicht, computergenerierte Umgebungen zu erleben und mit ihnen zu interagieren. Dazu werden ein Computer mit hoher Grafikleistung, spezielle Software und Eingabegeräte verwendet, um eine vollständig immersive und interaktive Erfahrung zu schaffen. Die Darstellung virtueller Welten erfolgt in der Regel über ein Projektionssystem, das wie eine überdimensionierte Taucherbrille getragen wird (*head-mounted display,* HMD). Diese Displays beinhalten Minimonitore für jedes Auge mit entsprechenden Linsensystemen sowie Sensoren, die die Position des Kopfes im Raum registrieren (Drehung, Neigung). In Abb. 8.1. ist ein typisches Szenario dargestellt. In einer VR-Umgebung können Nutzende eine virtuelle Welt erkunden und mit ihr interagieren, die dreidimensional und naturgetreu zu sein scheint. Sie können sich bewegen und Objekte manipulieren. VR wird bereits in einem breiten Spektrum von Anwendungen eingesetzt, darunter Unterhaltung, Bildung, Ausbildung, Planung oder auch Therapie. In der Unterhaltungsbranche wird VR eingesetzt, um immersive Spielerlebnisse zu schaffen. In der Bildung wird VR eingesetzt, um reale Szenarien zu simulieren und immersive Lernerfahrungen zu ermöglichen. In der Ausbildung wird VR eingesetzt, um Fachleuten eine sichere und kontrollierte Umgebung zu bieten, in der sie ihre Fähigkeiten üben und verbessern können, z. B. in der Luftfahrt oder in der medizinischen Ausbildung.

In der Architektur wird VR sowohl in der Praxis als auch in der Forschung intensiv genutzt. Schon vor virtuellen, digitalen Möglichkeiten wurden in der Architekturpraxis perspektivische Zeichnungen und physische 3D-Modelle

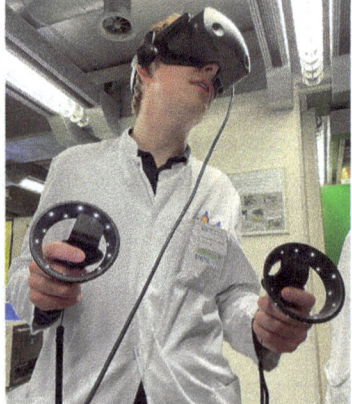

Abb. 8.1 Links: Besucherin mit Virtual-Reality(VR)-Brille (*head mounted display, HMD*) und Audiointerface im Rahmen einer Kunstausstellung. Bei dieser Installation zu virtuellen Bibliotheken werden dem Besucher Ausflüge zu und vor allem in alle bedeutenden Bibliotheken der Welt angeboten. Das System reagiert auf Blickbewegungen und Kopfwendungen und zeigt die aus der Blickrichtung resultierenden Perspektiven eines virtuellen Raumes. Rechts: Interaktion zwischen Benutzer und VR-Objekten mit handgehaltenen Eingabegeräten, deren Position durch Sensoren an der VR-Brille registriert wird

genutzt, um vor Beginn der Bauarbeiten einen Eindruck von dem zukünftigen Gebäude, seiner Raumorganisation, Gefüge und Raumeindrücken zu vermitteln. Diese bis heute genutzten Methoden ermöglichen auf unterschiedlichen Maßstabsebenen das Eintauchen in das geplante Objekt. So sieht man auch heute noch bei Architekturwettbewerben oder Präsentationen von Abschlussarbeiten im Architekturstudium zum einen kleinmaßstäbliche physische Modelle im Maßstab 1:2000, durch die man ablesen kann, wie sich das neue Gebäude in das städtische Gefüge integriert oder sich davon abhebt, sowie großmaßstäbliche Modelle, z. B. im Maßstab 1:100, die es ermöglichen, das äußere Erscheinungsbild und die entstehenden Raumeindrücke zu erleben. Besondere Details werden auch mal im Maßstab 1:5, bis hin zum Maßstab 1:1 gebaut. Durch die Entwicklungen in der Filmindustrie und spezifischer architektonischer Software erweitern sich die verwendeten Methoden in die virtuelle Welt. Heutzutage wird größtenteils digital in 3D geplant, und die entsprechende Planung kann teils in Echtzeit in VR überprüft werden. Durch Verfeinerungen in Auflösung und Materialität nimmt die Nähe zur späteren Realität zu, sodass zwischen Architektinnen und Auftraggebenden im Gespräch die Auswirkungen von Veränderungen in Form, Material und Farbe besprochen und im gleichen Moment angesehen werden kann. Gleichzeitig wird dies kritisch gesehen, weil teilweise beobachtet bzw. vermutet wird, dass Studierende durch den Fokus auf die virtuelle visuelle Welt das Gefühl für Proportionen nicht so ausbilden, wie durch die Auseinandersetzung mit einem physischen Modell. Ebenfalls wird die durch VR weiter zunehmende Fokussierung auf den Sehsinn allein moniert, wo Räume doch mit allen Sinnen wahrgenommen werden und der Gesamtraumeindruck mehr ist als das, was wir sehen.

Eine weitere Anwendung von VR-Technik in der Baupraxis ist im Kontext erweiterter Realität (Augmented Reality, AR). Hierbei wird beispielsweise ein dreidimensionales digitales Modell eines bestehenden oder kürzlich erbauten Gebäudes genutzt, um bei Wartungsarbeiten oder Störungsmeldungen die betroffenen, aber verdeckten Stellen zu lokalisieren. Durch AR kann so der Verlauf einer Strom- oder Wasserleitung innerhalb einer blickdichten Konstruktion für die Arbeitenden sichtbar gemacht werden. Dies erfordert jedoch sowohl während der Planung als auch während der Bauausführung einen erhöhten Dokumentationsaufwand und wird bisher nur in einem kleinen Anteil an Projekten realisiert.

In der Architekturforschung wird VR ebenfalls immer häufiger eingesetzt. Neben der Erforschung und Weiterentwicklung der Methode an sich und deren Vor- und Nachteilen für die Baupraxis wird VR eingesetzt, um zu erforschen, wie Personen auf unterschiedliche Räume reagieren oder mit diesen umgehen. In diesem Zusammenhang gibt es zahlreiche Studien, die untersuchen, welche subjektiven psychologischen Reaktionen, z. B. Zufriedenheit oder empfundene Helligkeit, oder welche objektiven physiologischen oder verhaltenstechnischen Reaktionen unterschiedliche Raumhöhen oder Fensterpositionen und -größen auslösen. Zu den subjektiven Reaktionen gehören Aspekte wie die Zufriedenheit mit dem Raumeindruck oder die empfundene Helligkeit. Zu objektiven Reaktionen zählen einerseits physiologisch messbare Reaktionen, wie Herzfrequenz und Herzratenvariabilität, oder Augenbewegungen. Andererseits werden Verhaltensweisen beobachtet, wie die Bewegung durch den Raum oder auch andere Interaktionen mit dem Raum, wie das Öffnen eines virtuellen Sonnenschutzes. Nicht abschließend geklärt ist dabei, inwieweit die beobachteten Reaktionen im virtuellen Raum mit Reaktionen im realen Raum übereinstimmen. Zusätzlich sind Phänomene der realen Welt, wie Blendung, aktuell durch die deutlich geringeren Leuchtdichten im virtuellen Raum nur schwer nachzubilden.

Peter Walter In der Forschung für Sehprothesen nutzt man VR-Umgebungen, um zu prüfen, ob die Orientierung in solchen per Computer nachgebauten Welten oder Orten (Städte mit Straßen und Gebäuden, Hindernissen und Verkehr oder Gebäude und Zimmer) mit dem künstlichen Sehen funktionieren kann. Ein anderer Aspekt, der jetzt ebenfalls eine Rolle spielt, ist der Einsatz von virtueller Realität zur Simulation von chirurgischen Eingriffen. Man wird am Ende wohl nicht um Testimplantationen im Tierversuch und die darauf basierende Bewertung der Sicherheit und Funktionalität herumkommen, aber diese wird man mit VR-Techniken besonders intensiv vorbereiten können, sodass Tierversuche eingespart werden können. Auch das Design neuer Implantate wird man mit VR-Modellen von Augen und der Simulation der biomechanischen Eigenschaften des Gewebes zielgenauer gestalten können, und eines Tages wird man diese Techniken einsetzen können, um individuelle für den jeweiligen Implantatempfänger gefertigte Implantate herstellen zu können.

Werner van Haren VR wird allmählich auch zu einem Thema in der Psychotherapie. Zum Beispiel forscht man hinsichtlich der Behandlung phobischer Ängste zum Einsatz virtueller Expositionen – man muss dann nicht mit jemand auf eine Brücke, in einen Tunnel oder Zoo, um Konfrontationen mit angstbesetzten Reizen auszulösen. Das ist weniger aufwändig und besser dosierbar.

Anke Huckauf Auch für den Erwerb praktischer Fähigkeiten eignet sich Training in VR: Operationstechniken wurden bereits erwähnt. So arbeiten auch

Fahrschulen bereits mit Trainings im Fahrsimulator, und Ähnliches gibt es auch bei der Ausbildung von Piloten und Kapitänen. Ein Problem der virtuellen Welten ist die Simulation der haptischen Eigenschaften; für eine versierte Behandlung ist deshalb das Training in realen Umgebungen unverzichtbar.

Die VR-Technologie hat sich in den letzten Jahren erheblich weiterentwickelt, und es sind erschwinglichere und leichter bedienbare Systeme verfügbar geworden. Mit der fortlaufenden Entwicklung von VR-Hardware und -Software wird die VR eine immer wichtigere und wirkungsvollere Technologie für verschiedene Branchen und Anwendungen werden. Hauptbestandteil einer VR-Umgebung ist die Simulation einer visuellen dreidimensionalen Welt.

Tiefenwahrnehmung in der virtuellen Realität

Wie wir bereits in Kap. 6 gesehen haben, ergibt sich Tiefe, also die dritte Dimension, erst durch unsere Konstruktion. Dabei geht nur ein Teil der Tiefeneinschätzung auf die Tatsache zurück, dass wir mit zwei Augen zeitgleich Information aus zwei leicht versetzten Blickwinkeln einfangen und diese miteinander verrechnen, sodass unser subjektiver Eindruck darin besteht, eine Blickposition zu haben, die etwa mittig zwischen den Augenbrauen auf der Stirn lokalisiert wäre. Diese sog. binokulare Fusion spielt in der Erzeugung virtueller dreidimensionaler Umgebungen die wichtigste Rolle. Im Folgenden wird das Prinzip erklärt sowie Folgen für das Sehen.

Die binokulare Fusion beruht auf mehreren Mechanismen, um eine einheitliche Wahrnehmung zu erreichen. Ein entscheidender Mechanismus ist die binokulare Disparität, d. h. die geringfügigen Unterschiede in den Positionen der Objekte, die von den beiden Augen gesehen werden. Aus diesen Unterschieden werden Tiefen- und Entfernungsangaben berechnet, die es uns ermöglichen, die relativen Positionen von Objekten in der Umgebung wahrzunehmen. Dazu werden die Fokuspunkte beider Augen so ausgerichtet, dass die Erkennensleistung maximal ist. Neben der Akkommodation (Naheinstellung), die wir schon beleuchtet haben, spielt ein weiterer Mechanismus eine wichtige Rolle für die Nutzung von VR und das ist die Vergenz d. h. die gleichzeitige Bewegung beider Augachsen nach innen oder in parallele Stellung, um ein bestimmtes Objekt zu fokussieren. Die Vergenz ist wichtig, um die Sehachsen beider Augen auszurichten und sie auf denselben Punkt von Interesse zu lenken. Diese Konvergenz hilft bei der genauen Fusion der beiden Netzhautbilder. Die Fähigkeit, den Fokus zwischen der Nähe und der Ferne anzupassen und zu verschieben, ist entscheidend für klares Sehen in verschiedenen Entfernungen. Sie ermöglicht es uns, ein Buch zu lesen, einen

Computerbildschirm zu betrachten oder Objekte in der Ferne zu beobachten, ohne verschwommen zu sehen. Die Akkommodation arbeitet mit der Konvergenz zusammen, d. h. mit der Drehung der Augen nach innen, um ein nahes Objekt zu fokussieren. Beide Prozesse werden koordiniert, um binokulares Sehen und Tiefenwahrnehmung zu ermöglichen.

Die binokulare Fusion spielt bei vielen alltäglichen Aktivitäten eine entscheidende Rolle, etwa beim Autofahren, beim Sport und bei der Beurteilung von Entfernungen. Sie ist ein grundlegender Bestandteil der Stereopsis, also der Wahrnehmung von Tiefe und dreidimensionalen Strukturen auf der Grundlage der binokularen Disparität. In VR-Umgebungen wird diese Tiefe durch zwei Bilder simuliert, die den zwei Augenpositionen entsprechen. Diese beiden Bilder, jeweils ein leicht anderes für jedes Auge, werden dann fusioniert. Wie in der realen Welt erlaubt die Fusion, dass wir uns verschiedenen Objekten zuwenden können. Dies geschieht mittels Fixationen beider Augen, beinhaltet also bestimmte Vergenzstellungen der Augachsen. Soweit entspricht also alle virtuell generierte Information der realen.

Allerdings geht mit einer Veränderung der Vergenz, bspw. von einem nahen zu einem weit entfernten Objekt, in der realen Welt immer auch eine Änderung der Akkommodation, also der Linsenkrümmung, einher, sodass sich der gesamte optische Apparat für die Sicht in einer bestimmten Entfernung optimiert. Diese Entfernung ist aber in VR-Umgebungen immer gleich – da die zwei Bilder auf einem Bildschirm oder einer Leinwand dargeboten werden, die sich nicht verschiebt. Und nur manchmal entspricht die Entfernung, in der die Bilder dargeboten werden, auch der Entfernung, in der die Objekte erscheinen. Aus technischer Sicht geht es also um den Fokus der VR-Displays: Im Gegensatz zu den Augen, die in der Lage sind, den Fokus nahtlos anzupassen, haben VR-Displays in der Regel einen festen Fokusabstand. Das bedeutet, dass der Bildschirm unabhängig von der Entfernung des virtuellen Objekts auf einer bestimmten Fokusebene fixiert bleibt. Folglich müssen die Benutzer ihre Akkommodation an diese feste Brennweite anpassen, selbst wenn sich die Objekte in der virtuellen Umgebung in unterschiedlichen Tiefen befinden. Dies bezeichnet man als Akkommodation-Vergenz-Konflikt.

Der Akkommodations-Vergenz-Konflikt führt zu verschiedenen, teilweise widersprüchlichen Tiefeninformationen, die unser visuelles System verarbeiten muss. Diese Belastung hat Folgen, die unterschiedlich ausgeprägt sein können. Generell gilt, dass VR-Umgebungen das visuelle System stärker beanspruchen als natürliche dreidimensionale Umgebungen und damit teilweise Kopfschmerzen, Ermüdung oder Sehstörungen hervorrufen können. Darüber hinaus kann die natürliche Tiefenwahrnehmung des Gehirns gestört werden, was den Gesamteindruck von Präsenz und Realismus in der virtuellen Umgebung beeinträchtigt.

Es werden verschiedene Techniken erforscht, um das Problem zu entschärfen und das visuelle Erlebnis in VR zu verbessern. Ein Ansatz ist die Einführung der Eye-Tracking-Technologie in VR-Brillen, die es dem VR-System ermöglicht, die Akkommodation des Benutzers auf der Grundlage seiner Blickrichtung zu schätzen. Durch dynamisches Rendering der virtuellen Inhalte in der geschätzten Fokusebene kann der Akkommodations-Vergenz-Konflikt zumindest reduziert werden. Eine weitere vielversprechende Lösung ist die Verwendung multifokaler Displays, die den Fokus dynamisch ändern können. Diese Displays verfügen über mehrere Fokusebenen, sodass der virtuelle Inhalt gleichzeitig in verschiedenen Tiefen dargestellt werden kann. Dadurch kann der angezeigte Inhalt an die Akkommodation des Auges zumindest in Teilen angepasst werden.

Wie real ist eigentlich VR?

VR realisiert derzeit in den meisten Anwendungen nur einen visuellen Eindruck. Echte Tiefenwahrnehmung und andere Sinneswahrnehmungen fehlen bei der Simulation der Welt in VR. Hierfür wurde von einigen der Begriff Synästhesie gekapert und uminterpretiert (s. ursprüngliche Bedeutung in Kap. 1), als Begriff für die Wahrnehmung des Raumes mit allen Sinnen. Unabhängig von dem Begriff ist es wohl unumstritten, dass für die Erfahrung im Raum viele weitere Reize, wie Strahlungswärme, Gerüche, Distanzen, dazugehören. In der Medienbranche gab es daher schon frühe Versuche, weitere sensorische Dimensionen zu den visuellen Erfahrungen hinzuzufügen. Bekannt ist das Beispiel des Sensorama aus den späten 1950er- und frühen 1960er-Jahren von Morton Heilig entwickelt, der neben einem stereoskopischen visuellen Erlebnis Vibrationen (über eine vibrierende Lenkstange und einen rüttelnden Sitz), Luftbewegung zur Simulation von Fahrtwind (über Ventilatoren), Gerüche und Ton hinzufügte. Um multisensorische Eindrücke nachzubilden, gibt es ebenfalls in der Architekturforschung Ansätze, neben den Grafiken auch Klänge, Temperaturen, Luftbewegungen, Strahlungsphänomene (in der Realität beispielsweise von der Sonne, virtuell durch eine Wärmequelle), und Gerüche nachzuempfinden.

Frank Müller Synästhesie ist in der Tat etwas anderes, als etwas mit mehreren Sinnen wahrzunehmen. Wir sind schon in Kap. 1 kurz darauf eingegangen. Wir nehmen alle mit mehreren Sinnen wahr. Aber bei der Synästhesie erlebt man bei Reizen in nur einer Sinnesmodalität, z. B. dem Sehen, auch Sinneseindrücke in einer anderen Modalität, z. B. dem Hören. Aber das

Zusammenspiel mehrerer Sinne für unser Erleben ist natürlich ein wichtiger Aspekt, der oft übersehen wird. Das Erleben mit allen Sinnen hat nicht nur in der Architektur und VR seine Bedeutung. Es gibt z. B. Klang-Designer für Autos (zumindest bei teuren Fabrikaten). Sie müssen z. B. dafür sorgen, dass das Zuschlagen einer Tür nicht unangenehm klingt oder das Motorgeräusch und die Vibrationen im Innenraum gut abgestimmt sind. E-Autos erzeugen ja bei geringer Geschwindigkeit kaum Geräusche und es besteht die Gefahr, sie z. B. in einer verkehrsberuhigten Zone zu überhören. Deshalb designen sie auch die künstlich erzeugten Fahrgeräusche von E-Autos.

Fazit

Zusammenfassend lässt sich sagen, dass VR-Umgebungen einen großen Reiz auf uns Menschen ausüben: Die ersten Stereobrillen wurden vor etwa 150 Jahren gefertigt und zur Unterhaltung auf Zusammenkünften genutzt. Auch in den 70er-Jahren des vergangenen Jahrhunderts wurden vermehrt 3D-Kino-Vorstellungen angeboten. Allerdings hat sich der Trend bislang auch immer wieder abgeflacht. Das mag daran liegen, dass VR-Geräte nur individuell genutzt werden können: Da die zwei Bilder jeweils für jedes Auge einer Person ausgerichtet werden müssen, handelt es sich auch um Geräte, die vor den Augen der nutzenden Person angebracht sein müssen. Dadurch ist zwischen den Personen keine Interaktion über direkten Blickkontakt mehr möglich. Selbst im Kino werden soziale Interaktionen durch die Brillen reduziert. Dies widerspricht der sozialen Natur der Menschen.

Frank Müller Man mag sich fragen, warum Stereoskopie und 3D-Filme so faszinierend sind. Ich glaube, es gibt zwei Gründe. Erstens ist es faszinierend zu erleben, wie mit einem Stereoskop oder einer 3D-Brille ein flaches Bild auf einmal in die dritte Dimension springt. Für mich ist das immer ein Aha-Erlebnis. Zum Zweiten erwartet unser Gehirn, dass wir in einer dreidimensionalen Umgebung leben. Das Betrachten eines flachen Bilds ist also für das Gehirn „enttäuschend", bzw. ergibt Probleme bei der Interpretation. Das Sehsystem erlebt hier einen gewissen Widerspruch, weil es Tiefe sieht, ohne die dazu normalerweise notwendigen Mechanismen (Augendisparität etc.) einzusetzen. Achten Sie z. B. einmal beim Betrachten eines Bilds mit ausgeprägter Tiefenwirkung darauf (z. B. das Innere einer Kathedrale, Bilder mit Fluchtperspektive). Manchmal wirken solche Bilder eindrucksvoller, wenn man sie nur mit einem Auge betrachtet, weil man dann diesen Konflikt auflöst.

Gleichzeitig stellt der Vergenz-Akkommodations-Konflikt eine große Herausforderung in der VR dar, die den visuellen Komfort und in der Folge auch das immersive Erlebnis beeinträchtigt. Die Diskrepanz zwischen Konvergenz und Akkommodation kann zu visuellem Unbehagen und eingeschränktem Präsenzerleben in virtuellen Umgebungen führen. Durch die Integration von Eye-Tracking-Technologie, multifokalen Displays und Fortschritten in der Display-Technologie wird versucht, das Problem zu entschärfen. Indem wir Lösungen finden, die es den Augen ermöglichen, in der VR auf natürliche Weise zu konvergieren und zu akkommodieren, können wir das gesamte visuelle Erlebnis verbessern und den Weg für komfortablere und realistischere Virtual-Reality-Anwendungen ebnen.

Weiterführende Literatur

Allesandro P, Kawabe T, Scilingo EP (Hrsg) (2023) Virtual reality in psychological research. Nature, Scientific Reports

Graus O (2001) Virtuelle Kunst in Geschichte und Gegenwart. Visuelle Strategien. Reimer, Berlin

LaValle (2019) Virtual reality. Cambridge University Press, Cambridge

Tuemler J et al (2008) Mobile augmented reality in industrial applications: approaches for solution of user-related issues. 7th IEEE/ACM international symposium on mixed and augmented reality, Cambridge, UK, S 87–90. https://doi.org/10.1109/ISMAR.2008.4637330

9

Künstliches Sehen

Peter Walter und Frank Müller

Technische Implantate zur Wiederherstellung von Sehvermögen

Seit jeher empfinden Menschen Erblindung als erhebliche Einschränkung der Lebensfunktionen und setzen alles daran, Erblindung zu verhindern oder rückgängig zu machen. Gerade bei akuten Ereignissen einer beidseitigen Erblindung erlebt man als Augenarzt große Verzweiflung bei den Betroffenen. Glücklicherweise können wir inzwischen viele Fälle von Sehverschlechterung schon vor dem Eintreten der Erblindung behandeln und die Erblindung verhindern (vgl. Kap. 2). Wir können die Gründe für Erblindung in mehrere Gruppen einteilen. Je nachdem, wo die Ursache der Erblindung zu suchen ist, ergeben sich unterschiedliche Therapieansätze. Die erste Gruppe umfasst Erblindungen, bei denen aufgrund einer Störung des optischen Apparats des Auges kein Bild mehr auf der Netzhaut entsteht, z. B. durch Trübung der Linse oder Schädigung der Hornhaut. Diese Ursachen können durch operative Techniken beseitigt werden. In Entwicklungsländern mit ungenügender Gesundheitsversorgung stellen sie leider immer noch eine wesentliche Ursache für Erblindungen dar. In die zweite Gruppe fallen Erkrankungen der Netzhaut, die wir gleich noch genauer besprechen werden. Sterben z. B. die Photorezeptoren ab, verliert die Retina ihre Lichtempfindlichkeit. Ein dritter Grund ist die Erkrankung des optischen Nervs, wie sie z. B. beim Glaukom auftritt. Die Netzhaut reagiert zwar noch auf Licht, die Information erreicht aber nicht mehr die Gehirnareale, die für ihre Auswertung zuständig sind. In die letzte Gruppe fallen Schädigungen der visuellen Areale im Gehirn,

z. B. durch Schlaganfall oder unfallbedingte Traumata. Für die Ursachen der zweiten bis vierten Gruppe gibt es noch keine etablierte Therapie, allerdings werden derzeit mehrere Ansätze verfolgt.

Lassen Sie uns das am Beispiel der Retinitis pigmentosa (RP) erklären, die wir schon im zweiten Kapitel angesprochen haben. Hierbei handelt es sich um die erblich bedingte Degeneration (besser Dystrophie) der lichtempfindlichen Zellen der Netzhaut. Als Nervenzellen des Zentralnervensystems können sie nicht durch nachwachsende Zellen ersetzt werden. Der Begriff RP beschreibt die typischen Pigmentveränderungen des Augenhintergrundes bei dieser Erkrankung. RP beginnt typischerweise mit Nachtblindheit und schreitet über eine zunehmende Verengung des Gesichtsfeldes bis zur Erblindung fort. Es sind inzwischen über 150 genetische Veränderungen bekannt (sog. Mutationen), die diese Erkrankung auslösen, weil sie z. B. dazu führen, dass wichtige Proteine in der Signalverarbeitung des Photorezeptors falsch oder gar nicht funktionieren.

Marcel Schweiker Führt denn jede Mutation in so einem Signalprotein sofort zum Absterben der Photorezeptoren?

Frank Müller Nein, die meisten Mutationen sind harmlos. Bei einigen Mutationen faltet sich das Protein aber nicht korrekt und kann sich als „Zellmüll" anhäufen. Wenn das den Zellstoffwechsel blockiert, kann es zur Degeneration führen. Auch wenn das Protein wegen der Mutation nicht mehr seine Funktion erfüllt, können sich Stoffwechselprodukte anhäufen oder sie können fehlen, sodass es zu massiven Störungen im Signalablauf oder auch zu Störungen des Gleichgewichts im Zellstoffwechsel kommt. Bei den Photorezeptoren ist z. B. die Regeneration des Sehpigments Rhodopsin nach der Absorption von Licht ein kritischer Faktor.

Das Prinzip der elektrischen Stimulation

An dieser Stelle ist es wichtig zu betonen, dass bei RP zwar die Photorezeptoren der Netzhaut absterben, das Netzwerk aus nachgeschalteten Nervenzellen und die Verbindung zum Gehirn aber erhalten bleiben (Abb. 1.8). Wie wir in Kap. 1 gesehen haben, erzeugt die Netzhaut bei Reizung mit Licht elektrische Signale, indem die elektrischen Eigenschaften der Zellen kurzfristig verändert werden. Die Signale werden von den Ganglienzellen als elektrische Impulse (die Aktionspotenziale) in das Gehirn weitergeleitet und dort durch ein komplexes Wechselspiel von elektrischen und chemischen Signalen verarbeitet. Im

Prinzip kann man solche Signale auch durch elektrische Reizung der Nervenzellen erzeugen. Berührt man z. B. mit den Polen einer 4,5-V-Batterie die Zunge, spürt man ein deutliches Kribbeln. Dieses Gefühl wird dadurch hervorgerufen, dass der elektrische Strom, der durch die Zunge fließt, die Sinneszellen in der Zunge reizt. Auch ein Herzschrittmacher funktioniert nach diesem Prinzip. Der elektrische Reiz führt zur Kontraktion des Herzmuskels. Dadurch eröffnet sich die Möglichkeit, die Signale, die aufgrund der Photorezeptordegeneration fehlen, durch elektrische Reizung zu ersetzen. Werden diese Signale im visuellen System korrekt verarbeitet, entstehen Lichteindrücke, also eine visuelle Wahrnehmung. Dazu muss ein elektronischer Chip an eine der Stationen der Sehbahn eingepflanzt werden: in die Retina, in den optischen Nerven oder z. B. in das primäre visuelle Areal in der Großhirnrinde V1. Aber hier kommt es auf den Ort der Schädigung an. Ein Retinaimplantat bringt natürlich nichts, wenn der optische Nerv geschädigt ist und die Information das Gehirn nicht erreicht.

Die ersten Versuche wurden bereits ab 1950 durchgeführt. Beispielsweise haben Brindley und Mitarbeiter dazu bei Patienten, die an einer RP erblindet waren, Stimulationselektroden über der Sehrinde implantiert. Mit dieser frühen Form der Hirnstimulation konnten sie bereits lokal begrenzte Sehwahrnehmungen, sog. Phosphene hervorrufen. Dobelle hat dieses Konzept dann aufgenommen und die über dem Gehirn platzierten Stimulationselektroden über ein Kabel mit einem Computer verbunden, der Kamerasignale verarbeitete. Die wenigen Patienten, die seinerzeit operiert wurden, berichteten auch über lokalisierte Phosphene. Seit dem ausgehenden 20. Jahrhundert hat es erhebliche Fortschritte in der Computerwissenschaft, den Materialwissenschaften, der Elektrotechnik aber auch in der operativen Medizin gegeben, die uns jetzt ermöglichen, Mikrosysteme zu entwickeln, die verträglich in den Körper eingebaut werden können und als Kommunikationsschnittstelle mit unserem Nervensystem dienen.

Der Prototyp: das Cochlea-Implantat

Bevor wir diese Retinaimplantate diskutieren, lassen Sie uns ein sehr gut funktionierendes Beispiel für den Ersatz ausgefallener Funktionen des Nervensystems durch elektronische technische Systeme betrachten: das Cochlea-Implantat. Die Cochlea (oder Gehörschnecke) ist das Pendant zur Retina im auditorischen System und befindet sich im Innenohr. Sie enthält ca. 3500 Hörsinneszellen, die akustische Reize aufnehmen und über den Hörnerven an das Gehirn weiterleiten. Aufgrund der anatomischen und physikalischen

Eigenschaften der Cochlea repräsentieren die verschiedenen Hörzellen die unterschiedlichen Frequenzen unseres Hörspektrums. (Eine gut verständliche Einführung dazu finden Sie in Frings und Müller, Biologie der Sinne.) Das Cochlea-Implantat besteht aus zwei Komponenten. Erstens wird eine drahtförmige Struktur in das Innenohr implantiert, auf der ca. 20 Reizelektroden positioniert sind. Zweitens gibt es ein hörgeräteartiges Mikrofon mit einer Verarbeitungseinheit, die die akustischen Reize der Umgebung analysiert und entsprechende Reizpulse an die 20 Elektroden schickt und so die Fasern des Hörnervs an der ausgewählten Stelle reizt. Dem Gehirn gelingt es nach längerer Übung, aus diesem dürftigen Signal eine verwertbare akustische Information zu extrahieren. Mit diesen Systemen können taubgeborene Kinder das Hören erlernen und ertaubte Menschen können teilweise wieder mit Lautsprache kommunizieren.

Man schätzt, dass es heute etwa 800.000 Träger eines Cochlea-Implant-Systems weltweit gibt. In Deutschland werden jährlich etwa 3000 Implantationen vorgenommen. Technisch gesehen war die Entwicklung des Cochlea-Implantats aus zwei Gründen relativ einfach. Erstens ist das Implantat mit nur etwa 20 Reizelektroden vergleichsweise einfach aufgebaut. Zweitens ist das System nur auf das Verstehen von Lautsprache fokussiert. Dafür reicht relativ wenig Information aus, solange das Gehirn die Lücken ergänzen kann. Auch unsere Telefontechnik nutzt z. B. nur eine geringe akustische Bandbreite, ermöglicht aber seit über 100 Jahren erfolgreich die Telekommunikation. Allerdings würde eine Beethovensymphonie aus dem Telefonhörer kaum einen wirklichen Hörgenuss bieten. Um die Instrumente eines Symphonieorchesters mit ihren komplexen Frequenzspektren und ihr Wechselspiel originalgetreu und genussvoll zu übertragen, reicht die Information nicht aus. Man braucht eine größere akustische Bandbreite, feine Intensitätsabstufungen usw. Für Träger des Cochlea-Implantats ist Musikgenuss, wie jemand mit gesundem Hörvermögen ihn kennt, nicht möglich. Wie wir gleich sehen werden, sind die Anforderungen an ein Retinaimplantat ungleich komplizierter.

Werner van Haren Meines Wissens ist das zu optimistisch dargestellt. Gerade bei von Geburt an Gehörlosen stößt man doch auf ziemliche Grenzen, wenn später im Leben ein Implantat das Hören ermöglichen soll. Es fehlt die entsprechende Ausbildung der Hirnareale, auf die später ertaubte Menschen zurückgreifen können. Vermutlich muss in solchen Fällen ein Implantat möglichst früh in der Entwicklung eingesetzt werden.

Peter Walter Das war der Grund, warum man in der Anfangsphase der Anwendung dieser Systeme keine geburtstauben Kinder operiert hat. Man hat später gesehen, dass es doch funktioniert. Es ist eben wichtig, dass die Operation in einem sehr frühen Alter erfolgt. In diesem Zusammenhang darf man nicht vergessen, dass die Lernfähigkeit des kindlichen Gehirns stärker ausgeprägt ist als bei Erwachsenen. Man spricht ja hier von Plastizität.

Visuelle Implantate

Analog zu dieser Entwicklung hat man in den 90er-Jahren begonnen, Retina-Implant-Systeme zu entwickeln, und tatsächlich wurden nach mehr als 10 Jahren Entwicklungszeit dann die ersten Systeme dieser Art bei blinden Patienten implantiert. Wieder erkennen wir die Zweiteilung des Systems. Die Umwelt wird entweder über eine Kamera oder über lichtempfindliche technische Sensoren im Implantat erfasst. Dieses technische Signal wird in eine Folge von elektrischen Reizpulsen umgewandelt. Die Reizung der Netzhautzellen erfolgt über eine Elektrodenanordnung auf (epiretinal) oder unter (subretinal) der Netzhaut oder hinter der Retina zwischen Aderhaut und Lederhaut (suprachoroidal), also noch innerhalb des Auges. Derartige Entwicklungen erfolgten in den USA, in Japan, Australien, in Korea, China und auch intensiv in Deutschland. Bis heute wurden insgesamt acht verschiedene Systeme bei Patienten implantiert.

Zahlenmäßig die größte Zahl an Patienten wurden mit dem epiretinalen Implantat ARGUS II und mit dem subretinalen Implantat ALPHA IMS/AMS versorgt. Dabei handelte es sich ausnahmslos um Patienten, die an einer Retinitis pigmentosa erblindet waren. Das ARGUS-System besteht aus einer Brille mit einer winzigen Kamera, einem Neuroprozessor und dem eigentlichen Implantat mit den Reizelektroden, einem etwa 5 × 5 mm großen Chip (Abb. 9.1). Die Kamera fängt die Umwelt ein, ein Neuroprozessor berechnet aus diesen Bilddaten permanent Pulse, die an den einzelnen Elektroden abgegeben werden müssen. Diese Daten werden von einer an der Brille befestigten Antenne an einen Empfänger gesendet, der Bestandteil des eigentlichen Implantats ist. Der Empfänger wird dabei unter der Bindehaut auf die Außenwand des Augapfels (Lederhaut, Sklera) aufgenäht. Von diesem Empfänger geht ein flexibles Mikrokabel ab, wird in das Auge eingeführt und endet an einem löffelartigen Ende, an dem die Reizelektroden untergebracht sind. Diese Elektrodenmatrix wird auf der Netzhautoberfläche mit einem Mikrostecker befestigt. Die Reizelektroden liegen dann auf der Schicht der Nervenfasern der retinalen Ganglienzellen, die den Ausgang der Netzhaut in Form des Sehnervs bilden. Stimuliert werden also die Ganglienzellen selbst. Bei normalem Verlauf der Operation und normaler Heilung sieht man dem

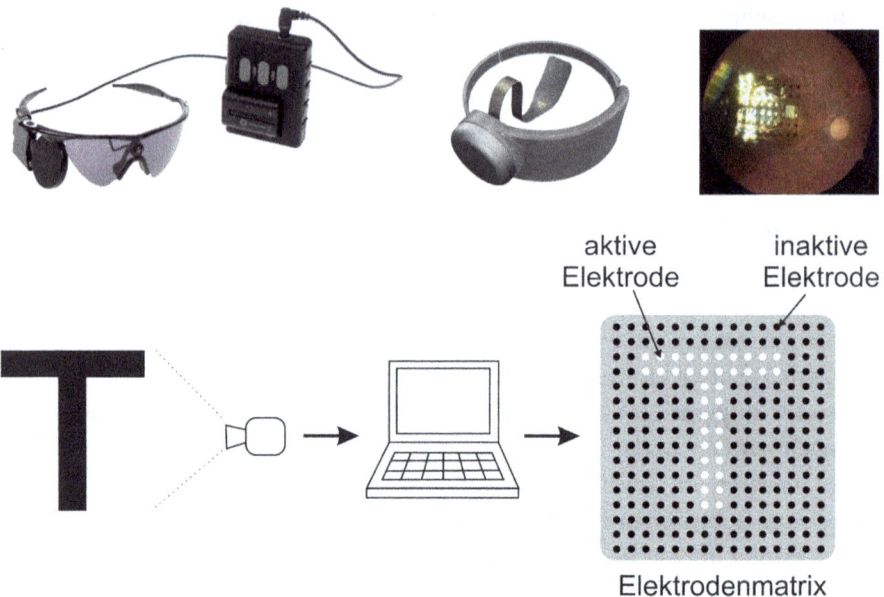

Abb. 9.1 Oben: Argus-II-Retinaprothesensystem. Links: Kamerabrille zur Aufnahme der Sehwelt mit angeschlossener Energieversorgung und Neuroprozessor. Mitte: Eigentliches Implantat mit Empfangsstruktur, die auf die Lederhaut aufgenäht wird. Nur das von der runden Struktur abgehende Kabel mit den Reizelektroden wird in das Auge eingeführt. Rechts: Argus-II-Reizelektroden auf der Netzhaut in einem Patientenauge. Unten: Umsetzung der Bildinformation in ein Reizmuster aus aktiven und inaktiven Elektroden auf der Netzhaut

Auge nach der Operation nichts an und die Patienten hatten keine Beschwerden. In allen Fällen konnten die Patienten wieder lokalisierte Lichtreize sehen. Sie konnten in manchen Fällen auch große Gegenstände mit hohem Kontrast erkennen, Hindernisse im Weg und der Weg selbst konnten besser erkannt werden. Es brauchte aber ein aufwändiges Trainingsprogramm, damit die Implantatträger aus diesen Signalen nutzbare Informationen über die Umwelt herausziehen konnten.

Die Ergebnisse mit dem Alpha-IMS/AMS-System waren vergleichbar. Beide Systeme werden heute nicht mehr implantiert. Der Hersteller des Argus-Systems hat sich auf ein System zur Stimulation der Sehrinde konzentriert und war nach Einsetzen der COVID-19-Krise nicht mehr in der Lage, wirtschaftlich überleben zu können. Ähnlich ging es dem Hersteller des Alpha-IMS/AMS-Systems. Derzeit wird ein neues System zur elektrischen Netzhautstimulation in einer klinischen Studie an Patienten mit fortgeschrittener Makuladegeneration erprobt.

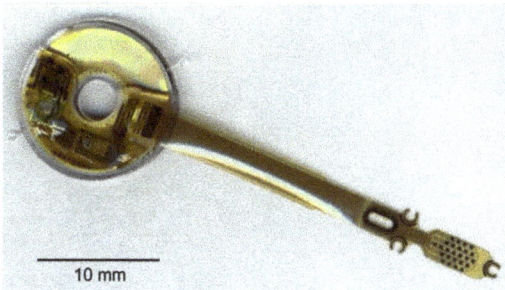 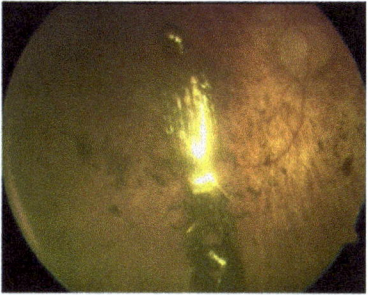

Abb. 9.2 Prototyp einer vollständig implantierbaren epiretinalen Sehprothese. Links: Implantat mit Empfangsstruktur und miniaturisierter verkapselter Elektronik sowie dem Feld von Reizelektroden (rechts unten im Bild). Rechts: Implantat im menschlichen Auge mit dem auf der Netzhaut platzierten Reizelektrodenfeld. Die Empfangsstruktur mit der Elektronik sitzt als künstliche Linse im vorderen Teil des Auges

Mit dem EPIRET-Prototyp einer implantierbaren Sehprothese konnte nachgewiesen werden, dass eine Kabelverbindung zwischen dem Augeninneren und dem Äußeren des Auges, also eine direkte Verbindung von einem auf der Sklera fixierten Empfänger und dem eigentlichen Stimulator durch die Lederhaut vermieden werden kann. Bei diesem System mit dem Empfänger in einer künstlichen Linse konnten 25 Elektroden unabhängig voneinander angesteuert werden (Abb. 9.2).

Warum hinkt das Retina-Implantat dem Cochlea-Implantat hinterher?

Wir arbeiten seit mehreren Jahren gemeinsam mit anderen Kolleginnen und Kollegen an neuen Konzepten zur Netzhautstimulation und haben Faktoren identifiziert, warum die bisherigen Konzepte zur Netzhautstimulation nicht zu einer echten Wahrnehmung von Gestalt geführt haben. Ein wesentlicher Faktor für den bisher so begrenzten Erfolg dieser Systeme liegt in der Zahl der Elektroden, die die Nervenzellen reizen. Hier ergibt sich ein riesiger Unterschied zum oben diskutierten Cochlea-Implantat. Dort werden 3500 Sinneszellen durch ca. 20 Elektroden ersetzt. Im normalen Auge finden sich jedoch ca. 120 Mio. Photorezeptoren, deren Information von 1 Mio. Ganglienzellen an das Gehirn weitergeleitet wird. Selbst wenn man nur 1 % der Ganglienzellen gezielt reizen wollte, bräuchte man 10.000 Elektroden, 500-mal mehr als im Cochlea-Implantat. Man kann sich gut vorstellen, dass man mit 60 Elektroden wie beim Argus-System keine allzu große räumliche Auflösung erreichen kann. Außerdem bedecken die Implantate nur einen kleinen Teil der

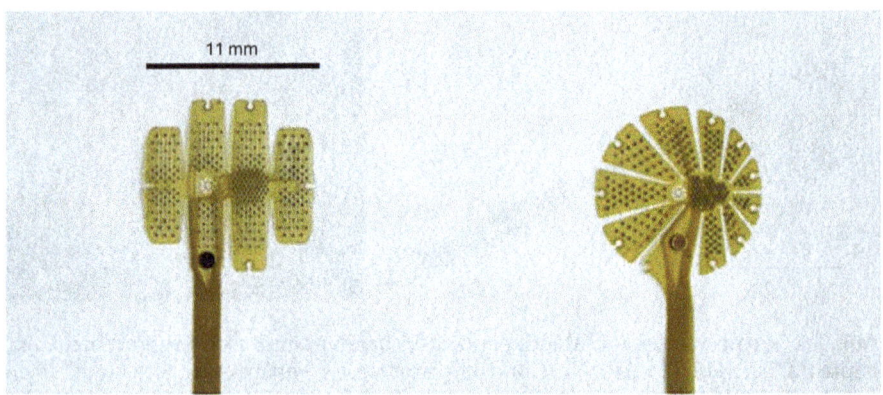

Abb. 9.3 Varianten eines sehr großen Netzhautstimulators mit über 200 Elektroden. Die Dichte der Elektroden ist im zentralen Bereich der Stimulatorfolie besonders dicht, da dieser Bereich auf die Stelle der höchsten Dichte der Nervenzellen implantiert werden soll. Die Flügelstruktur der großflächigen Implantate soll das Anschmiegen der Struktur an die gekrümmte innere Oberfläche des Auges ermöglichen. (Waschkowski, Hesse, Rieck, Lohmann, et al (2014) Development of very large electrode arrays for epiretinal stimulation. Biomed Eng Online 13:11)

Retina, sodass nur ein begrenzter Bereich der Netzhaut stimuliert werden konnte (zum Vergleich: Der Bildausschnitt entspricht etwa einer Faust in Armeslänge). Großflächige Implantate, wie in Abb. 9.3 gezeigt, stellen aufgrund der runden Augenform große technische Probleme dar. Die Implantatträger mussten zeitraubende Kopfbewegungen oder Augenbewegungen einsetzen, um das Gesichtsfeld abzuscannen. Schließlich waren die Elektroden relativ groß im Vergleich zu einer einzelnen Ganglienzelle. Es liegen also unter jeder Reizelektrode immer mehrere Ganglienzellen, z. T. auch solche mit unterschiedlicher Funktion (z. B. AN- und AUS-Zellen, siehe Kap. 1). Das erschwert es, einen kohärenten Seheindruck zu erzielen.

Beim subretinalen Implantat wurde ein Chip mit deutlich mehr und kleineren Elektroden implantiert (1000–1500). Doch auch mit derart vielen Elektroden ist man noch weit entfernt von der natürlichen Ausstattung der normalen Netzhaut, und die funktionellen Ergebnisse der beiden Systeme waren in etwa vergleichbar.

Die Reizelektroden lagen beim Alpha-IMS/AMS-System unter der Netzhaut und es wurden vornehmlich die Bipolarzellen der Netzhaut gereizt. Diese übertragen in der gesunden Netzhaut die Erregung von den Photorezeptoren auf die Ganglienzellen (Abb. 1.8); die Ganglienzellen wurden also indirekt gereizt. Theoretisch könnte ein subretinales Implantat also die Informationsverarbeitung in der Netzhaut ausnutzen, etwa um Kontraste zu verstärken (vgl. Kap. 1). Die Idee war nicht schlecht, denn in der Anfangszeit der Entwicklung von Retina-Implantaten war man davon ausgegangen, dass die restliche Netzhaut auch nach Verlust der Photorezeptoren noch genauso funktioniert, wie vorher. Im Laufe der Jahre mussten wir aber lernen, dass dem nicht so ist. Ein neuronales Netzwerk braucht Aktivität, um überleben zu können. Der fehlende Photorezeptorinput wird deshalb über die Zeit durch Umbauprozesse in der inneren Netzhaut kompensiert, die zu spontaner, allerdings pathologischer Aktivität führen. Wie wir feststellen mussten, lässt sich eine Netzhaut mit dieser pathologischen Aktivität elektrisch viel schwerer reizen als eine gesunde Netzhaut. Das erklärte dann auch warum frühere Abschätzungen, die auf experimentellen Untersuchungen an gesunden Netzhäuten von Tieren erfolgten, die möglichen Ergebnisse zu positiv einschätzten. Inzwischen wissen wir viel genauer, zu welchen Umbauprozessen es in der Netzhaut kommt und was das für die elektrische Stimulierbarkeit bedeutet. Moderne Konzepte für innovative Netzhautstimulatoren werden diese Aspekte berücksichtigen müssen. Einige Vorschläge hierfür wurden von uns bereits in die fachliche Diskussion eingebracht.

Künstliches Sehen kann prinzipiell an allen Stationen des visuellen Systems durch elektrische Reizung ausgelöst werden, so auch in der Sehrinde, dem Gehirn also. Das ist vor allem dann sinnvoll, wenn der optische Nerv geschädigt ist. Damit ein natürlicher Seheindruck entstehen kann, muss die gesamte Kette der Vorverarbeitung des visuellen Signals aber in einem Neuroprozessor nachgeahmt werden. Dazu gehört die Verarbeitung in der Netzhaut und im seitlichen Kniehöcker (Corpus geniculatum laterale) ebenso wie in den Eingangsstufen der primären Sehrinde. Ein Retina-Implantat umgeht dieses Problem zumindest teilweise. Man würde das Implantat deshalb am liebsten an der vordersten Station der Sehbahn einsetzen, also an der Retina.

Werner van Haren Informationen unter Umgehung unserer Sinnesorgane in unser Zentralnervensystem einzuspeisen hat etwas Beunruhigendes, denn wir verlassen uns in der Regel auf den Input durch unsere Sinnesorgane. Man fragt sich, ob man sich auf so ein Implantat verlassen kann.

Frank Müller Damit sprichst Du einen wichtigen Punkt an. Wir müssen dabei zwei Dinge bedenken. Erstens, dass man sich auch auf den Input durch unsere Sinnesorgane nur bedingt verlassen kann. Ein Mensch mit Farbsehstörungen nimmt die Welt ja z. B. auch anders wahr als ein Normalsichtiger. Zweitens müssen wir uns darüber im Klaren sein, dass beim gegenwärtigen technischen Stand – und auch in der überschaubaren Zukunft – die Leistung eines Implantats weit hinter der Sehleistung eines intakten Sehsystems zurückbleibt. Das gilt nicht nur für die Auflösung und die Größe des Bildfelds, die wir gerade diskutiert haben, sondern auch für die Fähigkeit, sich an ganz unterschiedliche Helligkeiten anzupassen, die Kontrastempfindlichkeit, Farbempfindlichkeit, die Geschwindigkeit, mit der die visuelle Information in Signale umgesetzt wird, usw. Aber für einen Blinden ist es u. U. hilfreich, Fenster und Türen in einer fremden Umgebung aufgrund großflächiger Helligkeit zu erkennen oder Hindernisse auf dem Weg zu sehen, ohne sie notwendigerweise vollständig zu erfassen. Diese Zwecke könnten im Prinzip auch durch ein Implantat mit geringer Leistung erreicht werden. Normales Lesen oder Erkennen von Gesichtern und schnellen Bewegungen sind derzeit aber nicht möglich.

Peter Walter Nicht alle Patienten wollen ein Implantat; ist ein Implantat sinnvoll bei Patienten, die lebenslang blind waren? Beim Cochlea-Implantat hat man anfangs gedacht, es würde keinen Sinn machen, es geburtstauben Kindern zu implantieren. In der Realität stellte sich aber heraus, dass Kinder, die von Geburt an taub waren, sehr von einem Cochlea-Implantat- System-profitieren. Gegenwärtig glauben wir, dass Menschen, die von Geburt an aufgrund einer Rezeptorenerkrankung blind waren, nicht die hirnseitigen Verarbeitungsmechanismen entwickelt haben, um mit visueller Information umzugehen. Daher würden wir nur solchen Patienten eine Retinaprothese anbieten, die bereits sehen konnten, am besten solchen, die Lesen gelernt haben. Nach vielen Jahren Blindheit haben sich viele Betroffene in dieser Einschränkung eingerichtet. Manche Betroffene reden dann auch gar nicht mehr von Einschränkung, da sie durch andere Sinne sehr viel kompensieren können, etwa durch Hören und Tasten. Diese Gruppe von Erblindeten hat sogar eher Sorge, dass sie ihre „Ersatzsinne" wieder verlieren, wenn der Sehsinn zumindest teilweise wiederhergestellt wird. Sie sorgen sich vor neuen Problemen, die dann möglicherweise auf sie zukommen und trauen sich vielleicht auch das Umlernen nicht mehr zu. In meinen Gesprächen mit Betroffenen habe ich die ganze Bandbreite kennengelernt von großem Enthusiasmus, als Pionier eine neue Technologie auszuprobieren, bis hin zu maximaler Ablehnung und großen Sorgen und Ängsten vor einer neuen Technologie.

Anke Huckauf Beim Ersatz fehlender Sinnesinformation wird ein solches Implantat eine begrenzte und genau definierte Funktion erfüllen. Aber diese Ansätze werden ja auch weitergedacht. Können wir damit vielleicht unsere Wahrnehmung in Bereiche erweitern, die uns sonst verborgen bleiben?

Frank Müller Die Frage zielt in Richtung des Cyborgs. Ein Cyborg ist ein kybernetischer Organismus, der aufgrund einer Modifikation über eine gesteigerte Leistung verfügt, sei es sensorisch oder motorisch. Es gibt einen Künstler mit dem Namen Neil Harbisson, der den Begriff Cyborg für sich in

Anspruch nimmt. Harbisson ist vollkommen farbenblind, aber er trägt eine Art Antenne, die ultraviolette und infrarote Strahlung detektiert und diese Information in Form einer Vibration auf seinen Schädel überträgt. Natürlich *sieht* er die Strahlung nicht (obwohl die Medien es manchmal so darstellen), aber er nimmt die Vibration als akustischen Ton war und „erlebt" so diese Strahlung, für die wir alle blind sind. Ein Waldspaziergang an einem Tag mit viel ultravioletter Strahlung ist nach seiner Aussage für ihn interessanter, weil die Blüten, die diese Strahlung reflektieren, ihn akustisch abwechslungsreich machen. Natürlich könnte man diesen Effekt auch mit einem Sensor erzielen, dessen akustische Signale man über Ohrhörer wahrnimmt. Die Registrierung radioaktiver Strahlung über das Knistern eines Geigerzählers ist ja auch nichts anderes. Aber Harbisson betrachtet die Antenne als Teil seines Körpers – ein Teil ist im Schädel implantiert. Viele sehen ihn als Vorreiter für die Symbiose zwischen Organismus und Technologie oder sogar als neue Spezies, die nächste Stufe der Evolution auf dem Weg zum perfektionierten Menschen.

Werner van Haren Das „Hören" von Strahlung erinnert mich an Synästhesie.

Frank Müller Ja, genau. Für Menschen mit Synästhesie ist das der Alltag. Ihr Gehirn verknüpft zwei eigentlich unabhängige Sinnessysteme. Sie sehen z. B. Farben, wenn sie Musik hören, weil bestimmte Tonhöhen oder Intervalle ihnen immer in einer bestimmten Farbe erscheinen. Manche sehen Zahlen oder bestimmte Wörter farbig, auch wenn sie schwarz auf weiß gedruckt sind. Oder sie erleben bestimmte Geschmäcker oder Düfte als körperliche Texturen, entweder im Mund oder im Tastsinn. Das sind keine lockeren Assoziationen, sondern reproduzierbare Sinnesempfindungen, die mit einer Aktivität in den beteiligten Sinnessystemen einhergeht. Wir wissen mittlerweile, dass es zwischen den Gehirnarealen, die für unterschiedliche Sinnessysteme zuständig sind, Verbindungen gibt, deren Bedeutung aber noch unklar ist. Sie könnten bei Synästheten besonders ausgeprägt sein und diese verknüpften Sinneserlebnisse hervorrufen. Eventuell werden wir sogar alle so geboren und verlieren diese Fähigkeit im Laufe unserer Entwicklung.

Marcel Schweiker Eines der prominentesten Beispiele für Machine Brain Interfaces ist Neuralink. Dabei handelt es sich um ein System zur Registrierung neuronaler Aktivität und zur elektrischen Stimulation Tausender von Neuronen im Gehirn mit einem Implantat. Neuralink ist ein amerikanisches Technologieunternehmen, dessen CEO Elon Musk ist. Die Technik ist so weit fortgeschritten, dass wir hier nicht mehr über reine Science Fiction reden.

Peter Walter Da solche Interfaces bereits gedacht und auch entwickelt werden, sollten wir uns als Gesellschaft das genau ansehen und eine Position dazu finden. Mindestens der Diskurs muss stattfinden, unter welchen Bedingungen solche Systeme eingesetzt werden können und vielleicht sollen, und unter welchen nicht. Und man muss dem Medien-Hype entgegenwirken und darüber aufklären, dass ein Chip, den man irgendwo ins Gehirn implantiert, den Träger nicht automatisch intelligenter oder leistungsfähiger macht oder gar erlaubt, unbegrenzt Wissen aus dem Internet herunterzuladen. Man darf die Bereitschaft, vor allem junger Menschen, nicht unterschätzen, sich so modifizieren zu lassen, wenn ihnen die Werbung Wunder verspricht. Dass viele Menschen bereit sind, das eigene Gehirn zu manipulieren bzw. den Erlebnishorizont zu erweitern, ist im Zusammenhang mit dem verbreiteten Gebrauch neuroaktiver Substanzen bekannt.

Genetikbasierte Therapiealternativen

Ein spannender alternativer – und ebenso kontrovers diskutierter – Ansatz zum künstlichen Sehen ist der Einsatz der Gentherapie. Wie bereits besprochen, sind über 150 genetische Veränderungen bekannt, die den Ausfall oder die Fehlfunktion wichtiger Proteine in der Signalverarbeitung bedingen, was letztendlich zum Absterben der Photorezeptoren führt. Nur für eine einzige dieser Varianten besteht heute eine Gentherapie. Dazu wird eine gesunde Variante des betroffenen Gens in einen Vektor eingeschleust, typischerweise in einen adenoassoziierten Virus (AAV), dem vorher das viruseigene Erbgut entfernt wurde. Der Virus kann sich deshalb nicht in den Zellen vermehren, er dient nur als Vehikel für das gesunde Gen. Diese Viren werden dann unter die Retina injiziert. Wenn die Viren die Zellen infizieren, übertragen sie das korrekte Gen, sodass die Funktion wiederhergestellt und ein Absterben der Photorezeptoren verhindert wird. Die Ergebnisse sind aber noch eingeschränkt. Eine vollständige Heilung ist bisher nicht möglich. Voraussetzung ist natürlich auch, dass zum Zeitpunkt der Therapie noch Photorezeptoren leben. Die Therapie sollte also möglichst früh einsetzen.

Viele Patienten fragen uns immer wieder nach der Möglichkeit, ihre Erblindung durch Stammzellanwendungen zu behandeln. In Experimenten gelingt es bereits, durch Stammzellen abgestorbene Photorezeptoren zu ersetzen, wenn auch nur in geringem Umfang. Man kann mittlerweile aus Hautzellen Stammzellen (genauer: induzierte pluripotente Stammzellen) erzeugen, die sich dann unter dem Einfluss biochemischer Faktoren zu Photorezeptorzellen entwickeln. Man könnte also für jeden Patienten eigene Stammzellen züchten, um die

Gewebeverträglichkeit sicherzustellen. Natürlich tragen auch diese Stammzellen das defekte Gen, das zur Degeneration der Photorezeptoren führt. Man kann es aber durch ein intaktes Gen ersetzen und die Stammzellen unter die Netzhaut injizieren. Die implantierten Photorezeptoren bilden teilweise auch Synapsen. Aber solange es nicht gelingt, die Zellen in großer Zahl zu implantieren und dabei die verlorengegangenen synaptischen Verknüpfungen in entsprechendem Umfang neu aufzubauen, ist nur wenig gewonnen.

Die großen Fortschritte auf dem Gebiet der Molekularbiologie in den letzten Jahren haben eine neue Technik hervorgebracht, die man meist als Optogenetik bezeichnet. Sie könnte eine Alternative zur elektrischen Reizung von Nervenzellen mittels eines elektronischen Implantats werden: die Reizung durch Licht. In unseren Photorezeptoren induziert Licht ja auch elektrische Signale. Ihr Sehpigment, das Rhodopsin absorbiert Licht und setzt dann eine Signalkaskade in Gang, an deren Ende ein elektrisches Signal erzeugt wird (für Details siehe Kap. 1). Man hat in Algen und in anderen Organismen Proteine gefunden, die genetisch mit unserem Rhodopsin verwandt sind. Sie sind nicht nur lichtempfindlich, sondern erzeugen auch gleich das elektrische Signal, vereinen sozusagen die ganze Signalkette in einem einzigen Zellbaustein. Man nennt diese Proteine Kanalrhodopsin oder Channelrhodopsin. Man kann mit molekularbiologischen Methoden die Erbinformation für diese Proteine aus den Algen isolieren und mittels Viren in Nervenzellen einschleusen. Die Zellen bauen diese Proteine dann selbst und werden dadurch lichtempfindlich. Die Technik wurde im Jahr 2021 zum ersten Mal bei einem blinden Patienten angewandt. Die lichtempfindlichen Proteine wurden in die Ganglienzellen der Netzhaut eingeschleust. Diese brauchen dadurch keinen Input mehr aus dem retinalen Netzwerk, sondern erzeugen bei Licht direkt Nervenimpulse. Die Wirkung ist ähnlich der eines elektrischen Implantats. Der Patient kann z. B. Gegenstände auf einem Tisch lokalisieren und in der Größe unterscheiden. Aber auch hier ist der große Durchbruch noch nicht so schnell zu erwarten.

Werner van Haren Was ist denn Eure Einschätzung: Welche der beiden Methoden, das elektrische Implantat oder die Optogenetik, wird am Ende das Rennen machen?

Peter Walter Es ist im Moment schwer zu sagen, ob und wenn ja, welche sich zu einer Standardtherapie entwickeln wird. Beide haben ihre Vor- und Nachteile. Beim Implantat ist es sicher ein großes Problem, eine hohe Auflösung zu erreichen. Dazu braucht es viele Elektroden, die alle individuell angesteuert werden müssen. Ein Implantat wäre aber vielleicht für einen lokalen Einsatz, etwa bei der AMD besser geeignet als der optogenetische Ansatz.

Frank Müller Falls es mit dem optogenetischen Ansatz z. B. gelänge, sehr viele Ganglienzellen lichtempfindlich zu machen, könnte eine hohe Auflösung leichter erzielt werden als mit dem Implantat. Aber auch die Optogenetik ist weit davon entfernt, perfekt zu funktionieren. Das normale Raumlicht reichte z. B. bei dem Patienten nicht aus, um Sehen zu ermöglichen. Er trug eine spezielle Brille mit eingebauten sehr hellen Monitoren, um das Channelrhodopsin ausreichend zu aktivieren. In beiden Fällen müssen also noch große Hürden genommen werden, aber es gibt rasante Entwicklungen, die hoffen lassen.

Weiterführende Literatur

Ayton L, Rizzo J et al (2020) Harmonization of outcomes and vision endpoints in vision restoration trials: recommendations from the international HOVER taskforce. Trans Vis Sci Tech 9:25

Gabel VP (Hrsg) (2017) Artificial vision. A clinical guide. Springer International Publishing, Springer International Publishing Switzerland. https://doi.org/10.1007/978-3-319-41876-6

Walter P (2009) Implants for artificial vision. Exp Rev Ophthalmol 4(5):515–523

Walter P (2014) Retina implant care. Basics, procedures, and follow-up. UniMed Science, Bremen

Waschkowski, H, Rieck L, et al (2014) Development of very large electrode arrays for epiretinal stimulation. Biomed Eng Online 13:11

Einsichten

In den vorherigen Kapiteln haben wir gesehen, dass wir einen durchaus unterschiedlichen Blickwinkel auf das Sehen und die visuelle Wahrnehmung haben. Hätten nur Neurobiologinnen und Neurobiologen dieses Buch geschrieben, wären vermutlich einige Aspekte nicht genannt worden. Andersherum hätte ein Buch von Psychologinnen und Psychologen andere Themen rund um das Sehen zum Inhalt gehabt und einige der hier behandelten Themen ausgespart. In diesem Buch haben wir uns mit der Sichtweise anderer Disziplinen auseinandergesetzt, sie diskutiert und in der Vorbereitung des Buches auch darüber gestritten. Herausgekommen ist, was Sie jetzt gelesen haben. Wir möchten zum Ende darauf schauen, wie diese unterschiedlichen Sichtweisen begründet sind, wo sie herkommen und wie Wissenschaft und fachspezifische Erfahrung als Generator von Erkenntnis in unseren Fächern funktioniert. Dieses letzte Kapitel ist gewissermaßen das Fazit dieses Buches, eine Art von Essenz und eine Reflexion unserer sehbezogenen Gedanken.

Peter Walter

Ausgangspunkt dieses Buches waren Gespräche mit dem Autor, Musiker und Dramaturgen Klaus Fehling und der Pianistin und Musikproduzentin Brigitte Angerhausen, die mir viele Fragen zum Thema „Sehen" stellten, die ich als Augenarzt nicht beantworten konnte, was mich sehr geärgert hat. In diesen Fragen ging es vor allem darum, was Seheindrücke mit uns machen, wie sie uns bewegen, warum uns manches, was wir sehen, guttut, anderes aber eher zu unangenehmen Stressreaktionen führt. Warum kommen Menschen mit messbar gleichen Seheinschränkungen so unterschiedlich zurecht, u. v. a. m. Also begab ich mich auf die Suche nach Fachleuten, die diese Fragen aus deren Fachgebiet heraus beantworten können und bereit waren, den Blick über den Tellerrand zu richten und von den anderen Disziplinen zu lernen. Im Laufe der Zusammenarbeit mit Frank Müller, Anke Huckauf, Werner van Haren und Marcel Schweiker haben wir von unseren Disziplinen berichtet, von Themen, die innerhalb unserer Disziplinen gerade diskutiert werden, aber auch von unserer persönlichen Arbeit und unseren Erfahrungen darin. Ich habe dabei sehr viel gelernt, insbesondere den Sehvorgang mit anderen Augen zu betrachten und aus anderen Blickwinkeln, die für einen Augenarzt nicht sofort selbsterklärend sind. Darin liegt für mich das besonders Spannende an unserer Zusammenarbeit. Durch den Blick in andere Disziplinen erweitern wir unsere Sichtweise und beschäftigen uns auch mit Grundlagen der Wissenschaft, mit ihrer Theorie und Philosophie. Festzementierte Lehrsätze scheinen plötzlich gar nicht mehr so sicher zu sein. Gerade durch ein Aufweichen solcher scheinbar feststehender Lehrsätze, durch die Beschäftigung mit anderen Wissenschaften und durch die kritische Reflexion durch andere Disziplinen ergeben sich neue Entwicklungsmöglichkeiten in jeder einzelnen Disziplin und für jeden Einzelnen von uns. Ein gutes Beispiel an dieser Stelle ist die Beschäftigung mit dem Thema der Konstruktion oder Rekonstruktion der Welt in unserem Gehirn auf der Basis von Informationen, die durch unser Sehsystem vermittelt werden. Ist das, was wir sehen, tatsächlich da oder entsteht vor unserem inneren Auge ein Abbild unserer Vorstellung von der Welt, getriggert durch einige Basisinformationen. Ein hochinteressantes Thema bei dem wir als Autorenteam reichlich diskutieren konnten. Dieser interdisziplinäre Austausch ist es, der mich persönlich besonders interessiert. Seit mehr als 30 Jahren arbeite ich gemeinsam mit Ingenieuren, Computerwissenschaftlern, Biophysikern und Neurowissenschaftlern an implantierbaren Sehprothesen (Kap. 9). Dieses faszinierende Projekt ist für mich ein sehr gutes Beispiel für interdisziplinäres Arbeiten und Lösen komplexer Fragestellungen und Herausforderungen durch die Verbindung von Methoden und Expertise aus verschiedenen Disziplinen.

In der Augenmedizin, aber natürlich auch darüber hinaus in der gesamten Medizin, ist die Triebfeder für unsere Arbeit das Ziel, gesundheitliche Einschränkungen und das damit verbundene Leid der Betroffenen zu mindern, im Idealfall zu heilen. Wir wollen verstehen, wie Lebensvorgänge funktionieren und wie Krankheiten entstehen. Dann können wir Behandlungsverfahren entwickeln, die entweder die Folgen einer Erkrankung lindern oder beseitigen oder im besten Fall sogar ihre Ursache beseitigen.

Meine Entscheidung, Augenarzt zu werden, hatte zwei wesentliche Auslöser. Zum einen war ich schon im frühen Stadium meines Studiums fasziniert von den Mechanismen, wie die Netzhaut Licht verarbeitet, und zum anderen durfte ich erleben, wie es gelang, ein nach einer Explosion sehr schwer verletztes Auge so operativ zu rekonstruieren, dass der Betroffene anschließend wieder ein nutzbares Sehvermögen hatte. Das hat mich so begeistert, dass ich dachte, genau das möchte ich auch lernen.

Die größte Erfolgsgeschichte in der Augenmedizin ist aber nicht die Reparatur solch schwer verletzter Augen, sondern die sehr viel häufiger durchgeführte Operation des grauen Stars. Die altersbedingte Trübung der Augenlinse kann zwar trotz all unserer Kenntnis über die Erkrankung nicht verhindert werden, aber es wurden wunderbare Methoden entwickelt, die getrübte Linse operativ mit einem kleinen Eingriff zu entfernen und durch ein Implantat so zu ersetzen, dass die volle Sehschärfe in der Regel wieder hergestellt werden kann. Aber auch medikamentöse Behandlungen haben in der jüngsten Vergangenheit zu einer wahren Revolution in der Augenmedizin geführt, wie die Entwicklung von Antikörperbehandlungen bei altersbedingter Makuladegeneration. Viele ansonsten unausweichliche Erblindungen konnten so verhindert werden. Um solche Behandlungsverfahren zu prüfen, werden in der modernen Medizin kontrollierte klinische Studien eingesetzt, deren Wert allgemein als sehr hoch eingeschätzt wird. Im Diskurs dieses Buches habe ich gelernt, dass unsere visuelle Wahrnehmung so vielen Variablen unterliegt, die wir in Studien an größeren Patientengruppen schwerlich kontrollieren können. Das motiviert mich, noch stärker auf die individuelle Wahrnehmungseinschränkung zu achten, um herauszufinden welches Behandlungsverfahren für einen Betroffenen das bestmögliche ist. Ich habe durch die gemeinsame Arbeit an diesem Buch verschiedene Sehphänomene und Wahrnehmungsmechanismen aus einem anderen Blickwinkel kennengelernt, was mir erlaubt, Äußerungen von Patienten jetzt besser einordnen zu können, besser verstehen zu können, und damit auch bessere Behandlungen anbieten zu können.

Frank Müller

Die Neurowissenschaft liefert Antworten auf ganz grundsätzliche Fragen: Wie verarbeiten wir Sinnesinformation, wie steuern wir unsere Bewegungen? Wie denken wir? Wie entsteht Demenz und was können wir dagegen tun? Die Neurowissenschaften beginnen aber auch immer stärker, unser Bild von uns selbst zu hinterfragen und schlussendlich philosophische Fragen zu tangieren. Viele Menschen haben ein dualistisches Weltbild. Da gibt es zwar ein Gehirn, das Information verarbeitet, aber das Erleben und alle Entscheidungen beruhen auf einem unabhängigen Geist (Stichwort freier Wille). Aber es ist für die Neurowissenschaften vollkommen legitim zu fragen, ob das, was wir Geist und Bewusstsein nennen, nicht vielleicht vollständig durch die Aktivität des Gehirns erklärt werden kann. (Und was wäre daran so schlimm? Dann wäre es nicht mein Geist, sondern mein Gehirn, das Entscheidungen trifft. Bei Gesprächen mit Nicht-Neurowissenschaftlern merkt man aber, dass die Diskussion dieses Themas sehr schnell emotional und persönlich wird.)

Die Fragestellungen in den Neurowissenschaften sind so vielgestaltig und faszinierend, dass sie Wissenschaftler aus ganz unterschiedlichen Fachrichtungen anlocken. Und es ist gerade die Interdisziplinarität zwischen Biologie, Biochemie, Physik, Medizin, Mathematik und Psychologie, die den Fortschritt in den Neurowissenschaften vorantreibt. Die Neurowissenschaften nutzen ein riesiges Methodenspektrum, um das Gehirn auf ganz unterschiedlichen Ebenen zu untersuchen – vom Gehirn als Ganzem bis zur Ebene des einzelnen Moleküls. Und glauben Sie mir, jede dieser Ebenen ist wichtig für das Verständnis dieses seltsamen Gebildes in unseren Köpfen. Ich hatte in meiner Laufbahn die Gelegenheit, nicht nur die Weiterentwicklung dieser Methoden zu erleben, sondern viele davon auch zu nutzen, von der Analyse eines einzelnen Ionenkanals (ein Zellbaustein, der für die Erzeugung elektrischer Signale notwendig ist) bis zur Informationsverarbeitung in der intakten Netzhaut. Das war für mich eine ungemein spannende Zeit. Ich hätte keine bessere Berufswahl treffen können.

Die moderne Sehphysiologie begann, als es Wissenschaftlern wie Stephen Kuffler und später David Hubel und Thorsten Wiesel gelang, an den verschiedenen Stationen der Sehbahn die Aktivität einzelner Nervenzellen zu registrieren. Dadurch wurde es möglich, die Eigenschaften dieser Zellen in der Gestalt des „rezeptiven Feldes" genauer zu beschreiben: Wohin „schauen" diese Zellen und auf welchen visuellen Reiz reagieren sie besonders gut? Wir haben in Kap. 1 Beispiele für solche rezeptiven Felder kennen gelernt, von einfachen AN- und AUS-Zellen bis zu Zellen, die auf Gesichter oder ähnliche komplexe Reize reagieren. Diese Arbeiten waren bahnbrechend und grundlegend für unser Verständnis darüber, wie visuelle Reize verarbeitet werden. Hubel und Wiesel erhielten dafür zu Recht den Nobelpreis. Die Technik erlaubte es damals aber nur, die Aktivität einer einzelnen Zelle oder bestenfalls weniger Zellen gleichzeitig zu registrieren. Außerdem mussten sich die Neurophysiologen damals auf eine Sinnesmodalität beschränken, z. B. eben das Sehen.

Diese Laborbedingungen stehen in einem gewissen Widerspruch zu einer natürlichen Situation, in der wir Sinnesreize nicht getrennt, sondern gleichzeitig erleben. Auf einer Wiese sehen wir nicht nur Gras, Blüten und Insekten, wir vernehmen auch das Brummen einer Hummel, genießen den Blumenduft und sind zudem gleichzeitig aktiv, wenn wir durch die Wiese wandern. Diese komplexen Situationen waren der Neurophysiologie aus methodischen Gründen lange Zeit nicht zugänglich. Das heißt natürlich nicht, dass die unter eingeschränkten Laborbedingungen gefundenen Ergebnisse falsch oder unbrauchbar wären. Wenn wir einen komplizierten Text in einer uns wenig geläufigen Sprache lesen, müssen wir auch erst Wörter übersetzen und Sätze analysieren, bevor wir den Text als Ganzes verstehen können. Aber so wie die Bedeutung eines Wortes vom Zusammenhang abhängen kann, ist es durchaus möglich, dass ein isolierter Sinnesreiz anders verarbeitet wird, als im Kontext mit anderen Reizen oder gar, wenn der Organismus dabei aktiv ist. Es gelingt heute aber zunehmend, die Integration verschiedener Sinneseingänge und die Verbindung zum Verhalten des Organismus zu untersuchen. Dazu gehört vor allem die Möglichkeit sehr viele Zellen oder auch mehrere Gehirnbereiche im lebenden, handelnden Organismus gleichzeitig zu untersuchen. Das ist eine sehr vielversprechende Entwicklung in den Neurowissenschaften.

In den letzten Jahren haben führende Neurowissenschaftler den interdisziplinären Diskurs mit Philosophen, Psychologen, Psychiatern oder Vertretern der Religionen gesucht, um Fragen der Wahrnehmung, des Geistes oder des menschlichen Bewusstseins zu diskutieren. So etwas Ähnliches haben wir ja auch in diesem Buch versucht. Auch wenn ich glaube, dass der viel beschworene Elfenbeinturm der Wissenschaft gar nicht existiert, fand ich es schon immer wichtig, wissenschaftliche Erkenntnisse so aufzubereiten, dass sie auch Interessenten zugänglich sind, die nicht fachspezifisch ausgebildet sind. Deshalb habe ich gern zugestimmt, an diesem Buch mitzuarbeiten. Ich habe bei den Gesprächen mit den Ko-Autoren dieses Buches viel über andere Sichtweisen gelernt. Das hilft jemandem, der wie ich fast 40 Jahre neurobiologisch gearbeitet hat, seinen Blick zu erweitern und die Grenzen der eigenen Fachrichtung aufzubrechen. Das werde ich von diesem Unterfangen mitnehmen.

Werner van Haren

Schon mit der Einladung zu diesem Buchprojekt, also noch bevor wir uns zum ersten Mal (virtuell) getroffen haben, hatte sich unsere Zusammenarbeit bereits für mich gelohnt. Denn die Einladung zu diesem Projekt konfrontierte mich mit einer Fragestellung, der ich mich so voraussichtlich nie zugewandt hätte. Sie hat mich herausgefordert, mich damit zu beschäftigen, wie denn das „Sehen" innerhalb der Psychotherapie auftaucht. Je mehr ich anfing darüber nachzudenken und mich auch in meiner alltäglichen Praxis unter dieser Perspektive zu beobachten, umso stärker traten mir Aspekte einer halbbewussten Nutzung von Sehen und Blickkontakt entgegen. Indem das scheinbar Selbstverständliche zum Fokus wurde, trat es aus dem Strom der Selbstverständlichkeit heraus. Somit hat mir dieses Buchprojekt zu allererst einmal die Chance gegeben, mich neu auf das Thema Wahrnehmung und Sehen im psychotherapeutischen Alltag einzulassen. Diese Fokussierung hat mich schon so angeregt und bereichert, dass es mich ein bisschen glücklich gemacht hat, mir dieser Aspekte in meinem Berufsalltag bewusst zu werden.

Dies geschah parallel zur Coronapandemie, die mich gelehrt hat, mit Videosprechstunden oder telefonisch – auch ohne unmittelbaren Blickkontakt – Psychotherapie durchzuführen: Wir haben unsere Patienten gesehen, ohne einander direkt in die Augen schauen zu können. Denn es ist nicht gleichzeitig möglich, unser Gegenüber anzusehen und in die Kamera zu schauen. Zu den meistbenannten Nachteilen von Videobehandlungen zählt zudem, dass Sinneseindrücke und der Austausch mittels Mimik, Gestik und Blickkontakt begrenzt sind. Daneben hat die Maskenpflicht uns herausgefordert, trotz teilweise verdeckter Gesichtszüge Begegnung zu gestalten. Auch diese pandemiebedingten Begrenzungen und Akzentuierungen von Psychotherapie trugen dazu bei, das bisher so Selbstverständliche noch einmal neu in den Blick zu nehmen: das Sehen und Gesehenwerden als elementaren Teil menschlicher Begegnung.

Dabei ist dies keineswegs selbstverständlich für alle psychotherapeutischen Richtungen. Vielfach dominiert eine Reduktion auf Sprache, manchmal sogar eine bewusste Vermeidung von Blickkontakten.

Gleichwohl hat mir die Veröffentlichung eines Zwischenergebnisses unserer Zusammenarbeit in Fachkreisen viel Resonanz und Anerkennung gebracht. Für mich ein tolles Ergebnis unserer Zusammenarbeit. Es hat übrigens zugleich die Redaktion des Psychotherapeutenjournals (Organ der Psychotherapeutenkammer) motiviert, sich schwerpunktmäßig auch anderen Sinnesmodalitäten und deren Bedeutung im Rahmen der Psychotherapie zuzuwenden. Vielleicht gibt's ja bei uns auch noch ein Hör- oder Fühlbuch nach dem Sehbuch.

Ich begann in Frank Müllers Buch zu lesen, und stieß auf eine tolle Grafik, die aus neurobiologischer Perspektive belegte, wie wir versuchen, uns im Gesicht unseres Gegenübers zu orientieren. So formten sich in der Begegnung mit den Ko-Autor*innen meine Gedanken. Und sie bescherten mir Fragen und Anregungen, die mir halfen, meine Überlegungen zu prüfen, zu vertiefen oder zu ergänzen. So konnte ich meine Leidenschaft teilen, das, was ich tue, zu verstehen und begrifflich zu erfassen. Dabei habe ich die Zusammenarbeit von Beginn an als ausgesprochen kollegial und konstruktiv empfunden.

Für mich war dieser gemeinsame Weg in mancher Hinsicht eine Bildungsveranstaltung zur Vertiefung meiner Allgemeinbildung. Ich habe die operative Entfernung eines Metallsplitters am Auge gesehen, einiges zur Forschung über Blicksteuerung erfahren, die Neurobiologie des Sehens neu studiert, Bezugspunkte zur Architektur entdeckt und vieles andere mehr. Ich habe damit im Dialog einen Lernprozess durchlebt, der in der Zusammenstellung in den jetzt vorliegenden Kapiteln mündete, und vielleicht damit genau den Prozess durchlebt, den ich mir für unsere Leserinnen und Leser erhoffe.

Wie komme ich zu meinen Theorien und Auffassungen?

In meinem beruflichen Alltag gibt es kein Untersuchungsinstrument, Labor oder Mikroskop. Mein Labor ist die Begegnung mit den Patient*innen. Das zentrale Untersuchungs-„Instrument" der Psychotherapie ist die Person des Therapeuten. Meine Experimente bestehen aus Fragen, manchmal auch Fragebogen sowie angeleitete Erfahrungen oder Übungen. Mein diagnostischer „Apparat" sind meine inneren Resonanzen auf mein Gegenüber und die Art und Weise, wie ein Mensch mir im Kontakt begegnet – selbstverständlich ist das theoriegeleitet und subjektiv. Meine Haltungen, Vorannahmen und Vorwissen fließen immer in jede Form der Beobachtung und Untersuchung ein. Und auch meine emotionalen Antworten sind Produkt meiner Erfahrungen und Lebensgeschichte, sind also persönlich gefärbt. Jegliches Verstehen im therapeutischen Prozess ist theoriegeleitet so wie auch die Wahrnehmung. Verständnis beruht auf Erkennen, und paradoxerweise setzt Erkenntnis Kenntnisse voraus. Wer viel weiß, sieht mehr.

Im Rahmen einer evidenzbasierten Psychotherapie bewege ich mich wohl auf der Ebene des Experten- oder Erfahrungswissens. Es gibt für mich nicht die Wissenschaft und auch nicht die eine Methode zur Gewinnung wissenschaftlicher Erkenntnisse, sondern verschiedene Perspektiven, die sich im besten Fall ergänzen und bereichern, und so ein möglichst vollständiges Bild des Forschungsgegenstandes hervorbringen.

In meine persönliche Entdecker-Perspektive sind zahlreiche Voraussetzungen eingebaut, die keineswegs Konsens in der Psychotherapie sind. Mit Blick auf das Thema dieses Buches ist hervorzuheben, dass nach meiner Auffassung das Ziel der Therapie die Überschreitung des Horizontes der Alltagskommunikation ist, nicht dessen Zerstörung. Die häufig anzutreffende Reduktion auf Sprache ist für mich eine unnatürliche Reduktion der Kommunikation, weil sie den körpersprachlichen Ausdruck und Begegnung ausblendet. Dies führt oft eher zu Verstörungen und Verzerrungen, nicht zu Autonomie und Wachstum. Wer aufgrund seines Therapieansatzes schon einen Handschlag als Abstinenz- und Regelverletzung versteht, wer seine eigene emotionale Beteiligung oder gar Tränen vor den Patienten verbergen muss, wer den Körper aus der therapeutischen Begegnung ausschließt, kann wohl kaum zum Blickkontakt forschen.

Anke Huckauf

Der Unterschied zwischen der Arbeit an dem vorliegenden Buch und anderen Schreibarbeiten bestand für mich hauptsächlich in der Intention: Typischerweise will man beim Schreiben eine Botschaft loswerden. Im vorliegenden Buch wollten wir aber zudem etwas lernen – wissen, was andere beschäftigt, und unsere Grenzen ausloten. Drei Dinge wurden mir dabei ersichtlich:

1. Inhaltlich konnte ich einiges lernen: Ich habe einen chirurgischen Eingriff im Auge gesehen. Das hat mir eröffnet, wie diese Stereotypie von medizinischen Halbgöttern nicht nur abwertend zu verstehen ist, sondern wie sie auch ihre Berechtigung hat: Es gehört viel Wissen, immenses handwerkliches Geschick und eine gehörige Portion Mut dazu, so in den Körper und damit das Leben anderer Menschen hineinzugreifen. Auch die Neurobiologie ist ein faszinierendes Gebiet, das mit bahnbrechenden Methoden aufsehenerregende Erkenntnisse geschaffen hat. Hierbei erwies sich die Zusammenarbeit mit der experimentellen Kognitionspsychologie als äußerst fruchtbar. Ich würde mir wünschen, dass wir ähnliche Fortschritte in den nächsten Jahren auch mit Blick auf das periphere Nervensystem sehen. Aus dem Austausch mit der Psychotherapie habe ich verstanden, zu welch fundierten und großartigen Einsichten ein introspektiver Zugang zur menschlichen Seele führen kann. Diese Thesen zu nutzen, um sie mittels unserer experimentellen Methoden wissenschaftlich weiterzuentwickeln, reizt mich sehr. Die Tatsache, wie sehr die Situiertheit und deren zahlreiche Einflussfaktoren das subjektive Erleben beeinflussen, macht die Übertragung von Grundlagen in eine konkrete angewandte Situation uneindeutig. Dies kommt für mich besonders auch in der Architektur zum Vorschein. Umgekehrt ist es ebenfalls schwierig, aus einer konkreten architektonischen Situation generalisierbare Erkenntnisse abzuleiten. Für mich ergibt sich daraus auch die Erkenntnis, dass Gestaltung und Architektur berechtigterweise auch einen künstlerischen Zugang pflegen, der sich mittels anderer Herangehensweisen als die Wissenschaft ähnlichen Fragen widmet.
2. Für mein Fach, die Psychologie, sehe ich wesentliche Zukunftsaufgaben: In der Wahrnehmungsforschung treffen drei große Gebiete zusammen, die in unterschiedlichen wissenschaftlichen Bereichen verortet sind; die Physik/Chemie zur Beschreibung und Vermessung der äußeren Gegebenheiten, die Biologie/Medizin zur Beschreibung und Vermessung der körperlichen Zustände und die Psychologie zur Beschreibung und

Vermessung des Erlebens. Die physikalische und chemische Umwelt können wir mittlerweile recht gut und objektiv erfassen und vermessen, und bzgl. der Vermessung von körperlichen Veränderungen hat nicht nur die Hirnforschung in den letzten Jahrzehnten gewaltige Fortschritte erzielt. Wie können wir nun Wahrnehmungsphänomene, wie zum Beispiel unser Farbempfinden oder unsere Einschätzung der Steilheit eines Berghangs, vergleichbar präzise, objektiv, reliabel und valide erfassen? Verbale Schilderungen sind leicht angreifbar: Wie objektiviere und vergleiche ich eine kurze Antwort mit einer langen ausschweifenden, wie einen abgehackten tränenreichen Bericht mit einer sachlichen Darstellung? Aber auch standardisierte Fragebogen, bei denen eine Person auf einer Skala von einem kleinst- bis zu einem größtmöglichen Wert angeben soll, wie ausgeprägt sie einen Reiz in einer bestimmten Dimension (bspw. Schönheit, Größe, Leuchtkraft o. Ä.) wahrnimmt, sind problematisch: Personen können ungeduldig schnell irgendetwas ankreuzen, manche denken über jede Skala sehr lange nach und wägen mögliche Interpretationen lange ab, bis sie einen überformten Eindruck beurteilen. Viele Personen scheuen sich, extreme Antwortmöglichkeiten anzugeben; zahlreiche bevorzugen Antworten, die ihnen sozial erwünscht zu sein scheinen. Alle bilden sich Annahmen darüber, was die Fragen stellende Person – in der Regel Psycholog*innen – wohl „eigentlich" wissen wollen. Verzerrungen von solchen Berichten über Erlebnisse sind also eher die Regel als die Ausnahme. Damit solche subjektiven Einschätzungen weniger verzerrt sind, hat der Physiker und Universalgelehrte Gustav Theodor Fechner Mitte des 19. Jahrhunderts mit der Psychophysik eine Methode entwickelt, die in modernisierter Form noch immer in der wahrnehmungspsychologischen Forschung verwendet wird. Die Arbeiten an diesem Buch haben mich gelehrt, noch mehr als zuvor auf Messmethoden zu pochen, die das jeweilige Phänomen möglichst direkt abbilden.

Neben der Entwicklung von Messmethoden hat sich die Psychologie auf einem Kontinuum von Grundlagen- und Anwendungsfragestellungen entwickelt. In einer Vielzahl von Gebieten, u. a. in der Klinischen Psychologie, aber auch in der Robotik, Medizin, Pädagogik, Mensch-Maschine-Interaktion, Verhaltensökonomie, Werbung oder Architektur findet unser Wissen Anwendung. Dadurch entstehen neue Fragen, und gleichermaßen wird klar, welche Grenzen noch immer die Anwendung von Wissen mit sich bringt. Was bleibt also? Für mich ergibt sich hieraus eine Hauptaufgabe der Psychologie; das Schaffen von Verbindungen, zwischen Grundlagen und Anwendungen, zwischen Geistes- und Naturwissenschaften.

3. Was ich von der Arbeit an diesem Buch besonders gelernt habe: Wissenschaft ist sachlich und objektiv; all unsere Diskussionen basieren auf Beobachtungen, und die sollen auch von anderen Personen repliziert werden können; Menschen allerdings – und zwar auch diejenigen, die Wissenschaft betreiben – sind emotional und subjektiv. Unsere leidenschaftlichen Diskussionen waren für mich das Salz in dieser (interdisziplinären Seh-)Suppe. Mir zeigt das eine notwendige Bedingung für gute Wissenschaft auf, die leider viel zu wenig thematisiert wird: Wissenschaft verlangt Begeisterung und Leidenschaft, nicht nur Intellekt.

Diese Erkenntnis hat für mich weitreichende Bedeutung: Für jede und jeden von uns ist das, was wir hier berichten, eine Art Baby: Wir sorgen uns um unsere Ideen und ihr Wohlergehen, und wir füttern sie. Trotz guter Pflege stellen sie uns immer wieder vor Herausforderungen: Häufig genug zeigen unsere Beobachtungen, dass unsere Annahmen nicht zutreffen. Genau dann wird es spannend – und das bedeutet, es kommen Spannungen auf. Manches Mal müssen wir zusehen, wie die Ideen erwachsen werden und eigene Wege einschlagen. Wir können dann verbohrt unsere Annahmen um Ausnahmeregelungen und Zusatzannahmen erweitern und so das Baby durch ein immer komplexeres Gedankengebäude versuchen zu schützen. Oder – und das scheint mir auch als Eltern der bessere Weg – wir vertrauen, auf die Weiterentwicklung von Ideen, vertrauen auf das Umfeld, die Kolleginnen und Kollegen und dass auch sie unsere Wissenschaft weiterentwickeln wollen. Ohne Vertrauen gelingt keine Innovation, kann nichts sprießen. Die interdisziplinäre wissenschaftliche Zusammenarbeit verlangt besonders viel Vertrauen, da das Wissen über die anderen Fächer begrenzt ist. Ich bin fest davon überzeugt, dass das Zutrauen in die Wissenschaft nicht durch formale Regelungen, bspw. zum Datenschutz oder zur Ethik, oder zur Messung wissenschaftlicher Leistungen wie bspw. der Anzahl von geschriebenen Seiten oder der Zahl der Zitationen, gesteigert werden kann. Stattdessen müssen wir in der Wissenschaft wieder mehr Wert auf die Person legen – auch wenn dies nur vage objektivierbar ist. Fasse ich es kurz: Herzensbildung ist eine wesentliche Voraussetzung für verantwortungsvolle Wissenschaft.

Marcel Schweiker

Wie zu Beginn des Buches in der Autorenvorstellung erwähnt, habe ich zwar Architektur studiert, bin aber nicht in einem Architekturbüro oder in der Entwurfslehre zuhause. Vielmehr befasse ich mich seit Beginn meiner Promotion bis heute mit der Wechselwirkung zwischen Mensch und Gebäude und den Auswirkungen der gebauten Umwelt auf unsere Zufriedenheit, unser Verhalten, Wohlbefinden und unsere Gesundheit. Durch meinen Werdegang beginnend mit der klassischen Architekturausbildung zur Behaglichkeits- und Verhaltensforschung in Kooperation u. a. mit anderen Ingenieurswissenschaften, Psychologie und Medizin, prägten mich Einblicke in die Herangehensweisen verschiedener Disziplinen an Wissenschaft, Forschung und das Sehen. In diesem Buch die Architektur vertreten zu dürfen, stellte dabei eine besondere Herausforderung für mich dar, mich wieder intensiver mit den Kernaufgaben und Paradigmen der Architektur zu befassen. Gleichzeitig ergab sich hierdurch die Chance, mein originäres Fach in Hinblick auf das Sehen neu kennenzulernen und zu reflektieren.

In der Behaglichkeitsforschung überwiegen Forschungsmethoden, wie sie auch in Psychologie und Medizin üblich sind: Durch möglichst kontrollierte Studien, häufig in Laborräumen, mit vorher bestimmter Probandenzahl und festgelegten Bedingungen und deren Randomisierung, werden Daten zu unabhängigen und abhängigen Variablen erhoben und statistisch ausgewertet. Zu diesen Daten zählen sowohl Aspekte des Raumes wie der Helligkeit oder dem Lichtspektrum, als auch die Reaktionen der Probanden, wie subjektive Einschätzungen auf gestellte Fragen oder objektiv erfasste physiologische Reaktionen, wie Hauttemperatur oder Herzfrequenz, und Verhaltensreaktionen, wie dem Schließen eines Sonnenschutzes. Hinzu kommen beobachtende Studien, z. B. an realen Arbeitsplätzen, bei denen soweit möglich ähnliche Daten erfasst werden.

Was architektonische Forschung ist und was dazu zählt, kann dagegen in der Architektur zu intensiven Diskussionen führen. So umfasst Forschung in der Architektur nicht nur die Bereiche der Grundlagen- und angewandten Forschung, die bei Naturwissenschaften, Medizin und Psychologie beschrieben werden, sondern auch die Designforschung mit ihren drei Unterarten Erforschung des Designprozesses, Forschung für Design und Forschung mittels Designs. So gibt es Meinungen, dass die Reflexion des eigenen Entwurfsprozesses mit oder ohne Betrachtung des später umgesetzten Entwurfes als Forschungsarbeit zählt.

Durch diese Vielfalt an Herangehensweisen ergibt sich eine große Bandbreite an Methoden. Hierbei bedienen sich sowohl Architektur als auch die Arbeits- und Umweltmedizin, der ich mich nun ebenfalls zugehörig fühle, neben eigens entwickelten Methoden und Verfahren zahlreichen Methoden aus anderen Disziplinen, wie den Naturwissenschaften, Ingenieurswissenschaften, der Soziologie oder Psychologie. Gleichzeitig besteht eine große Offenheit der interdisziplinären Kooperation und des Dialogs, da beispielsweise Themen wie die in diesem Buch beschriebenen Wechselwirkungen zwischen visuellen Bedingungen und deren Einfluss auf Wohlbefinden und Gesundheit in verschiedenen Disziplinen behandelt werden. Neben Architektur und Arbeits- und Umweltmedizin kommen Forschende z. B. aus dem Bereich der Elektrotechnik, die sich originär mit der Entwicklung der Leuchten befasst haben, aus dem Bauingenieurwesen, Maschinenbau oder der Psychologie.

Trotz der häufig vorhandenen und durch mich in vielen Projekten gelebten Interdisziplinarität, eröffnete der Austausch zum Thema Sehen in dieser Autorenrunde für mich ganz neue Perspektiven aus Sicht der Augenheilkunde, Neurobiologie, Psychotherapie und dem Teilgebiet der Blickforschung in der Psychologie. Gleichzeitig ergaben sich erste Ansätze, wie die Methoden und Kenntnisse aus den genannten Disziplinen für zukünftige Forschungsfragen und schließlich der Schaffung besserer Lebensbedingungen genutzt werden können. Hierzu zählen für mich neben den neurobiologischen und psychologischen Grundlagen, die Bedeutung und Diversität von Blicken und Blickbeziehungen ebenso, wie die Herausforderung, für die weit divergierenden Anforderungen von Sehbehinderten und Blinden geeignete Lichtverhältnisse zu schaffen.

Nachwort

Im vorliegenden Buch haben wir aus der Sicht verschiedener Disziplinen einen Blick auf das Sehen geworfen. Dabei ist ein abwechslungsreicher Dialog zwischen einzelnen Wissenschaftler*innen und Wissensvermittler*innen entstanden, der sicher so nicht zustande gekommen wäre, hätten wir uns nicht mehrfach getroffen, und uns gegenseitig von unseren Wissensgebieten berichtet. Wir haben voneinander gelernt und unterschiedliche Sichtweisen kontrovers diskutiert. Wir haben uns als Autoren von der Begeisterung der jeweils anderen für ihre Kerngebiete anstecken lassen und hoffen, wir konnten diese Begeisterung auch auf Sie als Leser übertragen.

Auch wenn eine interdisziplinäre Betrachtung von Fragestellungen nicht das Allheilmittel für die Lösung der grundlegenden Fragen der Wissenschaft ist, so kann der Blick über die Fächergrenzen hinaus aber eine neue Perspektive in die laufende Diskussion bringen und uns so Lösungen vielleicht von unerwarteter Seite näherbringen. Wir möchten Sie daher am Ende einladen, Ihren Blick zu weiten und über den Tellerrand hinauszusehen, denn es gibt immer noch wirklich viel zu entdecken.

Abbildungsnachweise

Kap. 1

- Frank Müller, Forschungszentrum Jülich: 1
- Frings & Müller, Biologie der Sinne, Springer, Berlin, Heidelberg: 2A, 2B, 4, 5, 8–12
- Anja Mataruga, Forschungszentrum Jülich: 2C, 13
- Frank Müller und Anja Mataruga, Forschungszentrum Jülich: 3, 7
- Peter Walter, Klinik für Augenheilkunde, Uniklinik RWTH Aachen: 6

Kap. 2

- Claudia Löwenstein: 1
- Peter Walter, Klinik für Augenheilkunde, Uniklinik RWTH Aachen: 2–8, 11, 12
- Walter & Plange, Basiswissen Augenheilkunde, Springer Berlin, Heidelberg: 9,10

Kap. 3

- Frings und Müller, Biologie der Sinne, Springer, Berlin, Heidelberg: 1

Kap. 4

- Elvira Eberhardt, Universität Ulm: 1
- Claudia Löwenstein: 2, 3
- Tobii Dynavox, Schweden: 4

Kap. 5

- Marcel Schweiker, Healthy Living Spaces lab, Uniklinik RWTH Aachen: 1–3
- Eduardo Deboni – Flickr, CC BY 2.0, https://commons.wikimedia.org/w/index.php?curid=7802095: 4

Kap. 6

- Frank Müller, Forschungszentrum Jülich: 1, 6A, 6B, 6D, 7, 11–14, 16
- Anja Mataruga, Forschungszentrum Jülich: 2, 15
- https://commons.wikimedia.org/wiki/File:Combined_Bull_and_Elephant_Statue_in_Airavatesvara_Temple.jpg: 3
- Frings und Müller, Biologie der Sinne. Springer Berlin, Heidelberg: 4, 5, 8, 10
- Public domain wikipedia; http://www.hq.nasa.gov/office/pao/History/alsj/a11/AS11-44-6609.jpg: 6C
- beckmarkwith/Adobe Stock: 9

Kap. 7

- Diego Delso, delso.photo, License CC-BY-SA 3.0, https://commons.wikimedia.org/wiki/File:El_Hemisf%C3%A9rico,_Ciudad_de_las_Artes_y_las_Ciencias,_Valencia,_Espa%C3%B1a,_2014-06-29,_DD_75-77_HDR.JPG: 1
- Marcel Schweiker, Healthy Living Spaces, Uniklinik RWTH Aachen: 2 (links)
- Spielvogel, CC BY-SA 4.0, https://commons.wikimedia.org/wiki/File:Glass_facade_Bahn_Tower.jpg: 2 (rechts)

Kap. 8

- „DIMENSIONS. Digital Art since 1859", Pittlerwerke Leipzig 2023, Installations-ansicht: Alberto Manguel, Robert Lepage, Ex Machina – „The Library at Night" mit freundlicher Genehmigung der Stiftung für Kunst und Kultur e. V.: 1 (links)
- Peter Walter, Klinik für Augenheilkunde, Uniklinik RWTH Aachen: 1 (rechts)

Kap. 9

- Peter Walter, Frank Müller, Klinik für Augenheilkunde, Uniklinik RWTH Aachen und Forschungszentrum Jülich: 1
- Peter Walter, Klinik für Augenheilkunde, Uniklinik RWTH Aachen: 2, 3

GPSR Compliance

The European Union's (EU) General Product Safety Regulation (GPSR) is a set of rules that requires consumer products to be safe and our obligations to ensure this.

If you have any concerns about our products, you can contact us on

ProductSafety@springernature.com

In case Publisher is established outside the EU, the EU authorized representative is:

Springer Nature Customer Service Center GmbH
Europaplatz 3
69115 Heidelberg, Germany

www.ingramcontent.com/pod-product-compliance
Lightning Source LLC
LaVergne TN
LVHW020328260326
834688LV00037B/931